《现代数学基础丛书》编委会

现代数学基础丛书·典藏版 74

稳定性和单纯性理论

史念东 著

科学出版社

北京

内 容 简 介

　　本书从数理逻辑模型论的基本知识开始，循序渐进地给出近十几年来在稳定性和单纯性理论中涌现出来的新成果、新方法. 阅读本书可了解模型论研究的新动态，直接深入到这一领域的研究前沿. 书中有一些习题，可加深对本书内容的理解；每章的结尾都有历史附注，交代这一章的主要来源；书末有较完整的参考文献，便于读者做进一步的研究.

　　本书可作为数学系、计算机系或哲学系的研究生教材，也可供相关专业的大学生、研究生、教师以及有关的科技工作者参考.

图书在版编目(CIP)数据

稳定性和单纯性理论／史念东著. —北京：科学出版社，2004
（现代数学基础丛书·典藏版；74）

ISBN　978-7-03-012675-7

Ⅰ.稳… 　Ⅱ.史… 　Ⅲ.数学模型 　Ⅳ.O22

中国版本图书馆CIP数据核字（2004）第000030号

责任编辑：吕　虹／责任校对：陈玉凤
责任印制：徐晓晨／封面设计：陈　敬

科 学 出 版 社 出版
北京东黄城根北街 16 号
邮政编码：100717
http://www.sciencep.com

北京科印技术咨询服务公司 印刷
科学出版社发行　　各地新华书店经销
＊
2004 年 6 月第 一 版　　开本：B5(720×1000)
2015 年 7 月 印 刷　　印张：8 1/4
字数：152 000
定价：48.00 元
(如有印装质量问题，我社负责调换)

《现代数学基础丛书》序

对于数学研究与培养青年数学人才而言，书籍与期刊起着特殊重要的作用. 许多成就卓越的数学家在青年时代都曾钻研或参考过一些优秀书籍，从中汲取营养，获得教益.

20 世纪 70 年代后期，我国的数学研究与数学书刊的出版由于文化大革命的浩劫已经破坏与中断了十余年，而在这期间国际上数学研究却在迅猛地发展着. 1978 年以后，我国青年学子重新获得了学习、钻研与深造的机会. 当时他们的参考书籍大多还是 50 年代甚至更早期的著述. 据此，科学出版社陆续推出了多套数学丛书，其中《纯粹数学与应用数学专著》丛书与《现代数学基础丛书》更为突出，前者出版约 40 卷，后者则逾 80 卷. 它们质量甚高，影响颇大，对我国数学研究、交流与人才培养发挥了显著效用.

《现代数学基础丛书》的宗旨是面向大学数学专业的高年级学生、研究生以及青年学者，针对一些重要的数学领域与研究方向，作较系统的介绍. 既注意该领域的基础知识，又反映其新发展，力求深入浅出，简明扼要，注重创新.

近年来，数学在各门科学、高新技术、经济、管理等方面取得了更加广泛与深入的应用，还形成了一些交叉学科. 我们希望这套丛书的内容由基础数学拓展到应用数学、计算数学以及数学交叉学科的各个领域.

这套丛书得到了许多数学家长期的大力支持，编辑人员也为其付出了艰辛的劳动. 它获得了广大读者的喜爱. 我们诚挚地希望大家更加关心与支持它的发展，使它越办越好，为我国数学研究与教育水平的进一步提高作出贡献.

杨 乐

2003 年 8 月

前　　言

　　模型论是数理逻辑的一个重要分支, 它与数学的许多其他分支, 例如, 代数学和泛代数、代数几何、数论、几何和拓扑学、图论以及计算机科学, 都有很密切的联系. 同时, 模型论目前也是数理逻辑中的一个十分活跃的研究领域. 特别是近年来, 有关稳定性和单纯性理论的研究成果大量涌现, 它们大多数都在数理逻辑的专业期刊或综合性的数学期刊上发表了, 但有一些重要的研究成果只在数理逻辑学家中传阅, 一直没有发表. 另外, 还有一些结果在发表以后, 其证明方法又有了较大的改进.

　　20 世纪 80 年代, 中国改革开放后, 作者赴美留学, 在芝加哥伊利诺大学师从 John T. Baldwin 教授. 获得博士学位后, 在美国宾夕法尼亚州的一所州立大学任教. 教学之余, 继续从事数理逻辑方面的研究工作. 近年来, 深感有责任将国外模型论研究的新结果、新方法介绍给国内的数理逻辑学家和研究生们. 因此, 在 1999~2002 年, 利用暑假回国, 在北京师范大学和南京大学讲学, 并取得较好的效果. 在此期间, 沈复兴、丁德成教授等鼓励作者将讲稿整理成书, 以便国内有更多的读者能够阅读本书, 并尽快进入到数理逻辑模型论比较近代的研究领域, 从事自己的研究工作. 果能如此, 将是作者的莫大欣慰, 这也是作者不揣冒昧地将讲稿整理付梓的原意.

　　在回国访问讲学期间, 得到了中国国家自然科学基金及教育部"春晖计划"的资助, 特此表示感谢.

　　如读者有一定的数学基础(比如数学系高年级学生或研究生), 也有了最基本的数理逻辑基础和一些模型论的基本知识, 读过沈复兴教授所著的《模型论导引》的前七章, 或者 C.C. Chang 和 H.J. Keisler 合著的 "Model Theory" 的前三章, 将对阅读本书有很大的帮助. 如果还没有学过模型论而对本书有兴趣, 由于作者尽量使本书内容完全自包含, 所以也可以从本书开始学习模型论, 以后再读一些其他的书或论文, 特别是应该读一本好的模型论的研究生用教科书. 应当指出的是, 本书只包含了作者比较熟悉或从事研究的模型论的某些领域, 并未包含近代模型论研究的所有方面.

　　本书每章的结尾都有一些历史附注, 交代这一章的主要来源, 也尽可能附有较完整的参考文献以便读者作进一步研究和参考之用. 书中有少量习题, 希望读者尽可能地做完.

　　在这里特别感谢沈复兴教授、丁德成教授对本书出版的支持, 感谢中国科学院科学出版基金对本书的出版提供资助. 也要感谢科学出版社数理编辑部吕虹等同志的大力支持. 他们为本书做了大量的编辑和修改工作. 沈复兴教授的研究生陈磊、吴兴玲、易良海、傅莺莺、吴茂念、徐士永、隋建宝、莫单玉、赵国兴、贾清建等在逻辑讨论班用此书作教材时, 对本书提出了宝贵的意见, 在此表示感谢. 我也感谢杨攸君女士的鼓励和理解, 她在工作之余打印了本书的全部手稿. 限于水平, 书中不妥及谬误之处在所难免, 欢迎专家和读者批评指正.

史　念　东

2003 年 12 月

于美国宾州东斯特拉斯堡(E. Stroudsburg)州立大学

目　　录

第一章 模型论基础知识

本章介绍有关模型论的基础知识, 作为引导尚未有模型论基础的读者进入这一数理逻辑分支的准备. 对于已有模型论基础的读者可以用本章作为复习材料, 或者完全略去它而直接阅读以后各章.

§1.1 数学结构及其理论

用数理逻辑的语言来说, 模型论就是研究形式语言和它的解释, 即模型之间关系的一个数理逻辑的分支, 当然也要研究这些模型的理论. 这里所谓的模型就是数学中所讲的一个数学结构, 比如, 一个有限群, 有理数域, 或者一个无穷图等等. 一般说来, 一个模型就是一个非空集连同定义在这个集合上的函数和关系, 有时还包括常数. 而这些函数、关系和常数就是在某一形式语言 L 中的函数符、关系符、常数符的一个解释. 这样, 一个模型就可以表示成

$$\mathcal{M} = \langle M; R_1, R_2, \cdots, f_1, f_2, \cdots, c_1, c_2, \cdots \rangle,$$

这里 M 是一个非空集合, 称为 $\mathcal{M}$ 的域, R_i 和 f_i 是分别定义在 M 上的关系和函数, 而 c_i 是 $\mathcal{M}$ 中的常数项. 有时我们也会将语言扩充, 比如对应于集合 A 中的每一个元素增加一个常数符, 这个扩充后的语言记做 $L(A)$.

有时在不会引起混淆的情况下, 我们也简单地称 M 是一个模型. 而模型 $\mathcal{M}$ 的理论, 就是在 $\mathcal{M}$ 中成真的 L 中的语句集合. 比如一个群就是一个数学结构, 可以记做

$$\mathbb{G} = \langle G; \oplus, 0 \rangle,$$

这里 G 是这个群的域, $\oplus$ 是定义在 G 上的二元函数, 而 0 是关于这个函数的恒等元. 我们知道任何一个群都满足下面的所谓 "**非逻辑公理**" (nonlogical axioms):

G1. $\forall x (x \oplus 0 = 0 \oplus x = x)$,

G2. $\forall x \exists y (x \oplus y = y \oplus x = 0)$,

G3. $\forall x \forall y \forall z (x \oplus (y \oplus z) = (x \oplus y) \oplus z)$.

这样, 任何一个 L 中的公式 φ 在一个理论 T 中成立, 当且仅当它是可以从这些公理推导出来的, 或者说是这些公理的 **逻辑后承**(logical consequence). 比如: 如果 φ 可以从 $G3$ 依逻辑规则推出, φ 就是 $G3$ 的逻辑后承, 记做 $G3 \vdash \varphi$. 所有这些非逻辑公理以及它们的逻辑后承组成的集合就是群的理论. 反过来说, 如果我们先有一个理论, 比如说 "稠密无终点线性序的理论": DLO, 即下面的公理以及它们的后承的集合:

DLO1. $\forall x (x \not< x)$,

DLO2.　$\forall x \forall y (x < y \lor x = y \lor y < x)$,

DLO3.　$\forall x \forall y \forall z (x < y \land y < z \to x < z)$,

DLO4.　$\forall x \forall y (x < y \to \exists z (x < z < y))$,

DLO5.　$\forall x \exists y \exists z (y < x < z)$.

显然, 有理数连同小于 "$<$" 组成的数学结构 $(\mathbb{Q}, <)$ 就是 DLO 的一个可数模型, 因为它满足所有这些公理, 我们记做 $(\mathbb{Q}, <) \models$ DLO. 同样地, $(\mathbb{R}, <)$ 也是 DLO 的一个模型, 即 $(\mathbb{R}, <) \models$ DLO, 但它是一个不可数模型.

理论的模型可以不止一个. 那么就有了一个问题, 它们是不是同构的呢? 我们先来看一下两个模型同构的定义. 假定 $\mathcal{M} = \langle M; R_1, R_2, \cdots, f_1, f_2, \cdots, c_1, c_2, \cdots \rangle$, $\mathcal{M}' = \langle M'; R_1', R_2', \cdots, f_1', f_2', \cdots, c_1', c_2', \cdots \rangle$ 是某个理论 T 的两个模型, 并存在双射 $F: M \to M'$ 满足

(1) 假如 R_i 是 $\mathcal{M}$ 中的 n 元关系, R_i' 是 $\mathcal{M}'$ 中相应的 n 元关系, $a_1, \cdots, a_n \in M$, 则 $R_i(a_1, \cdots, a_n)$ 在 $\mathcal{M}$ 中成立当且仅当 $R_i'(F(a_1), \cdots, F(a_n))$ 在 $\mathcal{M}'$ 中成立.

(2) 假如 f_i 是 $\mathcal{M}$ 中的 n 元函数, f_i' 是 $\mathcal{M}'$ 中相应的 n 元函数, 则

$$F(f_i(a_1, \cdots, a_n)) = f_i'(F(a_1), \cdots, F(a_n)),$$

(3) $F(c_k) = c_k'$.

那么我们称 $\mathcal{M}$ 和 $\mathcal{M}'$ 是理论 T 的同构的两个模型, 记做 $\mathcal{M} \cong \mathcal{M}'$.

Cantor 证明了下面的著名定理.

Cantor 定理　如果集合 X 是一个无穷可数集, $\prec$ 是定义在 X 上的一个序关系, 即 $\langle X, \prec \rangle \models$ DLO, 则 $\langle X, \prec \rangle \cong \langle \mathbb{Q}, < \rangle$

这样, 根据上述 Cantor 定理, 从同构意义上说, 理论 DLO 只有一个可数模型. 像这样的理论, 我们称之为 $\aleph_0$- 范畴的理论. 类似地, 我们也可定义 $\aleph_1$- 范畴的理论, 等等.

确定某一个理论有多少模型也是模型论的一个重要内容. 有关这方面的问题在以后的章节中还会介绍. 在这一节的最后, 要介绍关于模型和理论的几个重要概念.

定义 1.1.1　称一个公式集 Γ 是 **和谐的**(consistent), 假如它有一个模型 M, 也就是说有这个模型 M 中的元素 $\bar{c}$ 使得这些语言成真, 记做 $M \models \Gamma$, 或者 $\bar{c} \models \Gamma$. 称模型 $\mathcal{M}$ 的理论 T 是 **完全的**(complete), 假如它包含了所有在 $\mathcal{M}$ 中成真的语句. 模型 $\mathcal{M}$ 的完全理论记做 $\mathrm{Th}(\mathcal{M})$. 如果 T 是语言 L 中的一个理论, 在 L 扩充至 $L(A)$ 后的理论记做 $T(A)$.

定义 1.1.2　称二个模型 M 和 N 是 **初等等价的**(elementary equivalent). 假定每一个在 M 中成真的语言在 N 中亦真, 反之亦然, 记做 $M \equiv N$.

显然, 如果 $M \cong N$, 则 $M \equiv N$. 但其逆未必是对的. 不过, 如果 M 和 N 都是有穷模型, 则 $M \equiv N$ 蕴涵 $M \cong N$.

定义 1.1.3 称模型 N 是模型 M 的 **初等开拓**(elementary extension). 记做 $M \prec N$, 如果

1) $M \subseteq N$,

2) 对于语言 L 中的任意公式 $\varphi(\bar{x})$, 以及任意的 $\bar{a} \in M$, $M \models \varphi(\bar{a}) \Leftrightarrow N \models \varphi(\bar{a})$. 我们亦称 M 是 N 的 **初等子模型**(elementary submodel).

定义 1.1.4 映射 $f : M \to N$ 称为 M 到 N 内的 **初等映射** (elementary mapping) 或 **初等嵌入**(elementary embedding), 记做 $f : M \overset{\prec}{\to} N$, 假如对一切公式 $\varphi(\bar{x}) \in L$ 和 $\bar{a} \in M$, 有

$$M \models \varphi(\bar{a}) \Leftrightarrow N \models \varphi(f(\bar{a})).$$

定义 1.1.5 一个理论 T 称为 **模型完全的**(model complete), 如果对任意的 $M \models T$, $N \models T$, 假如 $M \subset N$, 则 $M \prec N$.

显然, 假如 T 是模型完全的理论, 而 $U \supset T$ 是和谐的, 则 U 也是一个模型完全的理论.

§1.2 型

型 (type) 在模型论的研究中起着重要的作用. 首先我们来看一下有关型的定义和记号.

定义 1.2.1 假如 T 是一个语言 L 中的理论, 一个 **n- 型** $p(\bar{x})$ 就是一个与 T 和谐的 (consistent) n 个变元 $\bar{x} = (x_1, x_2, \cdots, x_n)$ 的公式集. 假如 $\mathcal{M}$ 是 T 的一个模型, $\bar{a} \in M^n$, $p(\bar{x})$ 是理论 T 中的 n- 型, 则称 $\bar{a}$ 在 $\mathcal{M}$ 中 **认知**(realizes) 型 $p(\bar{x})$, 如果对于每一个公式 $\varphi \in p$, $M \models \varphi(\bar{a})$. 如果型 $p(\bar{x})$ 是一个极大的和谐 n 元公式集, 则称 $p(\bar{x})$ 是一个 **完全的 n-型**; 否则称 $p(\bar{x})$ 为 **部分 n-型**(partial n-type). 如果 n-型 p 中的公式含有参数, 那么这个参数集 $A \subseteq M$ 称做 p 的 **定义域**(domain), 而称 p 是在 A 上的 n-型. 所有在 A 上的完全的 n-型的集合记做 $S_n(A)$. 定义 $S(A) = \bigcup_{n \in \omega} S_n(A)$. $S(A)$ 构成一个拓扑学意义上的 Stone 空间. 它的成员通称为型. 如果 $A = \varnothing$, 即不含参数的公式所构成的型, 记做 $S(\varnothing)$ 或 $S(T)$. 定义 $\mathrm{tp}_{\mathcal{M}}(\bar{a}/A)$ 为那个惟一的被 $\mathcal{M}$ 中 n 元组 $\bar{a}$ 认知的 n- 型 $p(\bar{x}) \in S(A)$, 即

$$\mathrm{tp}_{\mathcal{M}}(\bar{a}/A) = \{\phi(\bar{x}, \bar{b}) : \bar{b} \in A, \quad \mathcal{M} \models \phi(\bar{a}, \bar{b})\}.$$

如果不会引起混淆的话我们常略去上面式子中的脚标 $\mathcal{M}$. 如果 A 中的任何 n 元组都不能认知型 p, 则称 **A 排斥**(omit) 型 p. 对于不含参数的公式集, 我们可以用 $\mathrm{tp}(\bar{a}/\varnothing)$ 来表示, 或者干脆写成 $\mathrm{tp}(\bar{a})$.

如果 $A \subseteq B \subseteq M, p \in S(A)$, $q \in S(B)$, $p \subseteq q$, 则称 q 是 p 的一个 **开拓**(extension). 例如, q 是 $q \upharpoonright A$ 的一个开拓.

下面我们要讨论几个特殊的型.

定义 1.2.2　设 $p \in S_n(A)$. 称 n- 型 p 是 **孤立的**(isolated) 或 **主的**(principal), 假如存在公式 $\varphi(\bar{x}, \bar{a}) \in p$ 满足对一切 $\psi \in p, \models \forall x(\varphi(\bar{x}, \bar{a}) \to \psi(\bar{x}, \bar{a}))$. 这样, 就可以写成 $\models \forall \bar{x}(\varphi(\bar{x}, \bar{a}) \to p(\bar{x}))$. 我们也称上述 φ 将 p 孤立.

称型 $\mathrm{tp}(\bar{b}/\bar{a})$ 是 **半孤立的**(semi-isolated). 假如存在公式 $\phi(\bar{x}, \bar{a}) \in \mathrm{tp}(\bar{b}/\bar{a})$ 满足 $\models \phi(\bar{x}, \bar{a}) \to \mathrm{tp}(\bar{b})$. 类似地我们也称上述 ϕ 将 $\mathrm{tp}(\bar{b}/\bar{a})$ 半孤立.

例子 1.2.3　1) 考察理论 Th $(\mathbb{Z}, S)$. 这里 $\mathbb{Z}$ 是整数集, S 是后继函数. 显然, 它有无穷多个可数模型, 它的每一个模型都是一条, 多条或无穷条整数链构成的. 假定 a, b 是在不同的整数链上的元素, 则容易看出 $\mathrm{tp}(b/a)$ 是半孤立的. 比如, $S(a) \neq x \to \mathrm{tp}(b)$. 但 $\mathrm{tp}(b/a)$ 不是孤立的, 因为 $\mathrm{tp}(b/a) = \{S^n(a) \neq x | n \in \omega\} \cup \{S^m(x) \neq a | m \in \omega\}$, 而此集合中的任一公式不能推出它的全部. 从这个例子可以看出孤立的和半孤立的是两个不同的概念.

2) 假定 $L = \{E_i : i \in \omega\}$. 理论 T 是说 E_0 是一个有两个无穷等价类的等价关系, 而对于一切 $i \in \omega, E_{i+1}$ 都是将每一个 E_i- 等价类细分成两个无穷 E_{i+1}- 等价类的等价关系. 假如 a 和 c 对一切 $i \in \omega$, 都是在同一个 E_i- 类, 但 a 和 b 不在同一个 E_0- 等价类内, 则 $\mathrm{tp}(c/b)$、$\mathrm{tp}(b/a)$ 是孤立的, 而 $\mathrm{tp}(c/a)$ 不是孤立的, 但是半孤立的.

上述第二个例子验证了在下面第二个命题中, 若将半孤立改为孤立则不成立.

命题 1.2.4　1) 假如 $\mathrm{tp}(\bar{b}/\bar{a})$ 是孤立的, 则 $\mathrm{tp}(\bar{b}/\bar{a})$ 是半孤立的.

2) 假如 $\mathrm{tp}(\bar{c}/\bar{b})$ 和 $\mathrm{tp}(\bar{b}/\bar{a})$ 是半孤立的, 则 $\mathrm{tp}(\bar{c}/\bar{a})$ 是半孤立的.

证明　1) 显然.

2) 假如 $\mathrm{tp}(\bar{c}/\bar{b})$ 是半孤立的, 则存在 $\varphi(\bar{x}, \bar{b}) \in \mathrm{tp}(\bar{c}/\bar{b})$ 满足 $\models \varphi(\bar{x}, \bar{b}) \to \mathrm{tp}(\bar{c})$. 而 $\mathrm{tp}(\bar{b}/\bar{a})$ 也是半孤立的, 所以存在 $\psi(\bar{y}, \bar{a}) \in \mathrm{tp}(\bar{b}/\bar{a})$ 满足 $\models \psi(\bar{y}, \bar{a}) \to \mathrm{tp}(\bar{b})$. 这样, $\exists y[\varphi(\bar{x}, \bar{y}) \wedge \psi(\bar{y}, \bar{a})] \in \mathrm{tp}(\bar{c}/\bar{a})$, 而且 $\models \exists y[\varphi(\bar{x}, \bar{y}) \wedge \psi(\bar{y}, \bar{a})] \to \mathrm{tp}(\bar{c})$.

命题 1.2.5　假如 $\mathrm{tp}(\bar{b}/\bar{a})$ 是孤立型, 而 $\mathrm{tp}(\bar{a}/\bar{b})$ 非孤立, 则 $\mathrm{tp}(\bar{a}/\bar{b})$ 非半孤立.

证明　假如公式 $\varphi(\bar{x}, \bar{a})$ 孤立 $\mathrm{tp}(\bar{b}/\bar{a})$. 为获得矛盾反设 $\mathrm{tp}(\bar{a}/\bar{b})$ 被公式 $\psi(\bar{b}, \bar{y})$ 半孤立. 由于 $\mathrm{tp}(\bar{a}/\bar{b})$ 非孤立, 存在公式 $\theta(\bar{x}, \bar{y}) \in L$ 使得 $\varphi(\bar{b}, \bar{y}) \wedge \psi(\bar{b}, \bar{y}) \wedge \theta(\bar{b}, \bar{y})$ 和 $\varphi(\bar{b}, \bar{y}) \wedge \psi(\bar{b}, \bar{y}) \wedge \neg \theta(\bar{b}, \bar{y})$ 都是和谐的. 但它们都蕴含 $\mathrm{tp}(\bar{a})$, 所以 $\varphi(\bar{x}, \bar{a}) \wedge \theta(\bar{x}, \bar{a})$ 和 $\varphi(\bar{x}, \bar{a}) \wedge \neg \theta(\bar{x}, \bar{a})$ 都是和谐的. 这就矛盾于 $\varphi(\bar{x}, \bar{a})$ 孤立 $\mathrm{tp}(\bar{b}/\bar{a})$ 这个事实.

下面引出共轭的概念.

定义 1.2.6　假定 M 是一个模型, $A \subseteq M$.

1) 设 $p \in S(A)$, f 是一个初等映射, 其定义域 $\mathrm{dom}(f) \supseteq A$. 则

$$f(p) = \{\varphi(\bar{v}, f(a)) | \varphi(\bar{v}, a) \in p\}$$

是在 $f(A)$ 上的公式集.

2) 假如 f 是一个初等映射, 在 A 上为恒等映射, $A \subseteq B, A \subseteq C, f(B) = C$ 则称集合 B 和 C 在 A 上 **共轭**(conjugate).

3) 假如 p 和 q 是模型 M 上的型, 并且有定义域包含 A 的初等映射 f 满足 $f(p) = q$, 则称两个型 p 和 q 在 A 上共轭.

定义 1.2.7 1) 设 M 是一模型. 称 $a \in M$ 是在集合 B 上 **代数的**, 假如存在一个公式 $\varphi(x, \bar{b}), \bar{b} \in B$, 使得 $\models \varphi(a, \bar{b})$ 且集合 $\{a' \in M | \models \varphi(a', \bar{b})\}$ 是有穷的且包含 a.

2) 称 C 为集合 B 的 **代数闭包**(algebraic closure), 记做 $C = \mathrm{acl}(B)$, 如果 $C = \{a \in M | a$ 是在集合 B 上代数的 $\}$.

3) 型 p 称为在集合 A 上的 **强型** (strong type), 假如 $p \in S(\mathrm{acl}(A))$. 对于任何 a, $\mathrm{tp}(a/\mathrm{acl}(A))$ 称做在 A 上的强型并记做 $\mathrm{stp}(a/A)$. 如果 $A = \varnothing$, 则记为 $\mathrm{stp}(a)$. 如果 $\mathrm{stp}(a) = \mathrm{stp}(b)$, 则记做 $a \equiv_s b$.

§1.3 型的分离和分叉

型是模型论近年来研究的基础, 在前一节已经给出它的定义及一些特殊的型. 本节要进一步讨论型的一些性质, 特别是所谓型的 **分离**(dividing) 和 **分叉**(forking). 读者在以后的章节中可以看到, 这与理论的稳定性及单纯性研究有着非常密切的关系.

现在我们先引出它们的定义.

定义 1.3.1 称一个公式 $\varphi(\bar{x}, \bar{a})$ 在一个集合 A 上分离, 假如有一个 n 元组的序列 $\langle \bar{a}_i : i \in \omega \rangle$ 满足以下两条件:

1) 对每一个 i, $\mathrm{tp}(\bar{a}/A) = \mathrm{tp}(\bar{a}_i/A)$,

2) 公式集 $\{\varphi(\bar{x}, \bar{a}_i) : i \in \omega\}$ 是 k- 不和谐的, 也就是说对某个自然数 k 这个公式集中的任何 k 个元素组成的子公式集都是不和谐的. 我们有时候也称这个公式 $\varphi(\bar{x}, \bar{a})$ 关于自然数 k 分离, 或者 k- 分离.

称一个型 p 在 A 上分离, 如果存在某个公式 φ, $p \vdash \varphi$, 且 φ 在 A 上分离. 特别地, 如果一个型 p 包含一个在 A 上分离的公式, 则 p 在 A 上分离.

例子 1.3.2 考察含有无数多个等价类的等价关系 E. 我们断言公式 xEa 在空集 $\varnothing$ 上关于 $k = 2$ 分离 (或称 2- 分离). 事实上, 选择每个等价类中的一个元素组成序列 $\langle b_i : i \in \omega \rangle$, 就有 $\mathrm{tp}(a/\varnothing) = \mathrm{tp}(b_i/\varnothing) = \{xEx\}$, 并且 $\{xEb_i : i \in \omega\}$ 是 2- 不和谐的.

定义 1.3.3 称一个型 p 在 A 上分叉, 假如存在公式 $\varphi_0(\bar{x}, \bar{a}_0), \cdots, \varphi_n(\bar{x}, \bar{a}_n)$ 满足以下两条:

1) $p \vdash \bigvee_{0 \leq i \leq n} \varphi_i(\bar{x}, \bar{a}_i)$,

2) 对每一个 i, $\varphi_i(\bar{x}, \bar{a}_i)$ 在 A 上分离.

我们常常遇到 $i = 1$ 的情形: 有一个公式 $\varphi(\bar{x}, \bar{a})$ 满足 $p \vdash \varphi(\bar{x}, \bar{a})$ 而且 $\varphi(\bar{x}, \bar{a})$ 在 A 上分离, 这样 p 就在 A 上分叉. 例如, 假设 $p \vdash \varphi(\bar{x}, \bar{a})$ 并有序列 $\langle \bar{a}_i : i \in \omega \rangle$ 满足对每一个 i, $\mathrm{tp}(\bar{a}/A) = \mathrm{tp}(\bar{a}_i/A)$, 而且 $\{\varphi(\bar{x}, \bar{a}_i), \varphi(\bar{x}, \bar{a}_j)\}$ $(i \neq j)$ 是不和谐的, 则 p 在 A 上分叉.

如果 $A \subseteq B, p \in S(B)$, 而且 p 在 A 上不分叉, 则称 p 是 $p \restriction A$ 的一个 **不分叉开拓** (nonforking extension).

下面我们来看分离和分叉的一些简单性质和它们之间的一些关系. 证明都很容易, 有些仅给出了提示, 读者可练习给出详细的证明.

命题 1.3.4 1) 如果一个型 p 在 A 上分离, 则它在 A 上分叉.

2) 假如 $\varphi(\bar{x}, \bar{a})$ 和 $\psi(\bar{x}, \bar{b})$ 在 A 上分叉, 则 $\varphi(\bar{x}, \bar{a}) \vee \psi(\bar{x}, \bar{b})$ 在 A 上分叉.

3) $\varphi(\bar{x}, \bar{c})$ 在 A 上关于自然数 k 分离, 当且仅当对所有有穷的 $\bar{a} \in A$, $\varphi(\bar{x}, \bar{c})$ 在 $\bar{a}$ 上关于 k 分离.

4) (存在性) 如果型 p 在集合 A 上分离, 则存在公式 $\varphi(\bar{x}, \bar{a})$, 它是 p 中公式的合取, 并在 A 上分离. 因此如果 $p \in S(A)$, 则 p 不在 A 上分离.

5) (有穷特征性) 型 $\mathrm{tp}(\bar{a}/B)$ 在 A 上不分离当且仅当对于一切子集 $\bar{b} \subseteq B$, 型 $\mathrm{tp}(\bar{a}/\bar{b})$ 在 A 上不分离.

6) (单调性) 假定 p, q 是两个型, 而且 $p \vdash q$, 即 q 中公式均可由 p 中的公式 (集) 来证明. 那么, 如果 q 在集合 A 上分离, 则 p 在 A 的任何子集上分离.

7) (部分传递性) 假设 $A \subseteq B \subseteq C$. 如果型 $\mathrm{tp}(\bar{a}/C)$ 在 A 上不分离, 则 $\mathrm{tp}(\bar{a}/B)$ 在 A 上不分离. 而且 $\mathrm{tp}(\bar{a}/C)$ 在 B 上不分离.

在以上 4)~7) 中, 如将分离改为分叉也是对的.

证明 1) 由于 p 在 A 上分离, 存在公式 $\varphi(\bar{x}, \bar{c})$ 使得 $p \vdash \varphi$ 而且 φ 在 A 上分离. 这正是分叉的定义中 $i = 1$ 的情形.

2) 假如 $\varphi(\bar{x}, \bar{a})$ 在 A 上分叉, 则有公式 $\varphi_1, \cdots, \varphi_m$ 满足 $\varphi \vdash \bigvee_{1 \leq i \leq m} \varphi_i$, 而且每个 φ_i 在 A 上分离. 同样地, ψ 在 A 上分叉, 则有公式 $\psi_1, \cdots, \psi_n$ 满足 $\psi \vdash \bigvee_{1 \leq i \leq n} \psi_i$, 而且每个 ψ_i 在 A 上分离. 这样, 我们有 $\varphi \vee \psi \vdash \bigvee_{1 \leq i \leq m+n} \varphi_i$, 这里 $\varphi_{m+i} = \psi_i$ $(1 \leq i \leq n)$.

3) 根据紧致性定理, $\mathrm{tp}(\bar{c}/A) = \mathrm{tp}(\bar{c}_i/A)$ 当且仅当对所有有穷的 $\bar{a} \subseteq A, \mathrm{tp}(\bar{c}/\bar{a}) = \mathrm{tp}(\bar{c}_i/\bar{a})$.

4) 假如 p 在 A 上分离, 则有公式 ψ 满足 $p \vdash \psi$, 且 ψ 在 A 上分离. 注意到 $p \vdash \psi$ 意味着存在有穷多个公式 $\varphi_1, \cdots, \varphi_n \in p$ 满足 $\varphi_1 \wedge \cdots \wedge \varphi_n \vdash \psi$. 因此假如 p 在 A 上分离, 则 $\varphi = \varphi_1 \wedge \cdots \wedge \varphi_n$ 在 A 上分离. 现在证明如果 $p \in S(A)$, 则 p 不在 A 上分离. 假如不然, 则有 $\varphi_1, \cdots, \varphi_n \in p$ 满足 $\varphi_1 \wedge \cdots \wedge \varphi_n$ 在 A 上分离. 故有序列 $\langle \bar{a}_i : i \in \omega \rangle$ 满足 $\{\varphi_1(\bar{x}, \bar{a}_i) \wedge \cdots \wedge \varphi_n(\bar{x}, \bar{a}) : i \in \omega\}$ 是关于某个自然数 k 不和谐的, 但这矛盾于 $\varphi_i \in p$.

5) 类似于 3).

6) 假如 q 在 A 上分离, 则有公式 $\varphi(\bar{x}, \bar{c})$ 满足 $q \vdash \varphi$ 而且 φ 在 A 上分离. 但 $p \vdash q$, 所以 $p \vdash \varphi$, p 在 A 上分离. 根据分离的定义, p 在 A 的任何子集上分离.

7) 首先反证第一个结论. 假定 $\mathrm{tp}(\bar{a}/B)$ 在 A 上分离, 根据本命题的 4), 有 $\bar{b} \subseteq B$ 及公式 $\varphi(\bar{x}, \bar{b})$, 它是型 $\mathrm{tp}(\bar{a}/B)$ 中公式的合取且在 A 上分离. 但 $B \subseteq C$, 所以 $\varphi(\bar{x}, \bar{b}) \in \mathrm{tp}(\bar{a}/C)$. 这样 $\mathrm{tp}(\bar{a}/C)$ 在 A 上分离, 矛盾. 现在反证第二个结论. 假如 $\mathrm{tp}(\bar{a}/C)$ 在 B 上分离, 则有 $\bar{c} \subseteq C$ 及公式 $\varphi(\bar{x}, \bar{c})$, 它是 $\mathrm{tp}(\bar{a}/C)$ 中公式的合取且在 B 上分离. 这样 $\varphi(\bar{x}, \bar{c})$ 在所有有穷的 $\bar{b} \subseteq B$ 上分离. 因此 $\varphi(\bar{x}, \bar{c})$ 在所有有穷的 $\bar{b} \subseteq A$ 上分离, 矛盾.

上述命题中的第一条的逆命题, 对一般理论而言并不成立, 但是对于稳定性理论和单纯性理论, 却是成立的, 我们以后要证明这一点.

习题 如果 $\varphi(\bar{x}, \bar{a}) \wedge \psi(\bar{x}, \bar{a})$ 不在 A 上分叉, 则 $\varphi(\bar{x}, \bar{a})$ 和 $\psi(\bar{x}, \bar{a})$ 都不在 A 上分叉.

下面我们要引出一个非常重要的序列, 并且讨论它和型的分叉之间的关系.

定义 1.3.5 一个序列 $I = \langle \bar{c}_i : i \in \omega \rangle$ 称做在一个集合 B 上是 **不可辨的**(indiscernible), 或者说 I 是 B- 不可辨的, 如果对一切自然数 n 和 $i_1 < \cdots < i_n$, $\mathrm{tp}(c_1, \cdots, c_n/B) = \mathrm{tp}(c_{i_1}, \cdots, c_{i_n}/B)$.

例如有理数和定义其上的序关系构成一个模型 $\langle \mathbb{Q}, < \rangle$, 其中 $\mathbb{Q}$ 就是一个空集上的不可辨序列.

注意到在上述定义中, 假如 $n = 1$, 则对于一切 $a, b \in I$, $\mathrm{tp}(a/B) = \mathrm{tp}(b/B)$, 也就是在所有 I 中的元素都认知同样的型. 这也许是用不可辨来称呼这种序列的原因吧.

不可辨序列常常可以由 Ramsey 定理适当地产生. 我们先介绍一下 Ramsey 定理所要用到的符号. 假定 μ, λ, κ 都是基数, n 是自然数, 则 $[\lambda]^n = \{ F \subseteq \lambda^n : |F| = n \}$. 对于 $\mu \leq \lambda$, $\lambda \to (\mu)_\kappa^n$ 表示每一个 n 元函数 $f : [\lambda]^n \to \kappa$, 对于一个基数为 μ 的 λ 的子集 H, 在 $[H]^n$ 上为常数. 我们这里要用到的是一个 Ramsey 定理的特殊情形, 即

Ramsey 定理 假定 m, n 是自然数, ω 是自然数集, 则 $\omega \to (\omega)_m^n$. 这就是说每一个 n 元函数 $f(x_1, \cdots, x_n) : [\omega]^n \to m$, 对于自然数集 ω 的一个无穷子集 H, 它在 $[H]^n$ 上为常数. 我们不打算在这里严格证明这个定理, 不过直观地想一下, 这应该是对的.

命题 1.3.6 型 p 在一个集合 A 上 k- 分离, 当且仅当存在公式 $\varphi(\bar{x}, \bar{a})$, 它是 p 中有穷多个公式的合取, 以及一个在 A 上的包含 $\bar{a}$ 的无穷不可辨序列 I, 满足 $\{ \varphi(\bar{x}, \bar{a}_i) : \bar{a}_i \in I \}$ 是 k- 不和谐的.

证明 必要性容易证明, 因为 I 包含 $\bar{a}$, 且切对一切 i, $\mathrm{tp}(\bar{a}/A) = \mathrm{tp}(\bar{a}_i/A)$.

现在假定 p 在 A 上 k- 分离. 这样, 存在一个 p 中公式的合取 $\varphi(\bar{x}, \bar{a})$, 它在 A 上 k- 分离. 即是说, 有序列 $\langle \bar{c}_i : i \in \omega \rangle$ 满足对一切 i, $\mathrm{tp}(\bar{a}/A) = \mathrm{tp}(\bar{c}_i/A)$ 且 $\{\varphi(\bar{x}, \bar{c}_i) : i \in \omega\}$ 是 k- 不和谐的. 设 $\Gamma(\bar{x}_0, \bar{x}_1, \cdots)$ 是描述 "$\langle \bar{x}_i : i \in \omega \rangle$ 是一个 A- 不可辨序列的公式集". 设 $q = \cup_{i \in \omega} \mathrm{tp}(\bar{c}_i/A)$. 我们断言 $\Gamma \cup q$ 是和谐的, 那么, 认知 $q \cup \Gamma$ 的一个序列 $\langle \bar{a}_i : i \in \omega \rangle$ 就是所要求的 A- 不可辨序列. 现在来证明我们的断言. 考察 Γ 的子集

$$\Gamma^* = \{\varphi_k(\bar{x}_0, \cdots, \bar{x}_r, \bar{a}) \leftrightarrow \varphi_k(\bar{x}_{i_0}, \cdots, \bar{x}_{i_r}, \bar{a}) : i_0 < i_1 \cdots < i_r, k \in \omega\}.$$

根据 Ramsey 定理, 存在 ω 的一个无穷子集 η 满足

$$\varphi_k(\bar{c}_0, \cdots, \bar{c}_r, \bar{a}) \leftrightarrow \varphi_k(\bar{c}_{i_0}, \cdots, \bar{c}_{i_r}, \bar{a}),$$

这里 $k \in \omega$, $i_0 < i_1 < \cdots < i_r$, 而且 $i_l \in \eta$ $(l = 0, 1, 2, \cdots, r)$.

假设 f 是一个 A 上的自同构: $\langle \bar{c}_{i_0}, \bar{c}_{i_1}, \cdots \rangle \mapsto \langle \bar{a}_i : i \in \omega \rangle$, 则 $f(\langle \bar{c}_{i_s} : i_s \in I \rangle) \models q \cup \Gamma^*$. 因此由紧致性定理, 断言得证.

现在我们给出一个关于分离和不可辨序列之间的关系.

命题 1.3.7 下面两命题等价.

1) 型 $\mathrm{tp}(\bar{c}/A\bar{b})$ 不在集合 A 上分离,

2) 对任何一个 A- 不可辨序列 I, 存在数组 $\bar{c}'$ 认知型 $\mathrm{tp}(\bar{c}/A\bar{b})$ 而且使得 I 是 $A\bar{c}'$- 不可辨序列.

证明 1) $\Rightarrow$ 2) 假定 $p(\bar{x}, \bar{b}) = \mathrm{tp}(\bar{c}/A\bar{b})$ 不在 A 上分离. 设 $I = \langle \bar{b}_i : i \in \omega \rangle$ 是一个包含 $\bar{b} = \bar{b}_0$ 的 A- 不可辨序列. 我们首先断言 $q = \cup\{p(\bar{x}, \bar{b}') : \bar{b}' \in I\}$ 是和谐的. 事实上, 假如不然, 那么根据紧致性, 对某个在 $p(\bar{x}, \bar{b})$ 中的公式 $\varphi(\bar{x}, \bar{a}, \bar{b})$, $(\bar{a} \in A)$, 合取式 $\varphi(\bar{x}, \bar{a}, \bar{b}_0) \wedge \cdots \wedge \varphi(\bar{x}, \bar{a}, \bar{b}_n)$ 是不和谐的. 这样, $p(\bar{x}, \bar{b})$ 在 A 上分离, 矛盾, 因此断言成立. 现在设 $\Gamma(\bar{x})$ 是描述 "I 是 $A\bar{x}$- 不可辨序列" 的公式集, 则应用 Ramsey 定理, 可知 $q \cup \Gamma$ 是和谐的. 选取认知 $\mathrm{tp}(\bar{c}/A\bar{b})$ 的 n 元组 $\bar{c}'$ 使得 I 是 $A\bar{c}'$- 不可辨的.

2) $\Rightarrow$ 1) 假设 2) 成立. 设 $p(\bar{x}, \bar{b}) = \mathrm{tp}(\bar{c}/A\bar{b})$, 且 $q = \cup\{p(\bar{x}, \bar{b}') : \bar{b}' \in I\}$. 对于任意 A- 不可辨序列 I, $\bar{b}' \in I$, 存在数组 $\bar{c}'$ 认知 $\mathrm{tp}(\bar{c}/A\bar{b}')$. 因此 q 是和谐的. 这样对任意的 $\varphi(\bar{x}, \bar{a}, \bar{b}) \in \mathrm{tp}(\bar{c}/A\bar{b})$, $\bar{a} \in A$. $\{\varphi(\bar{x}, \bar{a}, \bar{b}) : \bar{b} \in I\}$ 是和谐的. 因此 $\mathrm{tp}(\bar{c}/A\bar{b})$ 不在 A 上分离.

命题 1.3.8 不分叉满足开拓性. 即: 如果在集合 B 上的型 p 不在 A 上分叉, $A \subseteq B \subseteq C$, 则有包含 p 的在 C 上的完全型 q 在 A 上不分叉.

证明 设 $\Gamma = \{\psi(\bar{x}, \bar{a}) : \psi(\bar{x}, \bar{y}) \in L, \bar{a} \in C, \psi(\bar{x}, \bar{a})$ 在 A 上分叉 $\}$, 且 $q' = p \cup \{\neg\psi(\bar{x}, \bar{a}) : \psi(\bar{x}, \bar{a}) \in \Gamma\}$.

首先我们用反证法证明 q' 是和谐的. 假如对于某个自然数 n, 公式 $\psi_i \in \Gamma$ 使得

$$p \cup \{\neg\psi_0(\bar{x}, \bar{a}_0), \cdots, \neg\psi_n(\bar{x}, \bar{a}_n)\}$$

不和谐. 这样 $p \vdash \bigvee_{0 \le i \le n} \psi(\bar{x}, \bar{a}_i)$. 因为每一个 ψ_i 都在 A 上分叉, p 在 A 上分叉. 这矛盾于命题的假设, 因此 q' 是和谐的. 现在假定 q 是 q' 在 C 上的完全型. 我们证明 q 不在 A 上分叉. 事实上假如不然, 则有公式 $\varphi(\bar{x}, \bar{a}) \in q$ 在 A 上分叉. 所以 $\varphi(\bar{x}, \bar{a}) \in \Gamma$. 这样, $\neg \varphi(\bar{x}, \bar{a}) \in q'$. 所以 $\neg \varphi(\bar{x}, \bar{a}) \in q$. 我们得到了一个矛盾.

下面要引出一个非常重要的序列. 并且讨论它的存在性.

定义 1.3.9 假设序列 $I = \langle \bar{a}_i : i \in \omega \rangle$ 认知一个型 $p \in S(B)$, $A \subseteq B$. 那么, 如果下面两条件满足, 则称 I 是型 p 在 A 上的 Morley 序列.

1) I 是 B 上的不可辨序列,

2) 对于任意的 $i \in \omega$, $\mathrm{tp}(\bar{a}_i / B \cup \{\bar{a}_j : j < i\})$ 不在 A 上分叉.

如果我们说型 $p \in S(B)$ 的 Morley 序列, 即是指型 p 在 B 上的 Morley 序列 (即上述定义中 $A = B$ 的情形).

命题 1.3.10 假如 $p \in S(B)$ 不在 $A \subseteq B$ 上分叉, 则存在 p 在 A 上的 Morley 序列.

证明 根据命题 1.3.8, 对于任何基数 λ, 存在序列 $\langle \bar{a}_\alpha : \alpha < \lambda \rangle$ 满足对任何 $\alpha < \lambda$, $\mathrm{tp}(\bar{a}_\alpha / B \cup \{\bar{a}_\beta | \beta < \alpha\})$ 开拓 p 而在 A 上不分叉. 我们可以使这个序列任意长, 但在 B 上型的个数是有界的. 因此可以借助于反复应用 Erdös-Rado 定理 (参见 [CK] 定理 7.2.1 和 7.2.2), 从一个长度 λ 很大的序列中获得一个所要的不可辨序列.

命题 1.3.11 假设 $I = \langle \bar{c}_i : i \in \omega \rangle$ 是型 $\mathrm{tp}(\bar{c}_0 / A)$ 的 Morley 序列, 而 $J = \langle \bar{d}_j : j \in \omega \rangle$ 是型 $\mathrm{tp}(\bar{c}_0 / A)$ 的 A- 不可辨序列. 则存在序列 I', 它是 I 的一个 A- 自同构的象. 而且, 对于每一 $j \in \omega$, $(\bar{d}_j)I'$ 是一个 A- 不可辨序列.

证明 我们将归纳地选取这个序列 $I' = \langle \bar{b}_i : i \in \omega \rangle$. 假定 $\bar{b}_1, \cdots, \bar{b}_n$ 已经选出, 它满足:

1) 对于每一个 $j \in \omega$, $\mathrm{tp}(\bar{d}_j \bar{b}_1 \cdots \bar{b}_n / A) = \mathrm{tp}(\bar{c}_0 \bar{c}_1 \cdots \bar{c}_n / A)$,

2) J 是 $A \bar{b}_1 \cdots \bar{b}_n$- 不可辨的.

我们需要选取 $\bar{b}_{n+1}$ 使得 1) 和 2) 对于 $n+1$ 亦成立. 设 $p(\bar{x}_0, \cdots, \bar{x}_{n+1}) = \mathrm{tp}(\bar{c}_0, \cdots, \bar{c}_{n+1} / A)$ 且 $q = \cup \{p(\bar{d}_j, \bar{b}_1, \cdots, \bar{b}_n, \bar{x}_{n+1}) : j \in \omega\}$.

我们要证明 q 是和谐的. 设

$$\Gamma = \{\varphi(\bar{d}_j, \bar{b}_1, \cdots, \bar{b}_n, \bar{x}_{n+1}, \bar{a}) : j \in \omega\},$$

这里 $\varphi(\bar{x}_0, \cdots, \bar{x}_n, \bar{x}_{n+1}, \bar{a}) \in p(\bar{x}_0, \cdots, \bar{x}_n, \bar{x}_{n+1})$, $\bar{a} \in A$. 注意到 $I = \langle \bar{c}_i : i \in \omega \rangle$ 是 Morley 序列, 所以 $\varphi(\bar{c}_{n+1} / A \bar{c}_0 \cdots \bar{c}_n)$ 不在 A 上分叉, 而且根据归纳假设, $\langle \bar{d}_j \bar{b}_1 \cdots \bar{b}_n : j \in \omega \rangle$ 是 A- 不可分辨的. 这样 Γ 是和谐的, 因此 q 是和谐的. 应用 Ramsey 定理选取 n 元组 $\bar{b}_{n+1}$ 认知 q 并使得 J 是 $A \bar{b}_1 \cdots \bar{b}_{n+1}$- 不可分辨的. 这样 1) 和 2) 对于 $n+1$ 的情形 $\bar{b}_1, \cdots, \bar{b}_{n+1}$ 成立. 最后, $\langle \bar{b}_n : 1 \le n \in \omega \rangle$

就形成所要求的型 $\text{tp}(\bar{c}_0/A)$ 的 A- 不可辨序列, 因为根据 1), 对每一个 $j \in \omega$, $\text{tp}(\bar{d}_j I'/A) = \text{tp}(I/A)$. 证毕.

注意到在上述命题中, I 是 Morley 序列这一点是重要的. 考察下面的例子.

例子 1.3.12   假设 T 是具有无穷多个无穷等价类的等价关系 E 的理论, p 是 T 中惟一的在空集 $\varnothing$ 上的型, I_0 是在同一个等价类上 p 的无穷不可辨序列. 假如 $I_1 = \langle c_i : i \in \omega \rangle$ 是满足 $\models \neg c_i E c_j \quad (i \neq j)$ 的不可辨序列, 则不存在 I_0 的复制, 使得它是所有点 $c_i (i \in \omega)$ 的共同开拓.

相反地, 假设 $J_0 = \langle b_i : i \in \omega \rangle$, 且 $\models \neg b_i E b_j \; (i \neq j)$. $J_1 = \langle d_j : j \in \omega \rangle$ 是任意的一个 p 的不可辨序列, 则 J_0 是一个 Morley 序列, 而且有一个序列 $J_2 = \langle e_i : i \in \omega \rangle$ 满足 $\models \neg e_i E e_j \quad (i \neq j)$ 且对于 $i, j \in \omega$, $e_i \neq d_j$. 因此 J_2 是 J_0 的一个自同构的象, 而对每一个 $j \in \omega$, $(d_j) J_2$ 是在空集 $\varnothing$ 上的不可辨序列.

§1.4   型的后继和共后继

在这一节中我们要引出型的另一个概念: 后继和共后继, 它们在稳定性理论和单纯性理论中都是重要的.

定义 1.4.1   设 M 是理论 T 的一个模型, $M \subseteq A$.

1) 设 $p \in S(M)$, $q \in S(A)$. 称 q 是 p 在 A 上的 **后继**(heir), 假如 q 开拓 p 而且对一切公式 φ, $\varphi(\bar{x}, \bar{m}) \in p \Leftrightarrow \varphi(\bar{x}, \bar{a}) \in q$, 这里 $\bar{m} \in M, \bar{a} \in A$.

2) 称 $\text{tp}(\bar{a}/A)$ 是 $\text{tp}(\bar{a}/M)$ 在 A 上的 **共后继**(coheir), 假如 $\text{tp}(\bar{a}/A)$ 在 M 中有穷可满足.

3) 称 $I = \langle \bar{a}_i : i \in \omega \rangle$ 是 $q \in S(M)$ 的 **共后继序列**(coheir sequence), 假如对每一个 i, $\text{tp}(\bar{a}_i/M \cup \{\bar{a}_j : j < i\})$ 是 q 和 $\text{tp}(\bar{a}_{i+1}/M \cup \{\bar{a}_j : j < i+1\})$ 的一个子集的共后继.

下面的命题用后继解释了共后继.

命题 1.4.2   假设 $M \subseteq A, \bar{a}$ 认知 $p \in S(M)$. 如果 $\text{tp}(A/M \cup \bar{a})$ 是 $\text{tp}(A/M)$ 的一个的后继, 则 $\text{tp}(\bar{a}/A)$ 是 p 在 A 上的共后继.

下面的命题给出了共后继的某些性质以及它与分叉和不可辨序列的某些关系.

命题 1.4.3   1) 设 $M \subseteq A$. 如果 $p \in S(A)$ 是 $p \upharpoonright M$ 的一个共后继, 则 p 不在 M 上分叉.

2) 设 $M \subseteq A \subseteq B$, $p \in S(M)$. 如果 $q \in S(A)$ 是 p 的一个的共后继, 则 q 有一个开拓 $r \in S(B)$, 它是 p 的共后继. 而且, 如果 $r \in S(B)$ 是 p 的共后继, 则 $r \upharpoonright A$ 也是 p 的共后继.

3) 设 $M \subseteq A \subseteq B$ 且 $p \in S(B)$ 是 $p \upharpoonright M$ 的共后继. 假如 $\bar{b}_1, \bar{b}_2 \in B$ 且 $\text{tp}(\bar{b}_1/A) = \text{tp}(\bar{b}_2/A)$, 则对于任意的 $\bar{c} \models p$, 有 $\text{tp}(\bar{c}\bar{b}_1/A) = \text{tp}(\bar{c}\bar{b}_2/A)$.

4) 设 $M \subseteq A \subseteq B$ 且 $q \in S(B)$ 是 p 的一个共后继. 假如 $I = \langle \bar{a}_i : i \in \kappa \rangle$ 是一个满足对一切 $i < \kappa, \bar{a}_i \in B$ 且认知 q 限制到 $A \cup \{\bar{a}_j : j < i\}$ 上的型的序列, 则 I 是 A- 不可辨序列.

5) 对于任意的理论 T, 型 $q \in S(M)$ 的共后继序列存在, 而且任意 q 的共后继序列都是 M- 不可辨的.

证明 1) 因为 $M \subseteq A$ 而且 $p \in S(A), p$ 不在 M 上分离. 另外, 因为 $p \in S(A)$ 是 $p \restriction M$ 的共后继, 所以 $M \models p$. 这样对任意公式 $\varphi(\bar{x}, \bar{a}) \in p, \{\varphi(\bar{x}, \bar{a}_i) : i \in \omega\}$ 不可能是 k- 不和谐的.

2) $q \in S(A)$ 是 p 的共后继 $\Rightarrow M \models q \Rightarrow A \models q \Rightarrow$ 存在 $r \supset q$ 满足 $r \in S(B)$ 且 $A \models r \Rightarrow r$ 是 q 的共后继. 而且, r 是 $p \in S(M)$ 的共后继 $\Rightarrow M \models r \Rightarrow M \models r \restriction A \Rightarrow r \restriction A$ 是 p 的共后继.

3) 假如不然, 则有某个 $\varphi(\bar{x}, \bar{y}) \in L, \varphi(\bar{c}, \bar{b}_1) \wedge \neg \varphi(\bar{c}, \bar{b}_2)$ 成立. 这样, 因为 p 是 $p \restriction M$ 的共后继, 对某个 $\bar{m} \in M, \varphi(\bar{m}, \bar{b}_1) \wedge \neg \varphi(\bar{m}, \bar{b}_2)$ 成立. 因此 $\text{tp}(\bar{b}_1/A) \neq \text{tp}(\bar{b}_2/A)$, 矛盾.

4) 应用 3) 并用归纳法于 i 证明 $\bar{a}_i$.

5) 根据 2), 存在共后继序列. 假设 I 是 q 的任意共后继序列. 这样根据 4), 设 $B = M \cup I, I$ 是 M- 不可辨的. 再设 $\{I_n : n \in \omega\}$ 是满足 $\text{tp}(I_n/M) = \text{tp}(I_0/M)$ 的 $q \in S(M)$ 的共后继序列的类. 因此就有 $\bar{a}$ 使得 $I_0 \bar{a}$ 是 M- 不可辨的. 这样, $p = \text{tp}(\bar{a}/MI_0)$ 是 q 的后继. 所以存在序列 $I' = \langle \bar{a}_i : i \in \omega \rangle$ 使得对一切的 $n \in \omega$, $\text{tp}(\bar{a}_i/M\bar{a}_0 \cdots \bar{a}_{i-1} \cup \bigcup_{n \leq i} I_n)$ 是 q 的共后继并且被 $\bar{a}_{i+1}$ 认知. 这样, 根据 4)$I_0 I'$ 是 M- 不可辨的, 再根据 3). 就有对一切 $n \in \omega, \text{tp}(I_n I'/M) = \text{tp}(I_0 I'/M)$.

还有一些有关型的定义和性质, 会在以后用到它们的时候随时引出.

§1.5 Morley 范畴定理和理论的分类

我们说过模型论把研究模型和它们的理论作为主要研究内容之一. 因此, 将理论就各种不同的性质进行分类当然就是重要的研究项目. 在这方面, 已有大量的研究成果, 但亦有大量尚未解决的问题. Shelah 写有这方面的一本专著 [she2].

定义 1.5.1 假设 T 是一个可数完全理论, κ 是一个无穷基数. 称 T 是 κ-范畴的. 或 T 范畴于 κ, 如果 T 的任意两个基数为 κ 的模型都是同构的. 换句话说, 在同构的意义上, T 只有一个基数为 κ 的模型. 比如在前面说过, 稠密无终点线性序的理论 DLO 在同构的意义上, 只有一个可数模型. 因此, DLO 是 $\aleph_0$-范畴的.

在理论的范畴性的研究上, 第一个有重要意义的是 Morley 给出的以下定理.

定理 1.5.2 (Morley 范畴定理) 假设 T 是一个可数完全理论. 如果 T 范畴于某个不可数基数, 则 T 范畴于一切不可数基数.

我们不打算在这里证明这个定理, 因为它与本书的主要内容关系不大. 有兴趣的读者可在 [CK] 或其他模型论的教材中找到. 我们要指出的是, 根据 Morley 范畴定理, 可以依理论的范畴性将所有的理论分为下面的四大类:

I. 范畴于任意一无穷基数的理论,

II. 范畴于 $\aleph_0$ 但不范畴于任何不可数无穷基数的理论,

III. 范畴于任意不可数基数但不范畴于 $\aleph_0$ 的理论,

IV. 不范畴于任何无穷基数的理论.

另一方面, 我们也可以用一个理论所具有的完全型的个数来对完全可数理论进行分类, 也就是用本章第二节所说 Stone 空间 $S(A)$ 的基数来分类. 这样就可以分类出所谓的稳定理论和单纯理论. 我们并不打算用完全型的基数来作为不同理论的定义, 而准备首先引入其他的一些重要概念, 然后用这些概念来定义稳定理论和单纯理论. 下面的等价定义可以看出如何用一个理论的型的基数来给理论分层.

理论的分类 设 κ 是一个无穷基数, T 是有无穷模型的一个完全理论.

1) T 稳定于 κ 当且仅当对于任意的 $M \models T$, $A \subseteq M$, 如果 $|A| \leq \kappa$, 则有 $|S(A)| \leq \kappa$. 称一个模型 M 稳定于 κ, 如果它的理论 $\mathrm{Th}(M)$ 稳定于 κ.

称 T 是稳定的, 如果 T 稳定于某个无穷基数 κ.

2) T 是超稳定的, 当且仅当 T 稳定于一切 $\kappa \geq 2^{|T|}$.

3) T 是 ω- 稳定的 ($\aleph_0$- 稳定的), 当且仅当 T 稳定于一切无穷基数.

在模型论的研究中还有一个著名的结果: $\aleph_1$- 范畴的理论一定是 ω- 稳定的. 我们在第二章要证明这一点.

以上均是对于稳定理论的分类. 不稳定的理论似乎只有一类. 但 Shelah 在 1980 年的一篇文章中提出细分不稳定理论: 单纯的和不单纯的理论. 1996 年 Kim 在他的博士论文中又将单纯理论划分为单纯的但不超单纯的和超单纯的两类. 这样一来, 所有的理论就可按以上的办法分为 7 类:

(1) 不稳定也不单纯的理论,

(2) 单纯的但不是超单纯的也不是稳定的理论,

(3) 稳定的但不是超稳定的理论,

(4) 超单纯的但不是稳定的理论,

(5) 超稳定的但不是 ω- 稳定的理论,

(6) ω- 稳定的, 但不是 $\aleph_1$- 范畴的理论,

(7) $\aleph_1$- 范畴的理论.

我们可以把这个分类绘成下图, 每一靠左的分类包含在右边的分类中, 比如 ω- 稳定的理论也是单纯的理论.

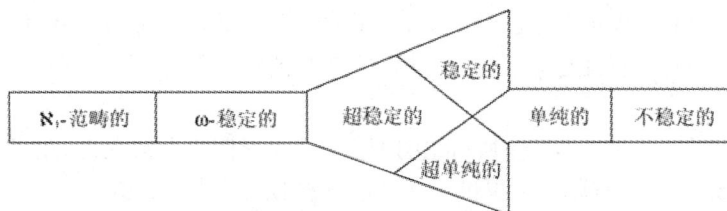

一般说来, 从上图可以看出理论的稳定性从 (1) 到 (7) 变得更强. 比如说在整个稳定的理论这一大类中, $\aleph_1$- 范畴的理论是 ω- 稳定的, ω- 稳定的理论是超稳定的, 超稳定的理论是稳定的. 而在不稳定的理论这一大类中, 超单纯的理论是单纯的. 注意到既是稳定的又是超单纯的理论就是超稳定的理论, 即稳定的与超单纯的 "交集" 是超稳定的理论. 关于这一点, 在第三章还会有所讨论.

最近, Shelah 和他的研究生们还在试图给非单纯的不稳定理论继续分层. 因为不稳定的理论都满足严格有序性质 (strictly order property)(在第二章要用它的否定来定义稳定的理论), 因此他们依次将不稳定的理论分层为 $SOP_1, SOP_2, \cdots$, 并设法找出每一层的含义及属于这一层的理论的例子. 他们给 SOP_n 这一层下的定义是这样的.

定义 1.5.3 理论 T 是属于第 n 层不稳定的 (SOP_n) 的, 如果它包含一个公式 $\varphi(\bar{x}, \bar{y})$ 满足以下两个条件:

1) $\varphi(\bar{x}, \bar{y})$ 有严格序性质,

2) 不存在长度为 n 的圈 (cycle), 满足 $\varphi(x_i, x_{i+1})$, 即 $\neg \exists x_0 \cdots x_n \bigwedge_{0 \le i \le n-1} \varphi(x_i, x_{i+1})(x_0 = x_n)$.

2001 年 5 月, 在美国 MIT(麻省理工学院) 举行的每两年一次的 Boston 逻辑讨论会上, Shelah 的一名研究生报告了他们的初步工作及日后的目标.

粗略地说, Morley 范畴定理是用理论所具有的模型的个数来分类理论的, 而稳定性则是用一个理论所含有的型的个数来分类理论的. 如果我们将两者结合起来, 就可以得出下面的一个表, 它是从 J.Baldwin 的 " The Fundamentals of Stability Theory " 一书中摘录而来, 不过我们加入了单纯的理论, 并将在该书出版以后的结果也一并更新. 下表中第一行是指模型的个数.

	1	$n < \omega$	$\aleph_0$	$\aleph_1$	$\aleph_1 < n < 2^{\aleph_0}$	$2^{\aleph_0}$
$\aleph_1$- 范畴的	有	无	有	无	无	无
ω - 稳定的	有	无	有	有	无	有
超稳定的	无	无	有	?	无	无
稳定的	有	?	有	?	无	?
超单纯的	有	无	?	?	?	?
单纯的	?	?	?	?	无	?
不稳定的	有	有	有	?	无	有

表中标明"有"表示现在已经知道有这样的理论, 有例子可举. 标明"无"的表示已经证明并不存在这样的理论. 标明"?"的表示现在还不知道是否存在这样的理论.

最后应该指出的是, 本节中所讨论的理论分类都是限于可数理论的. 至于非可数理论, Shelah 在 [She1] 中提供了一个适当的推广, 此不赘述.

§1.6　原子模型　素模型　饱和模型 和 Ryll-Nardzewski 定理

本节主要讲述 Ryll-Nardzewski 定理, 它建立了 $\aleph_0$- 范畴与型的基数及公式集的基数之间的关系. 在本书第五章中还要用到它.

定义 1.6.1　称 T 是 **小理论**(small theory), 如果对每个 n, $|S_n(\varnothing)| \leq |T|$.

例子 1.6.2　设等价关系 E_0 有可数无穷多个等价类, 而对于每一个 $i \in \omega$, 等价关系 E_{i+1} 将每一个 E_i- 等价类细分为两个无穷的 E_i- 等价类. 这些等价关系的理论就是一个小理论.

定义 1.6.3　称模型 M 是在 A 上的 **原子模型**(atomic model), 假如对于每一个有穷的 $\bar{m} \in M$, $\mathrm{tp}(\bar{m}/A)$ 都是一个孤立的型. 称 M 是原子模型, 如果它是在空集上的原子模型.

定义 1.6.4　给定理论 T. 称 $M \models T$ 是 T 的一个 **素模型**(prime model), 假如 M 可以初等嵌入到 T 的每一个模型 N 中.

定义 1.6.5　假定 κ 是一无穷基数, M 是一模型.

1) 称 M 是 κ-**饱和模型**(saturated model), 假如对一切 $A \subseteq M$, $|A| < \kappa$, M 认知 $S_1(A)$ 中的一切型.

2) 称 M 是 κ-**齐次模型**(homogeneous model), 假如对一切 $A \subseteq M$, 一切初等映射 $f : A \to M$ 都有一个初等映射 $g : A \cup \{a\} \to M$ 作为 f 的开拓 (extending).

3) 称 M 是 κ-**全模型** (universal model), 假如初等等价于 M 的任一个模型 N, $|N| < \kappa$, 都可以初等嵌入 M.

下面我们引出引理 1.6.6~1.6.8, 它们的证明可在任何一本模型论的教材中找到.

引理 1.6.6　假如理论 T 是小理论, 则

1) 对一切 n, $|S_n(T)| \leq \aleph_0$,

2) T 有原子模型,

3) T 有可数饱和模型.

引理 1.6.7　一个模型 M 是 κ- 饱和的当且仅当它是 κ- 齐次模型和 κ- 全模型.

引理 1.6.8　假如 T 是可数完全理论.

1) 可数模型 $M \models T$ 是素模型当且仅当它是原子模型.

2) 在同构意义上, 这个原子模型 M 是惟一的.

记号 1.6.9 $F_n(A)$ 表示在等价到理论 T 的意义上, 以 A 中元素为参数的 n 个变元的公式集. 而 $F(A) = \cup\{F_n(A) : n \in \omega\}$, $F_n(T) = F_n(\varnothing)$, $F(T) = F(\varnothing)$.

在证明本节主要定理以前, 先证明下面两个引理, 它们本身就是很有意义的结果.

引理 1.6.10 假定 T 是一个有无穷模型的完全理论, T 中的每一个完全 n- 型都是孤立的, 则 T 有穷多个完全 n- 型.

证明 假定所有完全的 n- 型都是孤立的, 设

$$\Gamma = \{\neg\varphi : p 是 T 中的一个被 \varphi 孤立的完全 n- 型, \varphi \in F_n(T)\}.$$

由于 Γ 不包含在任何完全型中, 因此它是不和谐的. 根据紧致性定理, 存在公式 $\varphi_0, \cdots, \varphi_m$ 满足 $T \models \forall\bar{x}(\varphi_0(\bar{x}) \vee \cdots \vee \varphi_m(\bar{x}))$, 而这些 φ_i 是将互不相同的 T 中的完全型孤立. 这样, 每一个 $p \in S_n(\varnothing)$ 包含了一个公式 φ_i, 而且只有一个 $S_n(\varnothing)$ 中的型包含 φ_i. 因此, $|S_n(\varnothing)| = m + 1$.

引理 1.6.11 设 T 是一个可数完全理论, 如果 $|S_n(\varnothing)| < \aleph_0$, 则 $|F_n(\varnothing)| < \aleph_0$.

证明 设 Ω_φ 是 T 中包含 n 元公式 φ 的所有完全型的集合. 注意到对于 n 个变元的公式 φ, 只可能有有穷多个 $S_n(\varnothing)$ 的子集包含 φ. 而 $\Omega_\varphi = \Omega_\psi$ 当且仅当 $T \vdash \forall x(\varphi(x) \leftrightarrow \psi(x))$, 因此只有有穷多个 n 变元的公式在 T 中.

现在我们来证明主要定理.

定理 1.6.12 (Ryll-Nardzewski) 假如 T 是一个没有有穷模型的完全理论, 则下列诸项等价.

1) T 是 $\aleph_0$- 范畴的,

2) 对于每一个 n, $|S_n(\varnothing)| < \aleph_0$,

3) 对于每一个 n, $|F_n(\varnothing)| < \aleph_0$.

证明 1)$\Rightarrow$ 2). 设 T 是 $\aleph_0$- 范畴的. 注意到不是小的可数理论有 $2^{\aleph_0}$ 多个可数模型, 因此 T 必是小理论 (引理 1.6.6). 这样 T 有可数原子模型和 ω- 饱和模型. 因此 T 的惟一可数模型 M 就既是原子的又是饱和的. 由于每一个在 $S_n(\varnothing)$ 中的型都被 M 认知, 每一个完全的 n- 型都是孤立的. 这样, 根据引理 1.6.10, $|S_n(\varnothing)| < \aleph_0$.

2) $\Rightarrow$3). 引理 1.6.11.

3) $\Rightarrow$1). 设 $M \models T, \bar{a} \in M$ 有穷, 并设 $\varphi_1, \cdots, \varphi_m$ 是在等价到理论 T 意义上所有的 n 元公式, $\bar{a} \models \varphi_i$ $(1 \leq i \leq m)$. 这样, $\varphi_1 \wedge \cdots \wedge \varphi_m$ 就孤立了型 $\text{tp}_M(\bar{a})$. 因此 M 是原子模型. 我们已经证明了 T 的任意模型都是原子的, 根据原子模型的惟一性 (引理 1.6.8), T 是 $\aleph_0$- 范畴的. 证毕.

【历史的附注】　本章汇集了模型论的基础知识, 它是后面各章的预备知识, 主要是一些定义与基本性质. 它是从模型论的教科书及后面各章涉及的一些论文中综合而来.　§1.3 主要取材于 Kim 的博士论文 [K1]. §1.4, §1.5 取材于 Baldwin 的书 [B1] 和 Buechler 的书 [Bu1], §1.6 取材于 C. C. Chang 和 H. Keisler 的书 [CK]. $\aleph_0$- 范畴理论是由 Ryll-Nardzewski, Svenonius 和 Engeler 在 1959 年分别独立地提出的.　Morley 范畴定理的证明在本章中未给出, 但历史上至少有三个合理的证明. 第一个是由 Morley 自己给出的, 他的证明在构造不可辨序列时主要应用了型的秩的概念. 第二个证明是由 Chang 和 Keisler 在他们的书中给出, 他们避免应用秩的概念, 但和 Morley 一样, 应用了初等等价的饱和模型的同构. 第三个证明是由 Baldwin 和 Lachlan 在他们的一篇论文中给出. Morley 序列的概念是由 Morley 在 1965 年引出的一个想法推广而成. 型的分叉是由 Shelah 1978 年在他的书 [She2] 的第一版中首先定义的. 用有穷可满足性来作为在模型上的不分叉的型的特征也是他 1978 年提出的.　Lascar 和 Poizat 在 1979 年的论文中以基本序, 后继和共后继来定义分叉. 不可分辨序列的概念则是由 Ehrenfeucht 和 Mostowski 在他们 1956 年的论文中首先引出的.

第二章 稳定性理论

在前一章的第五节，我们引出了"稳定的理论"这一概念. 在这一章中我们要给出"稳定的理论"的正式定义，给出稳定的理论的例子，并讨论稳定理论的等价条件和基本性质. 不过我们并不打算讨论所有的稳定性的问题，事实上也不可能在这样短的篇幅里完成. 在美国一些大学的数学系里，数理逻辑研究方向的研究生，通常需要 2～4 个学期来学习"稳定性理论"这门课程. 这里的讨论，主要是为了与下一章单纯性理论对比，从而了解引出单纯性理论的动机，以及更清楚地了解理论分类学说的发展轨迹.

§2.1 稳定性理论的定义

在 §2.1 中我们要正式引入"一个理论是稳定的"这样一个概念.

定义 2.1.1 称一个公式 $\varphi(\bar{x}, \bar{y})$ 有 **序性质**(order property)，如果在理论 T 的某个模型 M 中存在无穷序列 $\langle \bar{a}_i : i \in \omega \rangle$ 和 $\langle \bar{b}_i : i \in \omega \rangle$，使得 $\models \varphi(\bar{a}_i, \bar{b}_j)$ 当且仅当 $i \leq j$. 称一个完全的 **理论 T 有序性质**，如果 T 中的一个公式有序性质.

如果将上述定义中的 $\leq$ 换成 $<$，则称上述定义中的序性质为 **严格序性质** (strictly order property.)

例如，容易证明，模型 $(\mathbb{Q}, <)$ 就有有序性质 (严格序性质). (读者可自行验证.)

定义 2.1.2 称一个完全的理论 T 是稳定的，假如它所有的公式都没有序性质.

有理数集 $\mathbb{Q}$ 的理论 (DLO) 就是不稳定的. 下面是另外一个不稳定理论的例子.

例子 2.1.3 随机图 (random graph) 和二分随机图 (bipartite random graph) 都是一个数学结构，它们的域就是顶点集，而惟一的二元关系 R 代表边，比如 $R(x, y)$ 解释为顶点 x 和 y 之间有一条边. 它们的理论都是不稳定的. 所谓随机图就是它的每一个顶点都与某些其他顶点相连接，又与另外一些顶点不相连接. 而二分随机图的顶点集分为二个不相交子集 X 和 Y，X 中的每一顶点都与 Y 中的每一顶点连接但不和 X 中的任何顶点相连接. Y 中的顶点也是一样.

Rado 曾经证明了所有可数随机图的类有惟一的一个可数全图，即所有的可数随机图都可以同构地嵌入到这个全图中. 二分随机图的性质类似. 现在我们来说明为什么它们的理论都是不稳定的. 设定点序列 $\langle \bar{a}_i : i \in \omega \rangle$ 和 $\langle \bar{b}_i : i \in \omega \rangle$ 间有下列的边连接：$R(a_i, b_j)$ 如果 $i < j$. 这样公式 $R(x_i, y_j)$ 有严格序性质，而且是可数随机全图及可数二分随机图的理论中的公式. 因此这二个理论都是不稳定的.

§2.2　稳定性的等价条件

在 §2.1 中我们用序性质定义了稳定的理论. 在这一节中我们要指出它的一些等价条件. 它们也常常被一些作者用来作为稳定理论的定义. 首先我们引出型的可定义性的概念.

记号 2.2.1　假定 φ 是一个语言 L 中的 n 元公式. A 是模型 M 的一个子集, 则记

$$\varphi(A^n) = \{\bar{a} \in A^n : M \models \varphi(\bar{a})\}.$$

定义 2.2.2　假设 T 是一个完全理论, M 是 T 的任意一个模型, $A \subseteq M$. 记完全型 $p(\bar{x}) = \mathrm{tp}_M(\bar{b}/A)$, 这里 $\bar{b}$ 是 M 中的 n 元组, 它认知 $p(\bar{x})$. 而 d 是一个以带有 A 中元素为参数的公式 $\varphi(\bar{x}, \bar{y})$ 到公式 $d\varphi(\bar{x}, \bar{y})$ 的映射. 那么称映射 d 定义了 $p(\bar{x})$, 如果对每一个公式 $\varphi(\bar{x}, \bar{y})$ 和每一个 n 元组 $\bar{a} \in A$, 有 $\varphi(\bar{x}, \bar{a}) \in p \Leftrightarrow M \models d\varphi(\bar{a}, \bar{b})$.

对一完全型 p, 如果存在上述映射 d, 则称型 p 在 A 上 **可定义**.

习题　试证: 假如 $\{\varphi(\bar{x}, \bar{a})\} \vdash p$, 则 p 可在 $\bar{a}$ 上定义.

定理 2.2.3　设 T 是一个完全理论, M 是 T 的任意一个模型, 则下面的命题是等价的.

1) T 是稳定的,

2) T 中所有的型都是可定义的,

3) 存在无穷基数 λ, 如果 $|A| \leq \lambda$, 则 $|S(A)| \leq \lambda$.

我们打算以顺序 3)⇒1)⇒2)⇒3) 来证明这个定理, 其中任何一个蕴涵的证明都不是容易的. 首先我们来证明 3)⇒1). 在这之前要先证明一个引理. 现在首先引入线性序稠密的概念.

假设 $(P, <)$ 和 $(Q, <)$ 是线性序而且 $P \subseteq Q$. 如果对于任意两个满足 $a < b$ 的 $a, b \in Q$, 存在 $c \in P$ 使得 $a < c < b$, 则称 P 在 Q 中 **稠密**.

引理 2.2.4　设 λ 是任意无穷基数. 则存在两个线性序 P 和 Q, $P \subseteq Q$, 满足 $|P| \leq \lambda < |Q|$, 而且 P 在 Q 中稠密.

证明　设 μ 是满足 $2^\mu > \lambda$ 的最小基数, 显然 $\mu \leq \lambda$. 考察所有长度为 μ 的由 0 和 1 组成的序列的集合 2^μ. 这个集合的基数 $2^\mu > \lambda$. 我们定义 2^μ 中的一个线性序 $\prec$ 如下:

$$s \prec t \Leftrightarrow 存在 i < \mu 使得 s \restriction i = t \restriction i 且 s(i) < t(i),$$

这里 $s \restriction i$ 表示序列 s 的长度为 i 的前节 (initial segment), 而 $s(i)$ 表示序列 s 的第 $i + 1$ 个元素.

设 X 是从某一点以后全为 1 的序列的集合, Q 是所有不在 X 中的 2^μ 中的线性序的集合. 又设 P 是 Q 中由那些从某点以后全为 0 的序列组成的集合. 根

据 μ 的选择, X 和 P 都有基数 $\sum_{\kappa<\mu} 2^\kappa \le \lambda$, 所以 Q 有基数 $> \lambda$. 容易看出, P 在 Q 中稠密. 引理证毕.

定理 2.2.5 3)$\Rightarrow$ 1) 的证明 假设 T 是不稳定的, 则存在公式 $\varphi(\bar{x}, \bar{y})$ 和一个 T 的模型 M, M 包含序列 $\langle \bar{a}_i : i \in \omega \rangle$, $\langle \bar{b}_j : j \in \omega \rangle$ 满足对一切 $i \in \omega$, $j \in \omega$, $M \models \varphi(\bar{a}_i, \bar{b}_j) \Leftrightarrow i < j$. 现在假定 $\bar{a}_i = \bar{b}_i, i \in \omega$. 如果必要, 可以用 $\varphi(\bar{x}, \bar{y}) \wedge \neg \varphi(\bar{y}, \bar{x})$ 代替 $\varphi(\bar{x}, \bar{y})$. 可以看出 φ 定义了 T 的模型中 n 元组的一个对称关系. 定义 P 和 Q 如引理 2.2.4 中所述, 且对每一个 $s \in P$ 取一个新的常数数组 $\bar{c}_s$ 并考察下面的理论:

$$\Gamma = T \cup \{\varphi(\bar{c}_s, \bar{c}_t) : \text{在 } P \text{中} s \prec t\}.$$

根据紧致性定理, Γ 有模型 N. 可取 N 的基数 $\le \lambda$. 设 $M = N \upharpoonright L$. 对于任意 $r \in Q$, 定义公式集

$$\Phi_r(\bar{x}) = \{\varphi(\bar{c}_s, \bar{x}) : s \prec r\} \cup \{\varphi(\bar{x}, \bar{c}_t) : r \prec t\}.$$

将 $\Phi_r(\bar{x})$ 开拓到一个完全型 $p_r(\bar{x}) \in S(M)$. 如果在 Q 中 $r \prec r'$, 则根据稠密性, 存在 $s \in P$ 使得 $r \prec s \prec r'$. 这样, $p_r \ne p_{r'}$. 因此在 Q 中有多于 λ 的型, 即 $|S(M)| > \lambda$. 证毕.

为了证明定理 2.2.3 的 1) $\Rightarrow$ 2), 也需引入一些概念和引理. 记 2^n 是长度为 n 的 0 和 1 的序列的集合, $2^{<n} = \cup_{j<n} 2^j$. 一个公式 $\varphi(\bar{x}, \bar{y})$ 的 n- 树定义为由两个数组的集合 $\langle \bar{b}_\sigma : \sigma \in 2^n \rangle$ 和 $\langle \bar{c}_\tau : \tau \in 2^{<n} \rangle$ 组成, 并满足对所有 $\sigma \in 2^n$ 和所有 $i < n$,

$$M \models \varphi(\bar{b}_\sigma, \bar{c}_{\sigma|i}) \Leftrightarrow \sigma(i) = 0,$$

这里数组 $\bar{b}_\sigma$ 称为这个 n-**树的分枝**(branches), 数组 $\bar{c}_\tau$ 称为**节点** (nodes). 我们说公式 $\varphi(\bar{x}, \bar{y}) \in L$ 有 **分枝指数**(branching index)$\ge n$, 记做 $BI(\varphi) \ge n$, 如果存在 φ 的一个 n- 树. 注意命题 " $BI(\varphi) \ge n$ " 可以写成 L 中的一个语句. 如果 $\varphi(\bar{x}, \bar{y})$ 没有序性质, 则有 $n < \omega$ 使得 $\models \varphi(\bar{a}_i, \bar{b}_j) \Leftrightarrow i \le j < n$, 满足此性质成立的最大的 n 称做公式 $\varphi(\bar{x}, \bar{y})$ 的 **阶梯指数** (ladder index) , 而序列 $\langle \bar{a}_0, \cdots, \bar{a}_{n-1}, \bar{b}_0, \cdots, \bar{b}_{n-1} \rangle$ 称作 φ 的 n- 阶梯.

引理 2.2.6 设 $\varphi(\bar{x}, \bar{y}) \in L$. 如果 φ 有分枝指数 n, 则它有小于 2^{n+1} 的阶梯指数; 如果 φ 有阶梯指数 n, 则它有小于 $2^{n+2} - 2$ 的分枝指数.

证明 将 $\bar{b}_i$ 写成 $\bar{b}[i]$. 对于引理中第一个断言, 只需注意到假如 $\bar{b}[0], \cdots, \bar{b}[2^{n+1} - 1], \bar{c}[0], \cdots, \bar{c}[2^{n+1} - 1]$ 形成 φ 的一个 2^{n+1}- 阶梯, 于是取 $\bar{b}[i]$ 为分枝, $\bar{c}[j]$ 为节点, 并重新编号, 则它们可转变为一个 $(n+1)$- 树.

现在证明引理中的第二个断言. 我们要证明假如 φ 至少有分枝指数 $2^{n+2} - 2$, 则 φ 至少有阶梯指数 $n+1$. 为便于阅读, 我们证明假如 φ 至少有分枝指数 $2^{n+2} - 2$, 则 φ 至少有阶梯指数 n.

假如 H 是 φ 的一个 $(n+1)$- 树，$i = 0$ 或 1，记 $H_{(i)}$ 为这样一个 n- 树，它的节点和分枝分别是 H 的节点 $\bar{c}[\tau]$ 和 $\bar{b}[\sigma]$，这里 $\tau(0) = \sigma(0) = i$。称 $f : 2^{<n} \to 2^{<m}$ 是在 $2^{<n}$ 中的两个序列 σ, τ 的 **树映射** (tree-map)，如果 σ 是 τ 的一个 **终端开拓** (end-extension)，则 $f(\sigma)$ 严格地是 $f(\tau)$ 的一个开拓。假定 H 是一个 m- 树，N 是 H 的一个节点集。如果对每一个 $\tau \in 2^{<n}$，有一个树映射 $f : 2^{<n} \to 2^{<m}$ 使得 $\bar{c}[f(\tau)]$ 在 N 中，则称 N 包含一个 n- 树。显然，这就蕴涵了存在一个 φ 的 n- 树 J，它的节点在 N 中而且它的分枝就是 H 的分枝。我们称 N 包含了 n- 树 J。

现在我们断言下列事实：考察 $n, k \geq 0$ 且设 H 是 φ 的 $(n+k)$- 树。假如 H 的节点被分为两个等价类 N 和 P，则 N 包含一个 n- 树或者 P 包含一个 k- 树。

我们对 $n + k$ 用归纳法来证明这个这个断言。$n = k = 0$ 的情形是显然的。现在假设 $n + k > 0$，并设数组 $\bar{c}[\tau]$ 是 H 的节点。假定 $\bar{c}[\langle\ \rangle] \in N$（当 $\bar{c}[\langle\ \rangle] \in P$ 时的证明是平行的）。对于 $i = 0, 1$，设 Z_i 是 $H_{(i)}$ 的所有节点的集合。根据归纳假设，假如 $i = 0$ 或 $i = 1$，则或者 $P \cap Z_i$ 包含一个 $(n-1)$- 树或者 $P \cap Z_i$ 包含一个 k- 树。如果至少 $P \cap Z_0$，$P \cap Z_1$ 中的一个包含一个 k- 树，则 P 就包含一个 k- 树。如果二者都不包含，则 $N \cap Z_0$ 和 $N \cap Z_1$ 都包含 $(n-1)$- 树。这样一来，因为 $\bar{c}[\langle\ \rangle] \in N$，$N$ 就包含一个 n- 树。 断言证毕。

为了完成此引理的证明，设 φ 至少有分枝指数 $2^{n+1} - 2$。我们将对 $n - r$ 用归纳法来证明对于 $1 \leq r \leq n$，下述状况 S_r 成立：存在

(*) $\bar{b}'[0], \bar{c}'[0], \cdots, \bar{b}'[q-1], \bar{c}'[q-1], H, \bar{b}'[q], \bar{c}'[q], \cdots, \bar{b}'[n-r-1], \bar{c}'[n-r-1]$，满足：

1) H 是 φ 的 $(2^{r+1} - 2)$- 树；

2) 对于一切 $i, j < n-r$，$M \models \varphi(\bar{b}[i], \bar{c}[j]) \Leftrightarrow i \leq j$；

3) 如果 $\bar{c}$ 是 H 的一个节点，则 $M \models \varphi(\bar{b}[i], \bar{c}) \Leftrightarrow i < q$；

4) 如果 b 是 H 的一个分枝，则 $M \models \varphi(\bar{b}, \bar{c}[j]) \Leftrightarrow j \geq q$。

开始状况 S_n 是说存在 φ 的一个 $(2^{n+1} - 2)$- 树，如我们已经假设的。终结状况 S_1 指出 φ 有一个至少为 n 的阶梯指数。我们来证明此点。因为 H 是一个 2- 树，它有节点 $\bar{c}$ 和分枝 $\bar{b}$ 满足 $M \models \varphi(\bar{b}, \bar{c})$。将 $\bar{b}, \bar{c}$ 置于 (*) 中的次序并在 $\bar{c}'[q-1]$ 和 $\bar{b}'[q]$ 之间，那么条件 2)~4) 表明这个新的数组的排列就产生了一个 φ 的 $n-$ 阶梯。

我们尚需证明如果 $r > 1$ 且 S_r 成立，则 S_{r-1} 亦然。假设 S_r 且 $h = 2^r - 2$。根据 1)，H 是一个 $(2h+2)$- 树。对于 H 的每一个分枝 $\bar{b}$，将所有满足 $M \models \varphi(\bar{b}, \bar{c})$ 的 H 的节点的集合记做 $H(\bar{b})$。存在下述两种情形：

情形 I 有一个 H 的分枝 $\bar{b}$ 满足 $H(\bar{b})$ 包含一个 $(h+1)$- 树，那么就有一个 $H(\bar{b})$ 中的节点 $\bar{c}$ 和 φ 的一个 h- 树 H' 使得当我们在 (*) 中以 $\bar{b}, \bar{c}, H'$ 这样的次序代替 H 时 S_{r-1} 成立。

情形 II 对于任意一个 H 的分枝 $\bar{b}$，$H(\bar{b})$ 不包含 $(h+1)$- 树。那么，设 $\bar{c}$

是 H 底部节点 $\bar{c}[\langle \ \rangle]$, $\bar{b}$ 是 $H_{(0)}$ 的任意分枝, N 是 $H_{(0)}$ 所有节点的集合. 那么这个情况就是说 $H(\bar{b}) \cap N$ 不包含 $(h+1)$- 树 H'. 所以将断言应用于 H_0, 集合 $N \backslash H(\bar{b})$ 包含一个 φ 的 h- 树 H'. 这样在 $(*)$ 中用 $H', \bar{b}, \bar{c}$ 这样的次序代替 H, 则 S_{r-1} 成立. 引理证毕.

下面我们定义两个公式 φ, ψ 的 **相对分枝指数** (relativised branching index): $BI(\varphi, \psi) \geq n$ 当且仅当存在 φ 的 n- 树, 它的所有分枝都满足 ψ. 这样 $BI(\varphi, \psi)$ 是惟一的一个自然数或 ∞. 显然 $BI(\varphi, \psi) \leq BI(\varphi)$. 因此假如 φ 是稳定的, 则 $BI(\varphi, \psi)$ 必为有穷.

引理 2.2.7 假如 $BI(\varphi, \psi)$ 为有穷数 n, 则对于 M 中的数组 $\bar{c}$, 或者 $BI(\varphi, \psi \wedge \varphi(-, \bar{c})) < n$, 或者 $BI(\varphi, \psi \wedge \neg\varphi(-, \bar{c})) < n$.

证明 设 H_0 是 φ 的一个 n- 树, 其分枝满足 $\psi(\bar{x}) \wedge \varphi(\bar{x}, \bar{c})$, 而且 H_1 是 φ 的一个 n- 树, 其分枝满足 $\psi(\bar{x}) \wedge \neg\varphi(\bar{x}, \bar{c})$, 那么我们可以作成 φ 的一个 $(n+1)$- 树 H. 假如设 $H_{(0)} = H_0$, $H_{(1)} = H_1$, 并取 $\bar{c}$ 作为底部节点, 则其分枝满足 $\psi(\bar{x})$. 引理得证.

设 $M \models T$, $A \subseteq M$, $p(\bar{x}) \in S(A)$, $\varphi(\bar{x}, \bar{y})$ 有有穷分枝指数. 定义 p 的 **φ-秩** 为 $\min\{BI(\varphi, \psi) : \psi(\bar{x}) \in p\}$. 现在我们来证明定理 2.2.3 中的 1)$\Rightarrow$2).

定理 2.2.8 设理论 T 是稳定的, $M \models T$, $A \subseteq M$. 则对于任意 $p \in S(A)$, 它是可定义的.

证明 设 $\varphi(\bar{x}, \bar{y})$ 是被 M 满足的公式, $\bar{b} \in M$. 因为 φ 是稳定的, 所以 p 的 φ- 秩是某个有穷数 n. 选取 $\psi(\bar{x}) \in p$ 满足 $BI(\varphi, \psi) = n$, 并设 $d_p\varphi(\bar{y})$ 是公式 "$BI(\varphi, \psi \wedge \varphi(-, \bar{y})) \geq n$", 我们断言

$$\text{对于一切 } \bar{c} \in A, \ \varphi(\bar{x}, \bar{c}) \in p \Leftrightarrow M \models d_p\varphi(\bar{c}).$$

设 $\varphi(\bar{x}, \bar{c}) \in p$, 则 $\psi(\bar{x}) \wedge \varphi(\bar{x}, \bar{c}) \in p$, 因此 $BI(\varphi, \psi \wedge \varphi(-, \bar{c})) \geq n$, 故而 $M \models d_p\varphi(\bar{c})$. 现在设 $\varphi(\bar{x}, \bar{c}) \notin p$, 则 $\neg\varphi(\bar{x}, \bar{c}) \in p$, 所以类似地, 有 $BI(\varphi, \psi \wedge \neg\varphi(\bar{x}, \bar{c})) \geq n$. 这样根据引理 2.2.6, $BI(\varphi, \psi \wedge \varphi(\bar{x}, \bar{c})) < n$. 因此 $M \models \neg d_p\varphi(\bar{c})$.

最后我们来证明定理 2.2.3 中的 2)$\Rightarrow$ 3). 设 $M \models T$, $A \subseteq M$, $|A| \leq \lambda$. 因为 T 中的一切型都是可定义的, 即存在 d_p, 而且如果 $p \neq q$, 则 $d_p \neq d_q$. 所以我们只需计算所有可能的 d_p 即可. 设 $L(A)$ 是将 A 中元素作为参数加入语言 L 中扩充而成. 那么 $|L(A)| \leq \lambda$, 而每一个 d_p 都是从 L 中一个公式集到 $L(A)$ 中的一个公式集的一个映射, 因此这种映射最多只有 $\lambda^{|L|} = \lambda$ 个. 证毕.

定义 2.2.9 设 T 是一个完全理论, λ 是一无穷基数, $M \models T$, $A \subseteq M$. 如果 $|A| \leq \lambda$ 蕴涵 $|S(A)| \leq \lambda$, 则称 T 是 **λ-稳定的**, 或 T **稳定于λ**.

从定理 2.2.3 可以看出, 理论 T 是稳定的, 当且仅当存在无穷基数 λ 使得 $|A| \leq \lambda$ 蕴涵 $|S(A)| \leq \lambda$.

定义 2.2.10 称理论 T 是 **超稳定的**, 假如 T 稳定于所有满足 $\mu \geq 2^{|T|}$ 的基数 μ.

§2.3 稳定理论的特征和性质

本节要讨论稳定理论的一些特征和性质, 特别是稳定理论与型, 型的分离和分叉之间的关系.

首先介绍一些有关稳定理论的结果, 其中一些已经在第一章叙述过. 涉及的内容较广泛, 限于篇幅, 本节不容易做到完全自包含. 凡是遇到此情形, 我们打算列出引用的结果并详细地指出它的出处.

记得在 §1.5 的理论的分类中我们指出理论可分为七类, 它们一类包含一类, 稳定性逐渐增强. 从前节末的定义可看出, ω- 稳定的一定是超稳定的, 超稳定的一定是稳定的, 等等. 在下一章我们也要证明稳定的一定是单纯的. 因此只有一个问题剩下来, 就是 $\aleph_1$- 范畴的蕴涵 ω- 稳定的. 现在我们就来讨论这个问题. 下面的引理是 C.C. Chang 和 H. J. Keisler 的 (参看 [CK], Corollary 3.3.14 (174 页)).

引理 2.3.1 设 T 是可数理论, 并有无穷模型. α 是任意无穷基数, 则 T 有一个基数为 α 的模型 M, 并且对于它的任意子集 $A \subseteq M$, M 都可以扩充到模型 $M(A)$, 使得 $M(A)$ 认知至多 $|A| \cup \omega$ 个在 A 上的型.

有了这个引理, 我们就来证明下面的定理.

定理 2.3.2 假设可数理论 T 是 $\aleph_1$- 范畴的, 则 T 是 ω- 稳定的.

证明 用反证法 假设 T 不是 ω- 稳定的, 则 T 有模型 M, $|M| = \aleph_1$, $A \subseteq M$ 可数, 而 $|S(A)| = \aleph_1$. 根据前一引理, T 有一个模型 N, $|N| = \aleph_1$. 对于任意 N 的子集 $B \subseteq N$, N 都可以扩充为一个模型 $N(B)$, 它认知至多 $|B| \cup \omega$ 个型. 但是 T 是 $\aleph_1$- 范畴的, T 的每一个基数为 $\aleph_1$ 的模型都是上述性质. 根据 Löwenheim-Skolem-Tarski 定理, 模型 M 有一个基数为 $\aleph_1$ 的初等开拓 N. 但这个模型 $N(A)$ 仅认知 $|A| \cup \omega$ 个型, 而 $M(A)$ 却认知 $\aleph_1$ 个型, 这就产生了一个矛盾, 因为 M 中的元素在 $M(A)$ 和 $N(A)$ 中认知同样的型. 证毕.

命题 2.3.3 设 T 是稳定理论, $M \models T$, $A \subseteq M$, $p \in S(A)$, 则 p 不在 A 上分叉当且仅当 p 不在 A 上分离.

证明 在 §1.3 我们证明了对于任意理论 T, p 在 A 上分离, 则 p 在 A 上分叉. 如果 T 是稳定的, 则另一方向亦真. 我们将在下一章证明: 如果 T 是单纯的, 则分离和分叉是一样的. 而稳定的理论一定是单纯的理论, 这样本命题即可得以证实.

§2.4 超稳定的理论和 U-秩

在前面我们已经定义了超稳定的理论, 就是稳定于一切 $\mu \geq 2^{\aleph_0}$ 的理论. 在本节要进一步讨论有关超稳定理论的问题.

定义 2.4.1 设 T 是稳定理论. 定义 $\kappa(T)$ 为满足下列条件的最小无穷基数 κ：如果 $\{A_i : i < \kappa\}$ 为上升的集合的序列, 即 $i < j < \kappa \to A_i \subseteq A_j$, 而型 $p \in S(\cup_{i<\kappa} A_i)$, 则存在 i 使得 $p \upharpoonright A_{i+1}$ 不在 A_i 上分叉.

习题 试证：$\kappa(T) \leq |T|^+$. 这样如果 T 是可数理论, 则 $\kappa(T)$ 或者是 $\aleph_0$ 或者是 $\aleph_1$.

引理 2.4.2 假如 T 是稳定理论且 $\lambda < \lambda^{<\kappa(T)}$, 则 T 不是 λ- 稳定的.

证明 我们将递归地构造在一个基数为 λ 的集合上的许多型. 设 κ 是满足 $\lambda^\kappa > \lambda$ 的最小基数. 由于 $\kappa < \kappa(T)$, 存在集合的序列 $\{A_i : i < \kappa\}$ 和型 $p \in S(\cup_{i<\kappa} A_i)$ 满足以下条件：

1) $i < j \to A_i \subset A_j$,

2) 对一切 $i < \kappa, p \upharpoonright A_{i+1}$ 在 A_i 分叉.

不失一般性, 要求 $A_{i+1} \backslash A_i$ 是有穷集 $\bar{a}_i$. 当 σ 是极限基数时, 令 $A_\sigma = \cup_{i<\sigma} A_i$. 设 $A_\kappa = \cup_{i<\kappa} A_i$. 注意 $|A_\kappa| = \kappa \leq \lambda$. 这样就可以有一个集合的树使得它的每一枝都是 $\{A_i : i \leq \kappa\}$ 的共轭, 每一节点都有 λ 个后继者, 而这些后继者都是在它们前节上互相独立的. 这可以由如下方法来实现.

对于每一个 $\nu \in \lambda^{\leq \kappa}$, 我们定义一个初等映射 $f_\nu : A_{|\nu|} \to M$. 假如 $|\nu| = \delta$ 为一极限基数, 设 $f_\nu = \cup_{\alpha<\delta} f_{\nu|\alpha}$. 如果 $|\nu| = \alpha + 1$, 首先设 $A_\eta^* = \cup_{\eta\in\lambda^\alpha} \mathrm{range}(f_\eta)$. 现在对于 $\nu = \eta i$, 归纳定义 $f_{\eta i}$：选取 $\bar{a}_{\eta i} = f_{\eta i}(\bar{a}_\alpha)$ 使得 $\mathrm{tp}(\bar{a}_{\eta i}/A_\alpha^* \cup \{\bar{a}_{\eta j} : j < i\})$ 不在 $A_\eta = f_\eta(A_\alpha)$ 上分叉且开拓 $f_\eta(\mathrm{tp}(\bar{a}_\alpha/A_\alpha))$. 对于 $\sigma \in \lambda^\kappa$, 设 g_σ 是将 f_σ 开拓到 $A_\kappa \cup \{\bar{b}\}$, 将 $\mathrm{tp}(g_\sigma(\bar{b})/A_\sigma)$ 开拓到一个在 $A^* = \cup_{\alpha<\kappa} A_\alpha^*$ 上的完全型. 假定 $\bar{a}_\sigma$ 认知这个型并满足 $\mathrm{tp}(\bar{a}_\sigma/A^*)$ 不在 A_σ 上分叉.

断言 假如 $\sigma \neq \tau$, 则 $\mathrm{tp}(\bar{a}_\sigma/A^*) \neq \mathrm{tp}(\bar{a}_\tau/A^*)$.

断言的证明 首先注意到 g_σ 是一初等映射, $\mathrm{tp}(\bar{a}_\sigma/A_{\sigma|\beta} \cup \bar{a}_{\sigma|\beta+1})$ 在 $A_{\sigma|\beta}$ 上分叉, 这里 $\beta < \kappa$. 设 $\alpha = \beta + 1$ 是满足 $\bar{a}_{\sigma|\alpha} \neq \bar{a}_{\tau|\alpha}$ 的最小数, 则 $A_{\sigma|\beta} = A_{\tau|\beta}$. 我们还要证明 $\mathrm{tp}(\bar{a}_\sigma/A_{\tau|\beta} \cup \bar{a}_{\tau|\alpha})$ 不在 $A_{\tau|\beta}$ 上分叉. 设 $C^\gamma = \{\bar{a}_{\sigma|\delta} : \beta < \delta \leq \gamma\}$. 下面我们用归纳法证明对于一切 γ, 如果 $\beta < \gamma \leq \kappa$, 则有

$$C^\gamma \underset{A_{\sigma|\beta}}{\downarrow} \bar{a}_{\tau|\alpha}. \tag{$*$}$$

假设 $(*)$ 在 $\gamma = \beta$ 时成立. 根据 $\bar{a}_{\tau|\alpha}$ 的选取并由稳定理论满足对称性, 知 $\gamma = \beta + 1$ 时 $(*)$ 亦成立. 现在固定 γ 在 β 和 κ 之间, 即 $\beta < \gamma \leq \kappa$. 设 $C^{<\gamma} = \{\bar{a}_{\sigma|\delta} : \beta < \delta < \gamma\}$ 及 $C^{<\gamma} \underset{A_{\sigma|\beta}}{\downarrow} \bar{a}_{\tau|\alpha}$ 成立 (归纳假设). 另外由构造的单调性, 有 $\bar{a}_{\tau|\alpha} \underset{A_{\sigma|\delta}}{\downarrow} \bar{a}_{\sigma|(\gamma+1)}$. 这样根据稳定性满足传递性就有 $\bar{a}_{\tau|\alpha} \underset{A_{\sigma|\beta}}{\downarrow} C^\gamma$ (注意 $A_{\sigma|\delta} = A_{\sigma|\beta} \cup \{\bar{a}_{\sigma|\delta}|\beta < \delta < \gamma\}$).

考虑 $\gamma = \kappa$ 的情形, 即 $C^\kappa \underset{A_{\sigma|\beta}}{\downarrow} \bar{a}_{\tau|\alpha}$ 的情形. 由单调性, 由于 $\bar{a}_{\sigma|\kappa} = \bar{a}_\sigma$, 所以 $\bar{a}_\sigma \underset{A_{\sigma|\beta}}{\downarrow} \bar{a}_{\tau|\alpha}$. 这样 $\mathrm{tp}(\bar{a}_\sigma/A_{\sigma|\beta} \cup \bar{a}_{\tau|\alpha}) \neq \mathrm{tp}(\bar{a}_\tau/A_{\sigma|\beta}\bar{a}_{\tau|\alpha})$. 断言证毕.

这样，共有 λ^κ 个型．由于 $|A| = \lambda < \lambda^\kappa$, T 不是 λ- 稳定的．

假定 $\lambda(T)$ 表示最小的无穷基数 λ 使得 T 是 λ- 稳定的，则上述引理有下面的推论

推论 2.4.3　$\lambda(T) \geq \kappa(T)$.

下面我们引出另一个重要的概念，理论 T 中 **型的重数**(multiplicity).

定义 2.4.4　设 $p \in S(A)$ 是某个稳定理论中的完全型．定义型 p 的重数 (记为 Mult(p)) 为集合

$$\{q \in S(\mathcal{C}) : q \supset p \text{且} q\text{不在} A \text{上分叉}\}$$

的基数．这里 $\mathcal{C}$ 是任意大的模型 (monster model), 下同．定义

$$\mu(T) = \sup\{\text{Mult}\,(p) : p \text{是} T \text{中的完全型}\}.$$

引理 2.4.5　假如 T 是稳定理论，则 $\mu(T) + \kappa(T) \leq \lambda(T)$.

证明　由推论 2.4.3, $\lambda(T) \geq \kappa(T)$, 设 $p \in S(A)$ 是任意的完全型．$B \subset A$, $|B| < \kappa(T)$. p 不在 B 上分叉．这样假如 $q = p \upharpoonright B$, 则 Mult$(p) \leq$ Mult(q). 因为 $\kappa(T) \leq \lambda(T)$, $|T| \leq \lambda(T)$, 存在模型 $M \supset B$, $|M| = \lambda(T)$. 每一个 q 在 $S(\mathcal{C})$ 中的不分叉开拓都与 $S(M)$ 中的一个型有共同的在 $S(\mathcal{C})$ 中的不分叉开拓，所以 $|S(M)| \geq$ Mult(q). 由于 T 是 $\lambda(T)$-稳定的，所以 Mult$(p) \leq$ Mult$(q) \leq \lambda(T)$. 证毕．

引理 2.4.6　假设 T 是稳定理论，而且 $\lambda \geq \lambda(T)$, 满足 $\lambda = \lambda^{<\kappa(T)}$, 则 T 是 λ- 稳定的．

证明　设 $|A| = \lambda, B \subset A, p \in S(A)$ 是 $p \upharpoonright B$ 的不分叉开拓．这里 $|B| < \kappa(T)$. 而且，有至多 $\mu(T)$ 个 $S(A)$ 的成员是 $p \upharpoonright B$ 的不分叉开拓．这样，

$$\begin{aligned}
|S(A)| &\leq (A\text{的基数} < \kappa(T)\text{的子集数}) \\
&\quad \times (\text{在基数} < \kappa(T)\text{上的某给定集合上的型的基数} \times \mu(T) \\
&\leq \lambda^{<\kappa(T)} \cdot \lambda(T) \cdot \mu(T) \\
&= \lambda.
\end{aligned}$$

因此 T 是 λ- 稳定的．　证毕．

由上述这些引理容易得出下面的所谓 **稳定性分层**(stability spectrum) 定理．

定理 2.4.7 (稳定性分层定理)　理论 T 是 λ- 稳定的当且仅当 $\lambda = \lambda(T) + \lambda^{<\kappa(T)}$.

引理 2.4.8　假定 T 是一完全可数理论，则下面两个命题等价：

1) T 是超稳定的，

2) $\kappa(T) = \aleph_0$.

证明 $\Rightarrow T$ 稳定于 $\lambda = 2^{\aleph_0}$. 注意到 T 是可数理论, 所以 $\kappa(T)$ 只能是 $\aleph_0$ 或 $\aleph_1$. 根据稳定性分层定理 (2.4.7), 我们有 $\kappa(T) = \aleph_0$.

$\Leftarrow$ 假定 $\kappa(T) = \aleph_0$. 则对于一切 $\lambda \geq 2^{\aleph_0}$, 根据稳定性分层定理, T 稳定于 λ, 从而 T 是超稳定的.

引理 2.4.9 假定 T 是可数真超稳定理论 (即不是 ω- 稳定的), 则 T 或者不是小的或者有一个在有穷集上的完全型 p 满足 $\mathrm{Mult}(p)$ 是无穷的 (因此为 $2^{\aleph_0}$).

证明 假定 T 不是 ω- 稳定的, 所以有可数多个模型 M, $|S(M)| = 2^{\aleph_0}$. 首先假定 $S(M)$ 中的每个型都是在 M 的有穷子集上. 这样每个 $S(M)$ 中的型都是在某个有穷子集上的一个型的惟一的不分叉开拓, 所以有在 M 的有穷子集上的 $2^{\aleph_0}$ 个完全型, 从而 T 不是小的. 现在假定 $q \in S(M)$ 不是在有穷集上的. 设 $A \subset M$ 是有穷集, q 不在其上分叉. 设 $p = q \upharpoonright A$ 则 p 有无穷的重数, 因为否则的话, 有一有穷集 A' 满足 $A \subset A' \subset \mathrm{acl}(A)$, q 是 $q \upharpoonright A'$ 的惟一的不分叉开拓. 但是在一个可数的稳定理论中, 有无穷重数的型必然有重数 $2^{\aleph_0}$. 此点留作练习.

下面我们要给出一个重要的关于超稳定理论的推论.

定理 2.4.10 假定完全理论 T 是 $\aleph_0$- 范畴的超稳定理论, 则 T 是 ω- 稳定的.

证明 反设 T 是 $\aleph_0$- 范畴的和真超稳定的. 因为 $\aleph_0$- 范畴的理论是小的理论 (Ryll-Nardzewski 定理, §1.6), 引理 2.4.9 告诉我们存在一个完全型 $p \in S(A)$, A 是有穷的, p 有无穷的重数. 现在我们需要一个引理, 它实际上也有独立的意义.

引理 2.4.11 设 T 是完全理论, A 是任意集合, a, b 是任意元素, 则 $\mathrm{stp}(a/A) = \mathrm{stp}(b/A)$ 当且仅当 $\models \mathrm{E}(a, b)$ 对一切定义在 A 上的有有穷多个等价类的等价关系 E 成立.

注 有有穷多个等价类的等价关系称为 **有穷等价关系** (finite equivalence relations). 定义在 A 上的所有有穷多个等价关系的类记做 $\mathrm{FE}(A)$. 下面我们将使用这些定义和符号.

证明 设 E 为在 A 上的有穷等价关系, 则元素 b 的 E- 等价类中的元素 e 应在 $\mathrm{acl}(A)$ 中, 因此有公式 $\eta(x, e)$ 定义了这个等价类. 这样, 假如 $\mathrm{stp}(a/A) = \mathrm{stp}(b/A)$, 则对一切 $E \in \mathrm{FE}(A)$, 有 $\models \mathrm{E}(a, b)$. 反之, 设 $\varphi(x, y)$ 是 A 上的公式满足 $\exists x \varphi(x, y)$ 是代数的, 即 $\{a \in A | \exists x \varphi(x, a)\}$ 是有穷集. 由公式 $\forall y(\varphi(x, y) \leftrightarrow \varphi(x', y))$ 定义的等价关系 $E(x, x')$ 应在 $\mathrm{FE}(A)$ 中. 这样, 假定 $\models E(a, b)$ 对一切 $\mathrm{FE}(A)$ 中的 E 成立, 就有 $\mathrm{stp}(a/A) = \mathrm{stp}(b/A)$. 引理证毕.

现在用这个引理来完成定理 2.4.10 的证明. 由引理 2.4.11, $\mathrm{stp}(a/A) = \mathrm{stp}(b/A)$ 当且仅当存在 $\mathrm{FE}(A)$ 的子集 $\{E_i(x, y) | i < \omega\}$ 使得每一个 E_{i+1} 细分 E_i 且 $\models E_i(a, b)$ 对一切 i 成立. 设 a 是 p 的认知, 由于 p 有无穷的重数, 所以 $p \cup \{E_i(x, a) \wedge \neg E_{i+1}(x, a)\}$ 对无穷多个 i 是和谐的. 这样就有无穷多个在 $A \cup \{a\}$ 上

的型, 这与 T 是 $\aleph_0$- 范畴的矛盾.   证毕.

定理 2.4.10 是 Cherlin, Harrington 和 Lachlan[CHL] 在 1985 年证明的. 后来 Lachlan 想将本定理中的假设超稳定的条件减弱为稳定的, 这就是著名的 Lachlan 猜想: 如果完全理论 T 是 $\aleph_0$- 范畴的和稳定的, 则 T 是 ω- 稳定的. 但是, Hrushovski 在 1988 年构造了一个拟平面 (pseudoplane), 它的理论是 $\aleph_0$- 范畴的和稳定的, 但却不是 ω- 稳定的. 这样就否证了 Lachlan 猜想. 在第四章我们还要比较详细地谈这一个问题.

下面我们引入 U- 秩的概念.

定义 2.4.12   在稳定理论中递归定义完全型的 U- 秩如下:

假定 p 是一个完全型, α 是一序数.

1) $U(p) \geq 0$, 假如 p 是和谐的,
2) $U(p) \geq \alpha$, 假如对一切 $\beta < \alpha$, 存在 p 的一个分叉开拓 q 满足 $U(q) \geq \beta$,
3) $U(p) = \alpha$ 并称 p 的 U- 秩是 α, 假如 $U(p) \geq \alpha$ 且 $U(p) \not\geq \alpha + 1$,
4) $U(p) = \infty$, 假如对一切 α 均有 $U(p) \geq \alpha$, 这时称 p 的 U- 秩不存在.

下面我们用型的 U-秩来刻画超稳定理论, 它的证明可在 Baldwin[B] 或 Buechler[Bu1] 的书中找到.

定理 2.4.13   设 T 是稳定理论. 则 T 是超稳定的当且仅当对每一个完全的型 $p, U(p) < \infty$.

§2.5 ω-稳定的理论和 Morley-秩

在 §2.2, 我们曾定义 ω - 稳定的理论 T 为一个稳定于基数 ω 的理论, 亦即对于 $A \subseteq M, M \models T, |A| \leq \omega$ 蕴涵 $|S(A)| \leq \omega$. 其实, 我们要在本节里证明, 如果 T 稳定于基数 ω, 则 T 稳定于一切无穷基数. 我们先给出一些定义和引理.

定义 2.5.1   设 M 是一个模型, $A \subseteq B \subseteq M$, 且 $p \in S(B)$. 称 p 不在 A 上**分裂**(Split). 如果对一切 B 中的 n 元组 $\bar{a}, \bar{b}$ 和在空集 $\varnothing$ 上的公式 $\varphi(\bar{x}, \bar{v})$, 如果 $\mathrm{tp}_M(\bar{a}/A) = \mathrm{tp}_M(\bar{b}/A)$, 则 $\varphi(\bar{x}, \bar{a}) \in p \Leftrightarrow \varphi(\bar{x}, \bar{b}) \in p$.

称 p 在 A 上分裂, 如果上述条件不成立.

命题 2.5.2   设 M 是一个模型, $A \subseteq B \subseteq M$, 且 $p \in S(B)$.

(1) 假如 p 不在 A 上分裂, 且 $A \subseteq A' \subseteq B$, 则 p 不在 A' 上分裂.

(2) 假如 p 不在 A 上分裂且 $\varphi(\bar{x}, \bar{v})$ 是一个在 A 上的公式, 则对于 B 中的 n 元组 $\bar{a}, \bar{b}$, 如果它们认知同样的 A 上的完全型, 则

$$\varphi(\bar{x}, \bar{a}) \in p \Leftrightarrow \varphi(\bar{x}, \bar{b}) \in p.$$

(换句话说, 定义非分裂关系的语言对于在 A 上的公式以及在空集 $\varnothing$ 上的公式均成立.)

(3) p 不在 B 上分裂.

回忆在 §1.2 的定义 1.2.6 中, 我们给出了记号 $f(p)$ 以及共轭型的概念, 下面的引理需要用到它们.

引理 2.5.3 设 M 是一个模型, $B \subseteq M, p \in S(B)$ 不在 $A \subseteq B$ 上分裂, $A \subseteq B_0 \subseteq B, f$ 是一个在 A 上逐点固定的初等映射, 将 B_0 映射到 $B_1 \subseteq B$, 则 $f(p \upharpoonright B_0) = p \upharpoonright B_1$. 特别地, 假如把 B 映射到 B, 则 $f(p) = p$.

证明 设 $\bar{b}$ 是 B_0 中的序列, $\bar{b}' = f(\bar{b})$. 因为 f 在 A 上是恒等映射, 所以 $\text{tp}(\bar{b}/A) = \text{tp}(\bar{b}'/A)$. 又由于 p 在 A 上不分裂, $\varphi(\bar{x}, \bar{b}) \in p \Leftrightarrow \varphi(\bar{x}, \bar{b}') \in p$, 对于任意公式 $\varphi(\bar{x}, \bar{y})$ 成立. 但是,

$$\varphi(\bar{x}, \bar{b}) \in p \upharpoonright B_0 \Leftrightarrow \varphi(\bar{x}, \bar{b}') \in f(p \upharpoonright B_0),$$

由此可以推得 $p \upharpoonright B_1 = f(p \upharpoonright B_0)$.

引理 2.5.4 设 T 是 ω-稳定的理论, $M \models T, A \subseteq M, p \in S(A)$. 则存在有穷的 $B \subseteq A$ 使得 p 不在 B 上分裂.

证明 假若不然, 亦即没有有穷的 $B \subseteq A$ 使得 p 在其上不分裂. 如果可以在一个可数集上构造出连续统那样多的型, 则将与 T 的 ω-稳定性矛盾. 设 M 是包含 A 的 T 的 ω-饱和模型, X 是所有 0 和 1 的有穷序列的集合.

断言 对于 $s, t \in X$, 存在有穷的 $A_s \subseteq A, B_s \subseteq M, q_s \in S(B_s)$, 而且有从 A_s 到 B_s 上的初等映射 f_s 满足:

(a) $f_s(p \upharpoonright A_s) = q_s$,

(b) 如果 t 是 s 的前节, 则 $f_t \subset f_s$,

(c) 如果 t 不是 s 的前节, s 也不是 t 的前节, 则 $q_s \cup q_t$ 不和谐.

构造从 $A_0 = B_0 = f_0 = \varnothing$ 开始, 假定 A_t, B_t 和 f_t 已经对所有长度为 k 的 $t \in X$ 定义. 对于任意的长度为 k 的 $s \in X$, 我们要指出对于 $r = si, i = 0, 1$, 如何定义 A_r, B_r 和 f_r. 根据假设, p 在有穷集 A_s 上分裂, 即有 A 的 $\bar{a}$ 和 $\bar{b}$ 使得 $\text{tp}(\bar{a}/A_s) = \text{tp}(\bar{b}/A_s)$ 和一个公式 φ, 满足于 $\varphi(\bar{x}, \bar{a}) \in p$ 且 $\neg\varphi(\bar{x}, \bar{b}) \in p$. 设 $A_{s0} = A_s \cup \bar{a}$ 而 $A_{s1} = A_s \cup \bar{b}$. 因为 M 是 ω-饱和的, 存在 $\bar{c} \in M$ 和初等映射 f_{s0} 和 f_{s1} 将 f_s 开拓并满足 $f_{s0}(\bar{a}) = \bar{c}$ 且 $f_{s1}(\bar{b}) = \bar{c}$. 设 $B_{si} = B_s \cup \bar{c}$ 且 $q_{si} = f_{si}(p \upharpoonright A_{si})$, 这里 $i = 0, 1$. 由于 $\varphi(\bar{x}, \bar{c}) \in q_{s0}, \neg\varphi(\bar{x}, \bar{c}) \in q_{s1}$, (a), (b) 和 (c) 三个条件均满足, 这就证明了断言.

现在设 $B = \bigcup_s B_s, Y$ 是长度为 ω 的所有 0 和 1 序列的集合, 且对于 $s \in Y$, 设 $q_s = \bigcup\{q_t : t = s \upharpoonright k, k \in \omega\}$. 根据断言中条件 (a) 和 (b), 当 t 是 $r \in X$ 的前节时, $q_t = f_t(p \upharpoonright A_t) = f_r(p \upharpoonright A_t) \subseteq f_r(p \upharpoonright A_r) \subseteq q_r$, 因此对每一个 $s \in Y$, q_s 是和谐的. 对于 $s \in Y$ 设 q_s' 是 q_s 在 $S(B)$ 中的完全型. 根据 (c) 有连续统多个这样的 q_s'. 但 B 是可数的, 这个与 T 的 ω-稳定性的矛盾就证明了引理.

现在就可以来证明我们所要的结果.

定理 2.5.5 设 T 是 ω- 稳定的理论，则 T 是稳定于一切 $\kappa \geq \aleph_0$.

证明 设 A_0 是一个模型的子集，$|A_0| = \kappa$，M 是包含 A_0 的基数为 κ 的 ω- 饱和模型. 因为 $S(A_0)$ 中的不同元素开拓到 $S(M)$ 中的不同元素，所以只要证明 $|S(M)| = \kappa$ 即可. 注意 $S(M)$ 中的每一个元素都在 M 的某个有穷子集上不分裂，而有 κ 个 M 的有穷子集，因此只需证明下述断言即可.

断言 对于一切有穷的 $A \subset M$，仅有 $S(M)$ 的可数多个元素不在 A 上分裂.

为获取矛盾反设对于 $i < \omega_1$，有相异的 $p_i \in S_n(M)$ 满足 p_i 不在 A 上分裂. 设 N 是包含 A 的 M 的可数饱和初等子模型，对于 $i < \omega_1$，设 $q_i = p_i \upharpoonright N$. 我们断言对于 $i \neq j \in \omega_1, q_i \neq q_j$. 设 i, j 是 $< \omega_1$ 的不同的基数，$\varphi(\bar{x}, \bar{a})$ 是一公式满足 $\varphi(\bar{x}, \bar{a}) \in p_i$ 且 $\neg\varphi(\bar{x}, \bar{a}) \in p_j$. 设 $q = \mathrm{tp}(\bar{a}/A)$，$\bar{c}$ 在 N 中认知 q. 因为 p_i 和 p_j 两者皆不在 A 上分裂，所以 $\varphi(\bar{x}, \bar{c}) \in p_i$ 且 $\neg\varphi(\bar{x}, \bar{c}) \in p_j$. 这样，所有 q_i 就形成了一个在可数集 N 上的完全型的不可数集. 这与 T 的 ω- 稳定性矛盾. 这就完成了断言的证明，从而定理得证.

在介绍 Morley- 秩以前先介绍另一个 Cantor-Bendixson 秩，它的引出是与证明对于可数完全理论，$|S(\varnothing)|$ 不会在 $\aleph_0$ 和 $2^{\aleph_0}$ 之间有关.

定义 2.5.6 设 T 是一个完全理论，φ 是一个有 n 个变元的公式，则 φ 的 CB- 秩归纳定义如下：

1) $CB(\varphi) = -1$, 如果 φ 是不和谐的，

2) 设 $\Psi_\alpha = \{\psi : CB(\psi) = \beta, \beta < \alpha\}$. $CB(\varphi) = \alpha$, 如果集合

$$\{p \in S_n(\varnothing) : \varphi \in p \text{ 且对一切 } \psi \in \Psi_\alpha, \neg\psi \in p\} \text{ 非空且有穷}.$$

假如 p 为一型，$CB(p)$ 定义为 $\inf\{CB(\varphi) : p \vdash \varphi\}$. 如果 p 是完全型，则 $CB(p) = \inf\{CB(\varphi) : \varphi \in p\}$. 当 $CB(p) = \alpha$, 称 p 的 Cantor-Bendixson 秩为 α. 假如这样的 α 不存在，则称 p 的 Cantor-Bendixson 秩不存在并记为 $CB(p) = \infty$.

陈磊在 [Ch] 中计算了在完全二叉树理论 T 中一元和二元公式的 CB- 秩，指出每一个 n- 型的 CB- 秩都可以递归地计算出来，并证明了每一个 n- 型的 CB- 秩均小于 ω_1.

下面的引理指出了型的 CB- 秩与这个型推出的公式的 CB- 秩之间的关系.

引理 2.5.7 设 T 是完全理论，p 是 n- 型，α 是序数.

(i) 如果 p 是完全型，则 $CB(p) = 0$ 当且仅当 p 是孤立型.

(ii) $CB(p) = \alpha$ 当且仅当存在一个 p 蕴涵的公式 φ 使得 $\{q \in S_n(\varnothing) : \varphi \in q$ 且 $CB(q) = \alpha\}$ 有穷但非空. 而且当 $CB(p) = \alpha$ 时可以找到一个 p 蕴涵的公式 使得 $\{q \in S_n(\varnothing) : \varphi \in q$ 且 $CB(q) = \alpha\} = \{q \in S_n(\varnothing) : p \subset q$ 且 $CB(q) = \alpha\}$.

(iii) 假如 $CB(p) = \alpha$, 则存在 $q \in S_n(\varnothing)$ 使得 $q \supset p$ 而且 $CB(q) = \alpha$.

(iv) 假如 p 是完全型，且 $CB(p) = \alpha$, 则存在 $\varphi \in p$ 使得 p 是集合 $\{q \in S_n(\varnothing) : \varphi \in q$ 且 $CB(q)\} \geq \alpha\}$ 中的仅有元素.

(v) $CB(p) \geq \alpha$ 当且仅当对一切 $\beta < \alpha$ 及一切 p 蕴涵的 φ, 集合 $\{q \in S(\varnothing) : \varphi \in q$ 且 $CB(q) \geq \beta\}$ 是无穷的.

(vi) $CB(\varphi)$ 是满足以下条件的最小序数 α:

$$\{p \in S_n(\varnothing) : \varphi \in p \text{ 且 } CB(p) \geq \alpha\} \text{是有穷的}.$$

证明 (i) 如果 p 被公式 φ 孤立, 则 $CB(\varphi) = 0$, 因此 $CB(p) = 0$. 反之, 假设 p 的 CB- 秩为 0, 则有 $\varphi \in p$, 它仅被包含在有穷多个完全型中. 设这些完全型是 $q_0, \cdots, q_k$, 这里 $q_0 = p$. 设 ψ 是 p 中蕴涵 φ 的公式, 它不在任何一个 $q_1, \cdots, q_k$ 中. 这样, ψ 孤立 p(事实上, 每一个 φ 完全化以后的型都是孤立的.)

(ii) 设 Ψ 是 p 蕴涵的且有 CB- 秩 α 的公式集, $\Theta = \{\neg\theta : \theta$ 是有 n 个变元的公式且 $CB(\theta) < \alpha\}$. 这样, $\psi \in \Psi \Rightarrow X_\psi = \{q \in S_n(\varnothing) : \psi \in q$ 且 $q \supset \Theta\}$ 有穷但非空. 进一步说, 如果 $\psi, \psi' \in \Psi$ 且 ψ 蕴涵 ψ', 则 $X_\psi \subset X_{\psi'}$. 这样, 存在 $\varphi \in \Psi$ 满足对一切蕴涵 φ 的 $\psi \in \Psi$, 有 $X_\varphi = X_\psi$. 因为 p 蕴涵 Ψ, 所以 X_φ 中的每一个元素都包含 p, 即 $X_\varphi = \{q \in S_n(\varnothing) : p \subset q$ 且 $CB(q) = \alpha\}$. 由于 X_φ 有穷但非空, (ii) 被证明.

(iii) 这一部分只是重复 (ii).

(iv) 从 (ii) 可立即得出, 详情留给读者.

(v) $\Leftarrow$ 首先注意到 $CB(p) \geq \alpha$ 当且仅当对一切 p 蕴涵的公式 φ, $\{q \in S_n(\varnothing) : \varphi \in q$ 且 $CB(q) \geq \alpha\}$ 非空, 而这就等价于对一切 p 蕴涵的公式 φ, $\{\varphi\} \cup \{\neg\psi : CB(\psi) < \alpha\}$ 是和谐的.

现在反设 $\{\varphi\} \cup \{\neg\psi : CB(\psi) < \alpha\}$ 是不和谐的. 这就是说, 有 CB-秩为 $< \alpha$ 的公式 $\psi_0, \cdots, \psi_n$, 使得任何包含 φ 的在空集 $\varnothing$ 上的完全型也包含这些公式中的一个 ψ_i. 因为每一个 ψ_i 都有 CB- 秩 $< \alpha$, $\beta = \max\{CB(\psi_0), \cdots, CB(\psi_n)\}$ 也是 $< \alpha$. 对每一个 $i \leq n$, $X_i = \{q \in S_n(\varnothing) : \psi_i \in q$ 且 $CB(q) \geq \beta\}$ 有穷 (因为 $CB(\psi_i) \leq \beta$), 因此 $X_0 \cup \cdots \cup X_n = \{q \in S_n(\varnothing) : \varphi \in q$ 且 $CB(q) \geq \beta\}$ 有穷. 由于 $\beta < \alpha$, 所以 (v) 的右边成假.

$\Rightarrow$ 假定 (v) 的右边为假, 即存在 $\beta < \alpha$ 和 p 蕴涵的一个公式 φ 满足 $X = \{q \in S_n(\varnothing) : \varphi \in q$ 且 $CB(q) \geq \beta\}$ 有穷. 假如 X 为空集, 则根据 (ii)$CB(\varphi) < \beta$, 而如果它非空, 由 CB- 秩的定义知 $CB(\varphi) = \beta$. 这样, $CB(\varphi)$ 并不 $\geq \alpha$, 从而 $CB(p)$ 不 $\geq \alpha$, 证明完成.

(vi) 立即由 (v) 可得.

有时人们也用 (vi) 来作为 CB- 秩的定义, 它对于了解一些特别例子的意义是有益的. 下面的引理指出一个完全可数理论, $|S_n(\varnothing)|$ 不会在 $\aleph_0$ 和 $2^{\aleph_0}$ 之间. 有兴趣的读者可以参考有关书籍.

引理 2.5.8 假如 T 是一个完全的可数理论, 对一切 n, 下面几个命题等价:

1) $|S_n(\varnothing)| = \aleph_0$,

2) $|S_n(\varnothing)| < 2^{\aleph_0}$,

3) 一切 $p \in S_n(\varnothing)$ 的 CB- 秩等于某个小于 ω_1 的 α.

现在我们就来考察 Morley- 秩. 从某种意义上说, CB- 秩是在一个固定集 A 上计算, 而 Morley- 秩就是在整个全模型 (Monster 模型 $\mathcal{C}$) 上计算的 CB- 秩.

定义 2.5.9 设 T 是完全理论. 有 n 个变元的公式 φ 的 Morley- 秩, 记做 $MR(\varphi)$, 递归定义如下:

1) $MR(\varphi) = -1$, 如果 φ 不和谐,

2) $MR(\varphi) = \alpha$, 如果

$$\{p \in S_n(\mathcal{C}) : \varphi \in p \text{且对一切满足} MR(\psi) < \alpha \text{ 的公式} \psi, \neg\psi \in p\}$$

有穷但非空.

对于 n- 型 p, $MR(p)$ 定义为

$$\inf\{MR(\varphi) : \varphi \text{是 } p \text{ 蕴涵的公式}\}.$$

这样, 对于 $p \in S(\mathcal{C})$, $MR(p) = \inf\{MR(\varphi) : \varphi \in p\}$. 如果 $MR(p) = \alpha$, 就说 p 的 Morley 秩为 α. 假如不存在这样的 α, 则称 p 的 Morley 秩不存在, 并记做 $MR(p) = \infty$. 前面我们已经指出 CB- 秩和 Morley 秩的不同仅在于型的参数集 的不同. 因此关于 CB- 秩的性质的引理 2.5.7 可以几乎原封不动地搬到 Morley- 秩上面来, 下面就是这样的引理.

引理 2.5.10 设 T 是完全理论, p 是 n- 型, α 是一个序数.

(i) 假如 $p \in S(\mathcal{C})$, 则 $MR(p) = 0$ 当且仅当 p 是代数的.

(ii) $MR(p) = \alpha$ 当且仅当存在 p 蕴涵的公式 φ 满足 $\{q \in S_n(\mathcal{C}) : \varphi \in q \text{ 且 } MR(q) = \alpha\}$ 有穷但非空, 且等于 $\{q \in S_n(\mathcal{C}) : p \subset q \text{ 且 } MR(q) = \alpha\}$.

(iii) 假如 $MR(p) = \alpha$, 则存在 $q \in S_n(\mathcal{C})$ 满足 $q \supset p$ 和 $MR(q) = \alpha$.

(iv) 假如 $p \in S_n(\mathcal{C})$ 且 $MR(p) = \alpha$, 则存在 $\varphi \in p$ 使得 p 是集合 $\{q \in S_n(\mathcal{C}) : \varphi \in q \text{ 且 } MR(q) \geq \alpha\}$ 中的仅有元素.

(v) $MR(p) \geq \alpha$ 当且仅当对于一切 $\beta < \alpha$ 和一切 p 蕴涵的 $\varphi, \{q \in S_n(\mathcal{C}) : \varphi \in q \text{ 且 } MR(q) \geq \beta\}$ 是无穷的.

(vi) $MR(\varphi)$ 是满足下面断言的最小序数 α: $\{q \in S_n(\mathcal{C}) : \varphi \in q \text{ 且 } MR(q) \geq \alpha\}$ 是有穷的.

证明 注意在一个模型上的完全型是孤立的当且仅当它是代数的. 这样这里 的 (i) 即是引理 2.5.7 中的 (i) 的重述. 其余的证明也可以由引理 2.5.8 相应的证 明中得出. 只需改变一下记号.

习题 (1) 如果 p 和 q 为两个型而且 $q \vdash p$, 则 $MR(p) \geq MR(q)$.

(2) 如果 p 和 q 互为共轭型, 则 $MR(p) = MR(q)$.

(3) 假如型 p 在有穷合取下封闭, 则存在公式 $\varphi \in p$ 满足 $MR(\varphi) = MR(p)$.

(4)　设 ψ_0 和 ψ_1 是某理论中的公式. 证明 $MR(\psi_0 \vee \psi_1) = \max\{MR(\psi_0),$ $MR(\psi_1)\}$.

定义 2.5.11　设 p 是一个完全理论中的 n- 型, $MR(p) = \alpha < \infty$, 根据定义 2.5.9 中的 (ii), $\{q \in S_n(\mathrm{X}) : p \subset q$ 且 $MR(q) = \alpha\}$ 是有穷集. 定义 **Morley度**(记做 $\deg(p)$) 为这个集合的基数, 即 $|\{q \in S_n(\mathcal{C}) : p \subset q$ 且 $MR(q) = \alpha\}|$. 当 $\deg(p) = 1$, 则称 **p 是驻留的**(stationary).

定义 2.5.12　完全理论 T 称做 **完全超越的**(total transcendental), 假如每一个型 $p \in S(\mathcal{C})$ 都有 Morley- 秩.

这样, 一个完全的理论 T 是超越的, 当且仅当对每一个 n 和 n 元组 $\bar{v}, MR(\bar{v} = \bar{v}) < \infty$.

CB- 秩和 Morlly 秩有如下进一步的连系.

引理 2.5.13　设 T 是完全理论, M 是 T 的 ω- 饱和模型, $CB(p)$ 是指 $S_n(M)$ 中型 p 的 CB- 秩. 则对于 M 上的一切 n- 型 p, 有

(i)　$MR(p) = CB(p)$,

(ii)　如果 $MR(p) < \infty$ 且 p 是完全的, 则 p 是驻留的,

(iii)　如果 $S(M)$ 中的每一个元素都有 CB- 秩, 则 T 是完全超越的.

证明　(i) 只需考虑 p 为公式 φ 的情形. $CB(\varphi) \geq MR(\varphi)$ 容易直接得出, 留作练习. 为证明 $MR(\varphi) \geq CB(\varphi)$, 我们施归纳于 α, 来证明 $CB(\varphi) \geq \alpha \Rightarrow MR(\varphi) \geq \alpha$. 假定 $MR(\varphi) \ngeq \alpha$, 则有 $\{\varphi\} \cup \{\neg\psi : MR(\psi) < \alpha\}$ 是不和谐的. 这样, 存在公式 $\psi_1, \cdots, \psi_n$ 满足

$$\models \forall\bar{v}(\varphi(\bar{v}) \to \bigvee_{1 \leq i \leq n} \psi_i(\bar{v}))$$

且 $MR(\psi_i) < \alpha$ 对一切 $i = 1, \cdots, n$ 成立. 根据上面的习题的 (4), $\psi = \bigvee_{1 \leq i \leq n} \psi_i$ 的 Morley 秩 $< \alpha$. 设 A 是包含 φ 中参数的有穷集. 由于 M 是 ω- 饱和的, 这保证了有一个在 M 上的公式 ψ', 与 ψ 在 A 上共轭. 由归纳假设, $CB(\psi') = MR(\psi') < \alpha$. 由于 φ 蕴涵 ψ', 所以 $CB(\varphi) < \alpha$, 亦即 $CB(\varphi) \ngeq \alpha$.

(ii)　由于 $MR(p) = CB(p) = \alpha < \infty$, 所以根据引理 2.5.7 的 (iv), 存在公式 $\varphi \in p$ 满足 $\{q \in S_n(M) : \varphi \in q$ 且 $MR(q) \geq \alpha\} = \{p\}$. 假定 $\deg(p) > 1$, 则产生了两个互相矛盾的在 $\mathcal{C}$ 上的公式 ψ_1 和 ψ_2, 满足 $MR(\varphi \wedge \psi_1) = MR(\varphi \wedge \psi_2) = \alpha$. 如在 (i) 中的论证一样, 这就产生了在 M 上的两个互相矛盾的公式 ψ_1' 和 ψ_2', 满足 $MR(\varphi \wedge \psi_1') = MR(\varphi \wedge \psi_2') = \alpha$. 这就矛盾于 p 是 M 上的 Morley 秩为 α 的惟一的 φ 的完全型这一事实.

(iii)　设 $\bar{v}$ 是 n 元组, 则 $MR(\bar{v} = \bar{v}) = CB(\bar{v} = \bar{v}) = \sup\{CB(p) : p \in S_n(M)\}$.

下面的定理指出了一个重要的事实.

定理 2.5.14　假设 T 是可数完全理论, 则 T 是 ω- 稳定的当且仅当 T 是完

全超越的.

证明　设 A 是 $\mathcal{C}$ 的任意子集. 对于任何在 A 上的公式 φ, 设 $\cup_\varphi = \{p \in S(A) : \varphi \in p$ 且 $MR(p) = MR(\varphi)\}$. 由于 $S(A)$ 中的每一个元素都在某个 $\cup_\varphi$ 中, 而每一个 $\cup_\varphi$ 都是有穷的, 因此 $|S(A)|$ 等于在 A 上的公式的个数, 即 $|S(A)| = |A| + |T|$.

如果 T 是可数的和 ω- 稳定的, 则有可数饱和模型 M, 根据引理 2.5.8, 每一个 $S(M)$ 中的元素都有 CB- 秩. 再由引理 2.5.13, T 是超越的, 证明完成.

【历史的附注】　本章介绍稳定性理论的最基本的部分. §2.2 取材于 W. Hodges 的模型论一书 [Ho]. §2.3~§2.5 主要取材于 S. Buechler 的书 [Bu1]. Morley 在 1965 年引出了 ω-稳定的可数理论的概念, 并且证明了 ω-稳定的理论也稳定于一切基数. Shelah 考察了不可数语言的情形, 并引出了完全的稳定性的分层. 独立性的记号 $A \downarrow_C B$ 是由 Makkai 首先采用的. Morley-秩是 Morley 在 1965 年提出的. Lascar 在 1976 年证明了当一个理论 T 范畴于或者 $\aleph_1$ 或者 $\aleph_0$, 则 Morley-秩和 U-秩是一致的. 而且在这样的理论中, 每一型的秩都是有穷的. 对于 $\aleph_1$-范畴的理论, 这一点由 Baldwin 在 1973 年证明, 以后更直接的证明出现在 Poizat(1978) 和 Eilber(1974) 的论文中. 对于 $\aleph_0$-范畴的理论, 这一点已由 Cherlin, Harrington 和 Lachlan 在 1985 年证明 [CHL].

第三章　单纯性理论

在本章中, 我们引出理论单纯性的概念, 并讨论它的等价条件和基本性质, 我们会时时将这些与第二章中讨论的理论的稳定性进行对比.

单纯性理论 (simplicity theory) 是 S. Shelah 在 1980 年首先提出来的. 他在这一年发表的一篇文章 [She1] 中首先引出了这个概念, 定义了 "单纯的" (simple) 但 "不稳定的" (unstable) 理论. 他并对这样一类理论进行了初步的研究. 但是这篇文章在发表以后的 10 多年里, 并没有引起足够的重视. 直到 20 世纪 90 年代 Pillay, Hrushovski 等人在研究拟有穷域 (pseudo-finite fields), 有自同构的代数闭域 (algebraically closed fields with an automorphism), 以及光滑可逼近结构 (smooth approximate structures) 的理论时, 发现虽然这些理论都是不稳定的, 但稳定理论所具有的六大特征: 对称性, 可传递性, 延伸性, 局部特征, 有穷特征及有界性, 除最后一个有界性不满足外其余的特征均满足, 而这正是 Shelah 定义的单纯理论. 这样, 理论的单纯性问题又重新引起了数理逻辑学家尤其是模型论工作者的注意. 1996 年 B. Kim 在 Pillay 的指导下完成了题为 "单纯一阶理论" 的博士论文, 并获当年 Sacks 奖 (此奖授予在博士论文中对数理逻辑某领域有开创性研究的博士生). 至今, 单纯性理论的研究已成了一个十分活跃的领域. 在短短的几年里已经发表相当数量的结果 (见本章参考文献). E.Casanovas 甚至说今后应该以研究单纯性来代替研究稳定性 [Ca]. 虽然作者对此说不敢苟同, 而是认为两者均需继续研究发展, 但他的确代表了一部分数理逻辑学家的意见. 从这种意见就可以看出研究单纯性理论的重要地位. 另外一个可以举出的例子是日本的模型论研讨会. 日本的数理逻辑学家每年在东海大学等地举行一次模型论研讨会. 在 1997 年提交会议的论文中没有一篇是关于单纯性理论的. 可是在 1998 年提交给该研讨会的 11 篇论文中有五篇是关于单纯性理论的. 以后在各个模型论讨论会上均有大量关于单纯性的论文报告. 2002 年 7 月在法国马赛专门开了一个单纯性理论的讨论会, 交流研究的最新成果. 有来自世界各国的 43 人与会. 30 人在会上提出了自己的研究报告. 会上并提出了一些有兴趣但尚未解决的问题.

§3.1　单纯理论的定义

在 §2.1, 我们用一个公式 $\varphi(\bar{x}, \bar{y})$ 满足序性质来定义了含有这个公式的理论的不稳定性. 类似地, 在本节中我们要首先引出一个公式 $\varphi(\bar{x}, \bar{y})$ 满足所谓树性质, 并依此来定义含有这个公式的理论的不单纯性.

定义 3.1.1　称语言 L 的公式 $\varphi(\bar{x}, \bar{y})$ 关于自然数 k 有**树性质** (tree property), 如果对于一个自然数的有穷序列 $v \in \omega^{<\omega}$, 公式集 $\{\varphi(\bar{x}, \bar{b}_{vi}) : i \in \omega\}$ 是 k-

不和谐的；但对于每一个自然数的无穷序列 $u \in \omega^\omega$, 所有公式集 $\{\bar\varphi(\bar{x}, \bar{b}_{u|i}) : i \in \omega\}$ 都是和谐的.

这个定义是说存在一个 ω- 分叉树, 如果公式 φ 的第二个变元 $\bar{b}$ 的脚标是由该树的一条路径 (path) 上的节点所构成, 则这些公式都是和谐的; 而对于 $\bar{b}$ 的脚标是在该树的同一层 (level) 上的那些公式, 其中任意 k 个组成的子公式集, 都不是和谐的.

定义 3.1.2　称理论 T 是单纯的 (simple), 如果 T 没有的公式具有树性质.

命题 3.1.3　假如理论 T 是稳定的, 则它是单纯的.

证明　假如 T 是不单纯的, 则有 T 中的公式 $\varphi(\bar{x}, \bar{y})$, 它有树性质. 假定 λ 是任意无穷基数, $A = n^{<\lambda} \subseteq \omega^\lambda$, 则 $|A| \le \lambda$. 另一方面, 由于 φ 有树性质, 故有 n^λ 个不同的路径 (path). 这就是说, 有 n^λ 个不同的 A 的型, 因而 $|S(A)| > |A|$.

例子 3.1.4　所有稳定的理论都是单纯的. 在 §2.1 我们指出随机全图和二分全图的理论都是不稳定的. 我们在 §3.2 引出单纯理论的等价定义之后指出它们都是单纯的理论.

§3.2　单纯性的等价条件

首先我们引出 D- 秩的概念.

定义 3.2.1　设 Δ 是语言 L 中的有穷公式集, k 是自然数, p 是型. 归纳定义 $D(p, \Delta, k)$ 如下:

1) 对于任意的和谐的型 p, $D(p, \Delta, k) \ge 0$;

2) 如果存在 Δ 中的公式 $\varphi(\bar{x}, \bar{y})$ 以及 n 元组的集合 $\{\bar{a}_i : i \in \omega\}$ 使得对一切 $i \in \omega$, $D(p \cup \{\varphi(\bar{x}, \bar{a}_i)\}, \Delta, k) \ge n$, 而且 $\{\varphi(\bar{x}, \bar{a}_i) : i \in \omega\}$ 是 k- 不和谐的, 则 $D(p, \Delta, k) \ge n + 1$;

3) 如果 $D(p, \Delta, k) \ge n$, 但 $D(p, \Delta, k) \not\ge n + 1$, 则 $D(p, \Delta, k) = n$;

4) 如对于一切自然数 n, $D(p, \Delta, k) \ge n$, 则 $D(p, \Delta, k) = \infty$.

如果 Δ 只含有一个公式 φ, 即 $\Delta = \{\varphi\}$, 我们用 $D(p, \varphi, k)$ 代替 $D(p, \{\varphi\}, k)$.

以下几个引理给出了 D- 秩的基本性质, 这对于以后各节是有用的.

引理 3.2.2　$D(p, \Delta, k)$ 具有以下单调性及自同构意义下的不变性.

1) (单调性) 假如 $p_1 \vdash p_2$, $\Delta_1 \subseteq \Delta_2$ 及 $k_1 \le k_2$, 则

$$D(p_1, \Delta_1, k_1) \le D(p_2, \Delta_2, k_2).$$

2) (不变性) 假如 f 是型上的自同构, 则 $D(p, \Delta, k) = D(f(p), \Delta, k)$.

证明　2) 立即可得. 现在用归纳法证明 1).

如果 $D(p_1, \Delta_1, k_1) = 0$, 则 p_1 是和谐的. 这样, p_2 亦是和谐的. 因为 $p_1 \vdash p_2$, 因此 $D(p_2, \Delta_2, k_2) = 0$. 现在假定 $D(p_1, \Delta_1, k_1) \ge n + 1$. 根据定义, 存在公

式 $\varphi(\bar{x}, \bar{y}) \in \Delta_1$ 以及 n 元组集合 $\{\bar{a}_i | i \in \omega\}$ 满足对于每一个 $i \in \omega$, $D(p_1 \cup \{\varphi(\bar{x}, \bar{a}_i), \Delta_1, k_1) \geq n$, 并且 $\{\varphi(\bar{x}, \bar{a}_i) | i \in \omega\}$ 是 k_1- 不和谐的. 又根据归纳假设, 对于每一个 $i \in \omega$, $D(p_2 \cup \{\varphi(\bar{x}, \bar{a}_i)\}, \Delta_2, k_2) \geq n$. 注意到 $\Delta_1 \subseteq \Delta_2$, 所以 $\varphi(\bar{x}, \bar{y}) \in \Delta_2$. 而且因为 $k_1 \leq k_2$, $\{\varphi(\bar{x}, \bar{a}_i) | i \in \omega\}$ 是 k_2- 不和谐的. 因此, 根据 D- 秩的定义, $D(p_2, \Delta_2, k_2) \geq n + 1$.

下面的引理给出了型的分叉和 D- 秩的某种关系.

引理 3.2.3   如果型 p 在集合 A 上分叉, 其有关的证据是关于自然数 $k_i (0 \leq i \leq n)$ 的函数 $\psi_i(\bar{x}, \bar{b}_i)$, $\Delta = \{\psi_i(\bar{x}, \bar{b}_i) | 0 \leq i \leq n\}$, $k = \max\{k_i | 0 \leq i \leq n\}$, 则如果 $D(p, \Delta, k) < \infty$, 那么 $D(p, \Delta, k) < D(p \upharpoonright A, \Delta, k)$.

证明   设 $D(p, \Delta, k) = s$. 因为 $p \vdash \bigvee_{0 \leq i \leq n} \psi_i(\bar{x}, \bar{b}_i)$, 根据前面的引理, 对某个 $i (0 \leq i \leq n)$, $D((p \upharpoonright A) \cup \{\psi_i(\bar{x}, \bar{b}_i)\}, \Delta, k) \geq s$. 现在因为 $\psi_i(\bar{x}, \bar{b}_i)$ 在 A 上关于 k_i 分叉, 就有 n 元组 $\bar{b}_i^j (j \in \omega)$ 作为此事实的证据. 由于秩在自同构下的不变性, 存在 $j \in \omega$ 使得 $D((p \upharpoonright A) \cup \{\psi_i(\bar{x}, \bar{b}_i^j)\}, \Delta, k) \geq s$. 同样, $\{\psi_i(\bar{x}, \bar{b}_i^j) | j \in \omega\}$ 是 k- 不和谐的, 所以 $D(p \upharpoonright A, \Delta, k) \geq s + 1$.

引理 3.2.4   如果 p 是型, $\varphi(\bar{x}, \bar{y}) \in L$, k, n 是自然数, 则下面两命题等价:

1) $D(p, \varphi(\bar{x}, \bar{y}), k) \geq n + 1$;

2)   存在 n 元组集合 $\{\bar{a}_\alpha | \alpha \in \omega^{\leq n+1}\}$ 满足:

(i)   对每一个 $v \in \omega^{<n+1}$, $\{\varphi(\bar{x}, \bar{a}_{vi}) | i \in \omega\}$ 是 k- 不和谐的,

(ii)   对每一个 $u \in \omega^{n+1}$, $p \cup \{\varphi(\bar{x}, \bar{a}_{u|i}) | 0 \leq i < n+1\}$ 是和谐的.

证明   假如 $n = 0$, 结论是显然的. 现在假设对于 $n \in \omega (1)$ 和 (2) 等价. 设 (1) 对于 $n + 1$ 成立, 即 $D(p, \varphi, k) \geq n + 1$. 根据 D- 秩的定义, 有 n 元组集 $\{\bar{a}_i | i \in \omega\}$ 满足

(A)   对每一个 $i \in \omega$, $D(p \cup \{\varphi(\bar{x}, \bar{a}_i)\}, \varphi, k) \geq n$,

(B) $\{\varphi(\bar{x}, \bar{a}_i) | i \in \omega\}$ 是 k- 不和谐的.

根据归纳假设, 因为 (A) 我们有

(i) 存在数组集 $\{\bar{a}_{iv} | v \in \omega^{\leq n}, i \in \omega\}$ 满足对每一个 $v \in \omega^{<n}, i \in \omega$, $\{\varphi(\bar{x}, \bar{a}_{ivj}) | j \in \omega\}$ 是 k- 不和谐的.

(ii) 对每一个 $u \in \omega^n$, 以及 $i \in \omega$, $p \cup \{\varphi(\bar{x}, \bar{a}_i)\} \cup \{\varphi(\bar{x}, \bar{a}_{iu|j}) | 0 < j < n\}$ 是和谐的. 因此 $n+1$ 时 2) 亦成立, $\{\bar{a}_i | i \in \omega\} \cup \{\bar{a}_{iv} | v \in \omega^{\leq n}\}$ 为其证据. 反之, 如果 2) 在 $n+1$ 时成立, 则有 n 元组集 $\{\bar{a}_\alpha | \alpha \in \omega^{\leq n+1}\}$ 满足 (i) 和 (ii). 由于 (i) 成立, $\{\varphi(\bar{x}, \bar{a}_i) | i \in \omega\}$ 是 k- 不和谐的. 同样根据 (i), 对每一个 $v \in \omega^{<n}$, $\{\varphi(\bar{x}, \bar{a}_{vi}) | i \in \omega\}$ 是 k- 不和谐的. 由于 (ii) 成立, 对每一个 $u \in \omega^{n+1}$, $p \cup \{\varphi(\bar{x}, \bar{a}_{u|i}) | 0 < i \leq n+1\}$ 是和谐的. 那么对每一 $u \in \omega^n$, $i \in \omega$, $p \cup \{\varphi(\bar{x}, \bar{a}_i)\} \cup \{\varphi(\bar{x}, \bar{a}_{u|j}) | 0 < j \leq n\}$ 当然是和谐的. 这样根据归纳假设, 对每一个 $i \in \omega$, $D(p \cup \{\varphi(\bar{x}, \bar{a}_i)\}, \varphi(\bar{x}, \bar{y}), k) \geq n$. 因此根据 D- 秩的定义, $D(p, \varphi(\bar{x}, \bar{y}), k) \geq n + 1$.

附注 3.2.5   上述引理对于任意无穷基数 λ, κ 均成立. 即, 对给定的 p, φ, k,

下面的两个命题是等价的:

1) 对于一切自然数 n, $D(p, \varphi, k) \geq n$;

2) 对于无穷基数 k, λ, 存在数组集合 $\{\bar{a}_\alpha | \alpha \in \lambda^{<\kappa}\}$ 满足:

(i) 对每一个 $\alpha \in \lambda^{<\kappa}$, $\{\varphi(\bar{x}, \bar{a}_{\alpha i}) | i \in \lambda\}$ 是 k- 不和谐的,

(ii) 对每一个 $\beta \in \lambda^\kappa$, $p \cup \{\varphi(\bar{x}, \bar{a}_{\beta | i}) | \alpha < \kappa\}$ 是和谐的.

这样可以得出下面的重要推论, 这个推论给出了由 D- 秩是否是无穷的来决定理论是否单纯的判别法. 稍后, 我们要给出关于理论是否单纯的更多的等价条件.

推论 3.2.6   给定理论 T 中任意的 p, φ 以及任意的自然数 k, 下面命题是等价的:

1) 存在自然数 n, $D(p, \varphi, k) = n$;

2) 理论 T 是单纯的.

引理 3.2.7   下面诸命题等价:

1) T 是不单纯的;

2) 存在集合的序列 $\langle A_i : i < |T|^+ \rangle$ 满足当 $i \leq j$ 时, 有 $A_i \subseteq A_j$, 并有在 $\cup \{A_i : i < |T|^+\}$ 上的型 p 使得对所有 $i < |T|^+$, $p \upharpoonright A_{i+1}$ 在 A_i 上分离;

3) 存在集合 B 和完全型 $p \in S(B)$ 满足对 B 的任何子集 A, 只要 $|A| \leq |T|$, 则 p 在 A 上分离;

4) 存在集合的序列 $\langle A_i : i < |T|^+ \rangle$ 满足当 $i \leq j$ 时, 有 $A_i \subseteq A_j$ 以及一个在 $\cup \{A_i : i < |T|^+\}$ 上的完全型 p 使得对所有的 $i < |T|^+$, $p \upharpoonright A_{i+1}$ 在 A_i 上分叉;

5) 型的分叉不满足局部特征: 存在一个集合 B 和一个完全型 $p \in S(B)$ 满足对一切 $A \subseteq B, |A| \leq |T|$, p 在 A 上分叉.

证明   我们要证明 2)⇔3) , 4)⇔5) 以及 1)⇒2)⇒4)⇒1).

2)⇒3) 我们断言 $B = \cup \{A_i : i < |T|^+\}$ 即为所求. 注意对于任何满足 $|A| \leq |T|$ 的 $A \subseteq B$, 存在 $i_0 < |T|^+$ 使得 $A \subseteq A_{i_0}$. 因为 $p \upharpoonright A_{i_0+1}$ 在 A_{i_0} 上分离, 所以根据部分传递性, $p \upharpoonright A_{i_0+1}$ 在 A 上分离. 这样, 就有 $\varphi(\bar{x}, \bar{a}), \bar{a} \in A_{i_0+1}$ 满足 $p \upharpoonright A_{i_0+1} \vdash \varphi(\bar{x}, \bar{a})$, 且 $\varphi(\bar{x}, \bar{a})$ 在 A 上分离. 于是 $p \vdash \varphi(\bar{x}, \bar{a})$. 因此 p 在 A 上分离.

3)⇒2) 对于任意有穷的 $A_0 \subseteq B$, 因为 p 是完全的, 所以有某公式 $\varphi(\bar{x}, \bar{a}_0) \in p$ 在 A_0 上分离 $(\bar{a}_0 \in B)$. 设 $A_1 = A_0 \cup \{\bar{a}_0\}$, 则 $p \upharpoonright A_1$ 在 A_0 上分离. 这样用归纳法, 可以构造出所要求的 B 的子集的序列 $\langle A_i : i < |T|^+ \rangle$.

4)⇔5) 类似于 2)⇔3) 的证明.

1)⇒2) 假设 $\varphi(\bar{x}, \bar{y})$, $k \in \omega$ 和 $\{\bar{c}_\alpha | \alpha \in \lambda^{<\kappa}\}$ 是 $\varphi(\bar{x}, \bar{y})$ 有树性质的证据, 这里 $\kappa = |T|^+$, 则对每一个 $\alpha \in \lambda^\kappa$, $\{\varphi(\bar{x}, \bar{c}_{\alpha i}) | i \in \omega\}$ 是 k- 不和谐的. 取足够大的 λ, 可以找到 $\beta \in \lambda^\kappa$ 满足对一切 $\alpha < \kappa$, $\varphi(\bar{x}, \bar{c}_{\beta | \alpha+1})$ 在 $\cup \{\bar{c}_{\beta | \gamma+1} : \gamma < \alpha\} = A_\alpha$ 上分离. 这样, 将公式集 $\{\varphi(\bar{x}, \bar{c}_{\beta | \gamma+1}) | \gamma < \kappa\}$ 完备化 (即取它的极大和谐扩充集),

就得到我们需要的完全型.

2) ⇒ 4) 显然.

4) ⇒ 1) 根据引理 3.2.3, 对于每一个 $i < |T|^+$, 存在有穷的 Δ_i 和自然数 k_i 使得 $D(p \upharpoonright A_{i+1}, \Delta_i, k) < D(p \upharpoonright A_i, \Delta_i, k_i)$, 因为至少有 $|T|^+$ 个 Δ_i, 所以对 $|T|^+$ 多个 i, 对某个 Δ, k, 有 $D(p \upharpoonright A_{i+1}, \Delta, k) < D(p \upharpoonright A_i, \Delta, k)$. 这样, $D(p, \Delta, k) = \infty$, 这与 T 的单纯性矛盾.

引理 3.2.8 如果理论 T 是单纯的而且 p 是在 A 上的型, 则 p 不在 A 上分叉.

证明 因为 T 是单纯的, 根据引理 3.2.7, 型的分叉没有局部特征, 所以, $p \in S(A)$ 在某个 $C \subseteq A$ 上不分叉. 再根据部分传递性, p 不在 A 上分叉.

读者应该注意到对于任何理论 T, 型 $p \in S(A)$ 均不在 A 上分离. 这一点我们曾经在命题 1.3.4(存在性) 中证明过. 但是, 当我们用 "分叉" 代替 "分离" 时, 则理论 T 的单纯性确是必不可少的. 下面是两个单纯理论的简单例子.

例子 3.2.9 随机图 (random graphs) 的理论是单纯的且不稳定的. 图是仅有一个具有非自反性及对称性的二元关系 R 的一个结构. 这里 $R(x, y)$ 解释为有一边联接顶点 x 和 y. 它的理论是 $\aleph_0$- 范畴的 [Ho], 因此它有惟一的可数全图 (universal graph, 详见本书第五章: 模型论在图论中的应用). 这个图的理论也是量词可消去的, 并可被公理化为下面的一条公理:

$$\forall \bar{x} \forall \bar{y} \exists \bar{z} (R(\bar{z}, \bar{x}) \wedge \neg R(\bar{z}, \bar{y})).$$

根据引理 3.2.7, 要证明这个理论是单纯的, 只需证明任何 1- 型在一个有穷集上不分离. 这一点容易直接证实.

另一个例子是所谓二分图 (bipartite) 的理论, 它包含两个互不相交的顶点集 X 和 Y, 它的所有边都是连接 X 的一个顶点和 Y 的一个顶点. 这个理论也是单纯的但不是稳定的, 证明和前例相同. 读者可自己证实这一点.

§3.3 单纯理论的特征和性质

本节讨论单纯理论中型的分叉以及其他的特征和性质. 在 §1.3, 我们在给定公式和型的分离和分叉的定义以后曾指出, 对于任何理论来说, 一个公式或型在某个集合上分离, 则它一定在该集合上分叉. 但是这个结论的逆, 一般来说是不正确的. 下面的引理指出, 对于单纯的理论来说, 这却是正确的.

引理 3.3.1 假如 T 是单纯理论, 则以下诸项等价.

1) $\varphi(\bar{x}, \bar{c})$ 在 A 上分离,

2) $\varphi(\bar{x}, \bar{c})$ 在 A 上分叉,

3) 如果 I 是型 $\mathrm{tp}(\bar{c}/A)$ 的任意 Morley- 序列, 则 $\{\varphi(\bar{x}, \bar{c}') | \bar{c}' \in I\}$ 是不和谐的,

4) 存在型 $\mathrm{tp}(\bar{c}/A)$ 的 Morley - 序列 I, 使得 $\{\varphi(\bar{x},\bar{c}')|\bar{c}'\in I\}$ 是不和谐的.

证明 $3)\Rightarrow 4)\Rightarrow 1)\Rightarrow 2)$ 显然.

$1)\Rightarrow 3)$ 假定 $I=\langle\bar{c}_n|n\in\omega\rangle$ 是型 $\mathrm{tp}(\bar{c}/A)$ 的一个 Morley- 序列, 而 $\varphi(\bar{x},\bar{c}_0)$ 关于自然数 k 在 A 上分离. 这样根据命题 1.3.6, 存在 A- 不可辨序列 $\langle\bar{c}_0^j:j\in\omega\rangle$, 这里 $\bar{c}_0^0=\bar{c}_0$, 使得 $\{\varphi(\bar{x},\bar{c}_0^j)|j\in\omega\}$ 是 k- 不和谐的. 而根据命题 1.3.11, 存在序列 $J=\langle\bar{b}_n|n\in\omega\rangle$ 使得 $\mathrm{tp}(I/A)=\mathrm{tp}(J/A)$ 以及对于每一 $j\in\omega$, $(\bar{c}_0^j)J$ 是 A- 不可辨的. 现在证明 $p_I=\{\varphi(\bar{x},\bar{c}_n)|n\in\omega\}$ 是不和谐的. 由于 $\mathrm{tp}(I/A)=\mathrm{tp}(J/A)$, 只要证明 $p_J=\{\varphi(\bar{x},\bar{b}_n)|n\in\omega\}$ 是不和谐的即可. 假设不然, 即 p_J 是和谐的, 则因为 T 是单纯的, 我们有

(i) $D(p_J,\varphi(\bar{x},\bar{y}),k)=r<\omega$,

不过注意到对每一个 $j\in\omega$, $\mathrm{tp}(J/A)=\mathrm{tp}(\bar{c}_0^jJ/A)$, 以及 D- 秩在自同构下的不变性, 我们就有

(ii) $D(\{\varphi(\bar{x},\bar{c}_0^j)\}\cup p_J,\varphi(\bar{x},\bar{y}),k)=r<\omega$.

而 $\{\varphi(\bar{x},\bar{c}_0^j)|j\in\omega\}$ 是 k- 不和谐的. 这样, 根据 D- 秩的定义, $D(p_J,\varphi(\bar{x},\bar{y}),k)\ge r+1$, 与 1) 矛盾. 因此, p_J 必然是不和谐的, p_I 亦然.

$2)\Rightarrow 1)$ 假定 $\varphi(\bar{x},\bar{c})$ 在 A 上分叉, 则存在 $\psi_i(\bar{x},\bar{b}_i)$ $(0\le i\le m)$, 满足

$$\models\varphi(\bar{x},\bar{c})\rightarrow\bigvee_{0\le i}\psi_i(\bar{x},\bar{b}_i),\qquad (*)$$

且对每一个 i, $\psi_i(\bar{x},\bar{b}_i)$ 在 A 上关于某个自然数 k_i 分离. 设 $\bar{d}=\bar{b}_0\cdots\bar{b}_m$, $I=\langle\bar{c}_n\bar{d}_n|n\in\omega\rangle$ 为 $\mathrm{tp}(\bar{c}\bar{d}/A)$ 的一个 Morley- 序列, 这里 $\bar{c}_0\bar{d}_0=\bar{c}\bar{d}$. 我们将要证明 $\varphi(\bar{x},\bar{c})$ 在 $A\cup\{\bar{c}_n|0<n<\omega\}$ 上分叉, 从而命题得证. 首先证明下面的命题.

命题 $\psi_i(\bar{x},\bar{b}_i)$ 关于某个自然数 k_i 在 $A\cup\{\bar{c}_n|0<n<\omega\}$ 上分离 $(i\in\omega)$.

命题的证明 我们施归纳于 i. 假定对于 $0\le i\le n$, $\psi_i(\bar{x},\bar{b}_i)$ 在 A 上关于 k_i 分离. 这样有包含 $\bar{b}_i^0=\bar{b}_i$ 的在 A 上的不可辨序列 $\langle\bar{b}_i^j|j\in\omega\rangle$, 使得 $\{\psi_i(\bar{x},\bar{b}_i^j)|j\in\omega\}$ 是 k_i- 不和谐的. 而且, 由 Ramsey 定理, 可以选取 A- 不可辨序列 $\langle\bar{c}^j\bar{d}^j|j\in\omega\rangle$, 这里 $\bar{c}^0\bar{d}^0=\bar{c}\bar{d}$, $\bar{d}^j=\bar{b}_0^j\cdots\bar{b}_i^j\cdots\bar{b}_n^j$. 因此根据引理 1.3.11, 存在序列 $J=\langle\bar{e}_m\bar{g}_m|m\in\omega\rangle$ 满足 $|\bar{e}_m|=|\bar{c}|$, $|\bar{g}_m|=|d|$, 使得 $\mathrm{tp}(I/A)=\mathrm{tp}(J/A)$, 而且对每一 $j\in\omega$, $(\bar{c}^j\bar{d}^j)J$ 是 A 上的不可辨序列. 因此, $\mathrm{tp}(\bar{c}^j\bar{d}^jJ/A)=\mathrm{tp}(J/A)=\mathrm{tp}(\bar{c}^0\bar{d}^0J/A)$ 对一切 $j\in\omega$ 成立, 从而对一切 $j\in\omega$, $\mathrm{tp}(\bar{c}^0\bar{d}^0/AJ)=\mathrm{tp}(\bar{c}^j\bar{d}^j/AJ)$ 成立. 这样,

$$\mathrm{tp}(\bar{b}_i/A\bar{e}_0\bar{e}_1\bar{e}_2\cdots)=\mathrm{tp}(\bar{b}_i^0/A\bar{e}_0\bar{e}_1\bar{e}_3\cdots)=\mathrm{tp}(\bar{b}_i^j/A\bar{e}_0\bar{e}_1\bar{e}_3\cdots)\qquad (**)$$

成立 $(j\in\omega)$. 而且, 由于 $\{\psi_i(\bar{x},\bar{b}_i^j)|j\in\omega\}$ 是 k_i- 不和谐的, 根据分离的定义以及 $(**)$, $\psi_i(\bar{x},\bar{b}_i)$ 关于 k_i 在 $A\cup\{\bar{e}_m:m\in\omega\}$ 上分离. 最后, 由于 $\bar{c}^0\bar{d}^0=\bar{c}\bar{d}=\bar{c}_0\bar{d}_0$, 且 $\mathrm{tp}(\bar{c}\bar{d}\bar{e}_0\bar{g}_0\bar{e}_1\bar{g}_1\cdots/A)=\mathrm{tp}(\bar{c}^0\bar{d}^0J/A)=\mathrm{tp}(J/A)=\mathrm{tp}(I/A)=\mathrm{tp}(\bar{c}\bar{d}\bar{c}_1\bar{d}_1\bar{c}_2\bar{d}_2\cdots/A)$, $\mathrm{tp}(\bar{b}_i\bar{e}_0\bar{e}_1\cdots/A)=\mathrm{tp}(\bar{b}_i\bar{c}_1\bar{c}_2\cdots/A)$, 所以 $\psi_i(\bar{x},\bar{b}_i)$ 在 $A\cup\{\bar{c}_n|0<n<\omega\}$ 上关于 k_i 分离. 命题证毕.

现在我们转到证明 1). 为了证明 $\varphi(\bar{x}, \bar{c})$ 在 A 上分离, 只需证明 $p = \{\varphi(\bar{x}, \bar{c}_m)$ $\mid m \in \omega\}$ 是不和谐的. 设 $k = \max\{k_0, \cdots, k_n\}$, $\Delta = \{\psi_0(\bar{x}, \bar{y}_0), \cdots, \psi_n(\bar{x}, \bar{y}_n)\}$, 这里 $|\bar{y}_i| = |\bar{b}_i|$. 假如 p 是和谐的, 则根据已证命题及引理 3.2.3, $D(p, \Delta, k) <$ $D(\{\varphi(\bar{x}, \bar{c}_m) | 0 < m\}, \Delta, k)$. 但这是不可能的, 因为根据不可辨性, 这两个值应该是相等的.

推论 3.3.2 如果 T 是单纯理论, 则型 p 在 A 上分离当且仅当 p 在 A 上分叉.

注意在上述理论中, T 的单纯性是很重要的. 也就是说, 对于一般的理论, 一个在某集合 A 上分叉的型可能在 A 上并不分离. 考察下面的例子.

例子 3.3.3 $(M, <)$ 是一个稠密无终端线性序. 这个结构的理论不是单纯的, 因为它不满足下面定理 (3.3.4) 中所说的对称性. 在 M 中选取一个序列 $\cdots <$ $a_2 < a_1 < a_0 < b_0 < b_1 < b_2 < \cdots$, 则 $\langle (a_n, b_n) : n \in \omega \rangle$ 是型 $\mathrm{tp}((a_0, b_0)/\varnothing)$ 上的一个 Morley- 序列 (读者可自行检验). 注意到 $\{a_n < x < b_n | n \in \omega\}$ 是和谐的, 但 $a_0 < x < b_0$ 在空集 $\varnothing$ 上分离. 事实上, $a_n < x < b_n$ 在 $\{(a_m, b_m) | n < m\}$ 上对每一个 n 分离.

下面我们要证明单纯理论的重要性质.

定理 3.3.4 假如理论 T 是单纯的, 则不分叉满足以下各条件:

1) 对称性, 即 $\mathrm{tp}(\bar{c}/A\bar{b})$ 不在 A 上分叉当且仅当 $\mathrm{tp}(\bar{b}/A\bar{c})$ 不在 A 上分叉.

2) 传递性, 即假如 $A \subseteq B \subseteq C$, 则 $\mathrm{tp}(\bar{a}/C)$ 不在 A 上分叉当且仅当 $\mathrm{tp}(\bar{a}/B)$ 不在 A 上分叉而且 $\mathrm{tp}(\bar{a}/C)$ 不在 B 上分叉.

3) 开拓性, 即假如 $A \subseteq B \subseteq C$ 和 $p \in S(B)$ 不在 A 上分叉, 则存在一个完全型 $q \in S(C)$ 满足 $p \subseteq q$ 而且 q 不在 A 上分叉.

4) 局部特征性, 即如果 $p \in S(B)$ 是一个完全型, 则存在 $A \subseteq B$ 满足 $|A| \leq |T|$ 而且 p 不在 A 上分叉.

5) 有穷特征性, 即如果 $A \subseteq B$, 则 $\mathrm{tp}(\bar{a}/B)$ 不在 A 上分叉当且仅当对于一切有穷的数组 $\bar{b} \in B$, $\mathrm{tp}(\bar{a}/\bar{b})$ 不在 A 上分叉.

证明 5) 已经在命题 1.3.4 中给出, 3) 就是命题 1.3.8, 它们对任何理论 T 中的型都成立. 2) 的一个方向也是对任何理论都是成立的, 这也在命题 1.3.4 中给出过. 4) 在引理 3.2.7 中给出.

现在我们来证明 1) 以及 2) 的另一个方向.

对称性的证明 假定 $\mathrm{tp}(\bar{b}/A\bar{c})$ 不在 A 上分叉. 根据引理 1.3.10, 存在 $\mathrm{tp}(\bar{b}/A\bar{c})$ 在 A 上的一个 Morley- 序列 $I = \langle \bar{b}_i | i \in \omega \rangle$, 这里 $\bar{b}_0 = \bar{b}$. 根据 Morley- 序列的定义, I 也是 $\mathrm{tp}(\bar{b}/A)$ 在 A 上的 Morley- 序列. 这样, 根据引理 3.3.1, 只需证明对任何公式 $\varphi(\bar{x}, \bar{a}, \bar{b}) \in \mathrm{tp}(\bar{c}/A\bar{b})$, $\bar{a} \in A$, $p = \{\varphi(\bar{x}, \bar{a}, \bar{b}_i) | i \in \omega\}$ 是和谐的. 但由于 I 是 $\mathrm{tp}(\bar{b}/A\bar{c})$ 的 Morley- 序列, I 就是 $A\bar{c}$- 不可辨的. 于是 $\bar{b}_i$ 认知 $\mathrm{tp}(\bar{b}/A\bar{c})$, 所以 $\models \varphi(\bar{b}_i, \bar{a}, \bar{c})$, 因此 $\bar{c}$ 认知 p.

传递性的证明   首先设 $\mathrm{tp}(\bar{a}/B)$ 不在 A 上分叉. 根据引理 3.3.2, 存在 $\mathrm{tp}(\bar{a}/B)$ 在 A 上的 Morley- 序列 $\langle \bar{a}_i | i \in \omega \rangle$. 根据它的定义, 它也是 $\mathrm{tp}(\bar{a}/A)$ 的 Morley- 序列. 再设 $\mathrm{tp}(\bar{a}/C)$ 不在 B 上分叉, 由对称性, $\mathrm{tp}(\bar{c}/B\bar{a})$ 不在 A 上分叉, 这里 $\bar{c} \in C$. 设 $\psi(\bar{x}, \bar{d}, \bar{a}) \in \mathrm{tp}(\bar{c}/A\bar{a})$, $\bar{d} \in A$. 根据引理 3.3.1, 任意 $\{\psi(\bar{x}, \bar{d}, \bar{a}_i) | i \in \omega\}$ 是和谐的, 这里 $\bar{a}_0 = \bar{a}$. 同样由引理 3.3.5, $\psi(\bar{x}, \bar{d}, \bar{a})$ 不在 A 上分叉. 这样, $\mathrm{tp}(\bar{c}/A\bar{a})$ 不在 A 上分叉. 再由对称性, $\mathrm{tp}(\bar{a}/A\bar{c})$ 不在 A 上分叉. 因为 $\bar{c}$ 是 C 中任意的, $\mathrm{tp}(\bar{c}/A\bar{a})$ 不在 A 上分叉, 因此根据有穷特征性, $\mathrm{tp}(\bar{a}/C)$ 不在 A 上分叉.

应当指出, 上述定理中的五条, 每一条其实都是和理论 T 的单纯性等价的.

定理 3.3.5   设 T 为一理论, 下面诸命题等价:

1) T 是单纯的,

2) 分叉 (或分离) 满足局部特征,

3) 分叉 (或分离) 满足对称性,

4) 分叉 (或分离) 满足传递性,

5) 公式 $\varphi(x, a)$ 在集合 A 上分离 (分叉) 当且仅当对 $\mathrm{tp}(a/A)$ 的任一 Morley- 序列 I, $\{\varphi(x, a') | a' \in I\}$ 是不和谐的.

证明   1)$\Rightarrow$2), 3), 4) 见上述定理.

1)$\Rightarrow$5) 见引理 3.3.1

3)$\Rightarrow$1) 假定 T 不单纯, 则存在 n 元组 c 和某个 c- 不可辨序列 $\langle a_i | i \leq \omega \rangle$ 满足 $\mathrm{tp}(c/\{a_i | i \leq \omega\})$ 在 $I = \{a_i | i < \omega\}$ 上分离, 从而在其上分叉. 另一方面, $\mathrm{tp}(a_\omega/Ic)$ 不在 I 上分叉, 因此不在 I 上分离. 这就表明分叉和分离是不对称的.

4)$\Rightarrow$1) 假定 T 不单纯, 则存在公式 $\varphi(x, y)$ 和一个不可辨序列 $\langle c_i a_i | i \in \Lambda \rangle$, 这里 $\Lambda = \langle -1, -1/2, -1/3, \cdots, 0, 1, \cdots, 4/3, 3/2, 2 \rangle$, 使得对一切 i, $\varphi(c_i, a_{-1})$ 成立, 而且 $\varphi(x, a_j)$ 在 $\{c_i a_i | i < j\}$ 上分离. 设 $I = \{c_i | i \in \Lambda, i < 0\}$, $J = \{c_i | i \in \Lambda, i > 1\}$. 现在, $\mathrm{tp}(c_1/IJ)$ 不在 I 上分叉. 类似地, $\mathrm{tp}(c_1/IJa_0)$ 不在 J 上分叉. 因此也不在 IJ 上分叉. 但是, 由于 $\varphi(c_1, a_0)$, $\mathrm{tp}(c_1/IJa_0)$ 不在 I 上分叉. 因此, 分叉和分离的传递性不成立.

5)$\Rightarrow$1) 假定 T 不单纯. 存在公式 $\varphi(x, y)$, n 元组 c, 和 c- 不可辨序列 $\langle a_i | i \in IJ \rangle$, 满足 $j \in J$, $\varphi(x, a_j)$ 在 $\{a_i | i \in I\}$ 上分离, 及对一切 j, $\varphi(c, a_j)$ 成立. 但给定 IJ 适当的次序, 可假定 $\langle a_j | j \in J \rangle$(重排 J 的次序) 是 $\mathrm{tp}(a_j/\{a_i | i \in I\})$ 的 Morley- 序列 $(j \in J)$. 因此 5) 不成立.

§3.4   模型上的独立性定理

上节已经证明了单纯理论的许多等价条件, 它们也是稳定的理论所具有的. 不过, 稳定理论所具有的有界性 (boundedness), 单纯理论却没有. 因此, 人们用本节所说的独立性定理 (independence theorem) 来代替它. 在某种意义上, 它是有界性的较弱的形式. 本节所说的独立性定理是指在模型上的独立性定理, 稍后我们还要讨论在 Lascar- 强型上的独立性定理. 首先来介绍几个必须的引理.

引理 3.4.1 设 T 是单纯理论, 而型 $p(\bar{x}, \bar{a}_0) \in S(A\bar{a}_0)$ 不在 A 上分叉. 如果 $I = \langle \bar{a}_i | i \in \omega \rangle$ 是 $\mathrm{tp}(\bar{a}_0/A)$ 的一个 Morley- 序列, 则 $\cup \{ p(\bar{x}, \bar{a}_i) | i \in \omega \}$ 是和谐的而且不在 A 上分叉.

证明 设 $\varphi(\bar{x}, \bar{a}_0, \bar{c}) \in p(\bar{x}, \bar{a}_0)$, $\bar{c} \in A$. 注意到由引理 3.3.1, $\{ \varphi(\bar{x}, \bar{a}_i, \bar{c}) | i \in \omega \}$ 是和谐的. 所以只需证明对于给定的 $n \in \omega$, $\Phi(\bar{x}, \bar{b}_0) = \varphi(\bar{x}, \bar{a}_0, \bar{c}) \wedge \cdots \wedge \varphi(\bar{x}, \bar{a}_{n-1}, c)$ 不在 A 上分叉即可, 这里 $\bar{b}_0 = \bar{a}_0 \bar{a}_1 \cdots \bar{a}_{n-1} \bar{c}$. 但这是对的, 因为根据引理 3.3.1, $\langle \bar{b}_r | r \in \omega \rangle$ 是 $\mathrm{tp}(\bar{b}_0/A)$ 的 Morley- 序列, 这里 $\bar{b}_r = \bar{a}_{n \cdot r} \bar{a}_{n \cdot r + 1} \cdots \bar{a}_{n \cdot r + n - 1} \bar{c}$. 证毕.

其实我们可以减弱引理中的假设 $I = \langle \bar{a}_i | i \in \omega \rangle$ 是 $\mathrm{tp}(\bar{a}_0/A)$ 的 Morley- 序列为它只是 A- 不可辨序列, 这样就可以有以下推论.

推论 3.4.2 设 T 是单纯理论, $p(\bar{x}, \bar{a}_0) \in S(A\bar{a}_0)$ 不在 A 上分叉. 如果 $I = \langle \bar{a}_i | i \in \omega \rangle$ 是 $\mathrm{tp}(\bar{a}_0/A)$ 的 A-不可辨序列, 则 $\cup \{ p(\bar{x}, \bar{a}_i) | i \in \omega \}$ 是和谐的, 且不在 A 上分叉.

推论 3.4.3 假设 $\varphi(\bar{x}, \bar{a})$ 不在 A 上分叉, 且 $\langle \bar{a}_i | i \in \omega \rangle$ 是 $\mathrm{tp}(\bar{a}/A)$ 的 A- 不可辨序列, 则对于一切 n, $\varphi(\bar{x}, \bar{a}_0) \wedge \cdots \wedge \varphi(\bar{x}, \bar{a}_n)$ 是和谐的. 而且不在 A 上分叉.

证明 应用推论 3.4.2.

在给出独立性理论及其证明之前, 我们首先定义所谓独立性.

定义 3.4.4 假定 κ 是一个有穷或无穷基数, T 是单纯理论. 称 n 元组的集合 $\{ \bar{c}_i | i \in \omega \}$ 为 A-**独立的** (A-independent) 或在 A **上独立**(independent over A), 假定对每一个 $i < \kappa$, $\mathrm{tp}(\bar{c}_i / A \cup \{ \bar{c}_j | j < \kappa, j \neq i \})$ 不在 A 上分叉.

记号 3.4.5 $C \underset{A}{\downarrow} B$ 表示型 $\mathrm{tp}(C/B \cup A)$ 不在 A 上分叉, 称为 C 和 B 在 A 上独立 (independent), 或者 $\{C, B\}$ 是 A- 独立的, 或者 C 在 A 上独立于 B. n 元组集合 $\{ \bar{c}_i | i < \kappa \}$ 在 A 上独立 (或者 A- 独立) 即可表示为 $\bar{c}_i \underset{A}{\downarrow} B_i$, 这里 $B_i = \{ \bar{c}_j | j < \kappa, j \neq i \}$.

命题 3.4.6 假定 T 是单纯理论, 则

1) 如果 $\{ \bar{a}, \bar{b} \}$ 在 A 上独立, 而且 $\{ \bar{a}\bar{b}, B \}$ 在 A 上独立, 则 $\{ \bar{a}, \bar{b} \}$ 在 B 上独立.

2) 如果 $\{ \bar{a}, \bar{b} \}$ 在 A 上独立, 而且 $\{ \bar{a}\bar{b}, \bar{c} \}$ 在 A 上独立, 则 $\{ \bar{a}, \bar{b}, \bar{c} \}$ 在 A 上独立.

(提示: 反复应用分叉的对称性和传递性.)

更多的有关独立性的性质和习题可以在 Baldwin 的书 [B]§2.2 中找到.

引理 3.4.7 设 T 是单纯理论, $A \subseteq B$. 如果 I 是认知型 $p \in S(B)$ 的 n 元组的序列, p 不在 A 上分叉, 则下面诸条等价:

1) I 是 p 在 A 上的 Morley- 序列,

2) I 在 B 上独立且不可辨.

证明   1)⇒2) 假设 I 是 p 在 A 上的 Morley- 序列, 根据定义, I 是在 B 上不可辨的. 而且, $\mathrm{tp}(\bar{c}_i/B \cup \{c_j | j < i\})$ 不在 A 上分叉. 但不分叉有开拓性, 所以 $\mathrm{tp}(\bar{c}_i/B \cup \{c_j | j \in \omega, j \neq i\})$ 不在 A 上分叉. 因此 I 在 A 上是独立的. 再根据传递性, I 是在 B 上独立的.

2)⇒1) 留作练习.

下面我们可以引出在模型上的独立性定理.

定理 3.4.8 (模型上的独立性定理)   假设 T 是单纯理论, $M \models T$. 如果 $\bar{a} \underset{M}{\downarrow} \bar{b}$, $\bar{c} \underset{M}{\downarrow} \bar{a}$, $\bar{c}' \underset{M}{\downarrow} \bar{b}$, $\mathrm{tp}(\bar{c}/M) = \mathrm{tp}(\bar{c}'/M)$, 则存在 $\bar{c}''$ 使得 $\bar{c}'' \underset{M}{\downarrow} \bar{a}\bar{b}$, 而且满足 $\bar{c}'' \models \mathrm{tp}(\bar{c}/M\bar{a}) \cup \mathrm{tp}(\bar{c}'/M\bar{b})$.

证明   用反证法. 假如不然, 则存在公式 $\varphi(\bar{x}, \bar{y}), \psi(\bar{x}, \bar{y}), \varphi(\bar{x}, \bar{a}) \in \mathrm{tp}(\bar{c}/M\bar{a})$, $\psi(\bar{x}, \bar{b}) \in \mathrm{tp}(\bar{c}'/M\bar{b})$, 使得 $\varphi(\bar{x}, \bar{a}) \wedge \psi(\bar{x}, \bar{b})$ 在 M 上分叉或不和谐.

命题   存在数组 $\bar{b}'$ 认知 $\mathrm{tp}(\bar{b}/M)$ 使得 $a \underset{M}{\downarrow} \bar{b}'$, 而且 $\varphi(\bar{x}, \bar{a}) \wedge \psi(\bar{x}, \bar{b}')$ 和谐并在 M 上不分叉.

命题的证明   设 $\bar{c}_1 \models \mathrm{tp}(\bar{c}/M\bar{a})$, $\bar{c}_2 \models \mathrm{tp}(\bar{c}'/M\bar{b})$, $\bar{b}''$ 为满足 $\mathrm{tp}(\bar{c}_2\bar{b}/M) = \mathrm{tp}(\bar{c}_1\bar{b}''/M)$ 的数组 (因为我们有 $\mathrm{tp}(\bar{c}_2/M) = \mathrm{tp}(\bar{c}_1/M)$). 这样, 由于 $\bar{c} \underset{M}{\downarrow} \bar{a}$, $\bar{c}_1$ 认知 $\mathrm{tp}(\bar{c}/M\bar{a})$, 所以 $\bar{c}_1 \underset{M}{\downarrow} \bar{a}$. 现在设 $\bar{b}'$ 为数组认知 $\mathrm{tp}(\bar{b}''/M\bar{c}')$ 在 $M\bar{c}_1\bar{a}$ 上的一个不分叉开拓, 所以 $\mathrm{tp}(\bar{b}'/M\bar{c}_1)$ 不在 $M\bar{c}_1\bar{a}$ 上分叉. 这样, 根据不分叉的开拓性和传递性, $\mathrm{tp}(\bar{b}'/M\bar{c}_1\bar{a})$ 不在 M 上分叉. 因此 $\bar{c}_1\bar{a} \underset{M}{\downarrow} \bar{b}'$. 结合先前的结果及命题 3.4.6, $\{\bar{c}_1, \bar{a}, \bar{b}'\}$ 是 M- 独立的. 所以根据传递性, $\bar{a} \underset{M}{\downarrow} \bar{b}'$. 而且, 因为 $\mathrm{tp}(\bar{c}\bar{b}'/M) = \mathrm{tp}(\bar{c}_2\bar{b}/M)$, $\varphi(\bar{x}, \bar{a}) \wedge \psi(\bar{x}, \bar{b}')$ 被 $\bar{c}_1$ 认知且不在 M 上分叉. 命题得证.

现在设 $I = \langle \bar{b}_i | i \in \omega \rangle$ 是 $\mathrm{tp}(\bar{b}/M)$ 的共后继序列, 这里 $\bar{b}_0 = \bar{b}$. 根据引理 1.3.7, 可以假定 I 是 $M\bar{a}$- 不可辨序列. 而且存在 $M\bar{a}$-不可辨序列 $I' = \langle \bar{b}^j | j \in \omega \rangle$, 这里 $\bar{b}_0 = \bar{b}'$, 使得 $\mathrm{tp}(I/M) = \mathrm{tp}(I'/M)$. 这样根据命题 1.4.3, 存在 I 和 I' 的共同 M- 不可辨开拓. 假定这个共同开拓为 $J = \langle \bar{c}_i | i \in \omega \rangle$. 由紧致性, 可以进一步假定 J 的长度任意长. 因此可以再次假定对于一切 $i \in \omega$, $\mathrm{tp}(\bar{a}\bar{c}_i/M)$ 都是同样的. 为导出一个矛盾, 考虑下面两种情形.

情形 I $\varphi(\bar{x}, \bar{a}) \wedge \psi(\bar{x}, \bar{c}_i)$ 对一切 $\bar{c}_i \in J$ 都是和谐的且不在 M 上分叉.

断言   存在 M- 不可辨序列 $\langle \bar{a}'_i\bar{c}'_i | i \in \omega \rangle$ 使得 $\varphi(\bar{x}, \bar{a}'_i) \wedge \psi(\bar{x}, \bar{c}'_j)$ 是和谐的且不在 M 上分叉当且仅当 $i \leq j$.

断言的证明   我们已经有了一个为导出矛盾的假设: 对一切 $\bar{b}_i \in I$, $\varphi(\bar{x}, \bar{a}) \wedge \psi(\bar{x}, \bar{b}_i)$ 在 M 上分叉 (或不和谐). 但 IJ 是 M-不可辨的, 我们有一序列 $\langle \bar{a}_i | i \in \omega \rangle$, $\bar{a}_0 = \bar{a}$, 使得 $\varphi(\bar{x}, \bar{a}_i) \wedge \psi(\bar{x}, \bar{c}_j)$ 是和谐的且在 M 上不分叉当且仅当 $i \leq j$(例如 $\bar{a}_1$

是 $\bar{a}_0$ 在一个自同构下的象, 这个自同构将 $\bar{b}_0 J$ 映射到 J). 进一步地开拓 J 的长度, 我们可有序列 $\langle \bar{a}_i' \bar{c}_i' | i \in \omega \rangle$ 满足所有 $\mathrm{tp}(\bar{a}_i' \bar{c}_i'/M)$ 都是同样的. 再用 Ramsey 定理就使我们保证了这个序列是 M- 不可辨的. 断言被证明.

这样, 由推论 3.4.3, $\varphi(\bar{x}, \bar{a}_0') \wedge \psi(\bar{x}, \bar{c}_0') \wedge \varphi(\bar{x}, \bar{a}_1') \wedge \psi(\bar{x}, \bar{c}_1')$ 是和谐的且不在 M 上分叉. 因此 $\varphi(\bar{x}, \bar{a}_1') \wedge \psi(\bar{x}, \bar{c}_0')$ 不在 M 上分叉, 矛盾.

情形 II 对某个 $\bar{c}_i \in J$, $\varphi(\bar{x}, \bar{a}) \wedge \psi(\bar{x}, \bar{c}_i)$ 在 M 上分叉 (或不和谐). 这样, 由于 $I'J$ 是 M- 不可辨序列, 类似于情形 I, 我们将获得一个矛盾. 证毕.

§3.5　超单纯理论和 SU-秩

在第二章稳定性理论中我们定义了超稳定的理论, 其中很重要的一条就是它的型的 U- 秩来特征它. 在本章的这一节中, 我们要类似地定义单纯理论中所谓型的 SU- 秩, 并用它来定义超单纯理论.

定义 3.5.1　设 $p \in S(A)$ 是一个完全型. 定义 p 的 SU- 秩如下:

1) $SU(p) \geq 0$, 假如 p 是和谐的,

2) $SU(p) \geq \alpha + 1$, 假如对某个集合 $B \supset A$, p 有一个开拓 $q \in S(B)$ 满足 q 在 A 上分叉, 而且 $SU(q) \geq \alpha$,

3) $SU(p) = \alpha$, 假如 $SU(p) \geq \alpha$ 而且 $SU(p) \not\geq \alpha + 1$,

4) 如果 δ 是极限基数, 定义 $SU(p) \geq \delta$, 假如对一切 $\beta < \delta$, $SU(p) \geq \beta$.

对于一个公式 $\varphi(\bar{x})$, $SU(\varphi) = \sup\{SU(p) : p$ 是包含 $\varphi(\bar{x})$ 的完全型 $\}$.

在 §2.4 中, 对于超稳定理论定义的 U- 秩, 不难发现当 T 是稳定理论, 则这里定义的 SU- 秩和那里的 U- 秩完全一样. 那么考虑下面的引理 3.5.5 及前面的定理 2.4.13 就可发现: 如果理论 T 是稳定的和超单纯的, 则 T 是超稳定的.

我们在前面曾经证明了理论 T 是单纯的一个等价条件: 对任意的集合 A, 任意的完全型 $p \in S(A)$, 存在 $A_0 \subseteq A$, 基数 $|A_0| \leq |T|$, 满足 p 不在 A_0 上分叉. 如果这里 A_0 是有穷的, 则我们有下列定义.

定义 3.5.2　称一个理论 T 是超单纯的, 假如对任意集合 A, 任意的完全型 $p \in S(A)$, 存在有穷的 $A_0 \subseteq A$, 满足 p 不在 A_0 上分叉.

引理 3.5.3　假如 T 是超单纯的, 则 T 是的单纯的.

证明　由定义显然.

引理 3.5.4　1) 假如 p 和 q 是两个完全型, $p \subseteq q$, 则 $SU(q) \leq SU(p)$.

2) 假如 T 是单纯的, p 和 q 是两个完全型, $p \subseteq q$, q 是 p 的不分叉开拓, 则 $SU(p) = SU(q)$. 反之, 如果 $SU(p) = SU(q) < \infty$, 则 q 是 p 的不分叉开拓.

证明　1) 应用定义并施归纳于包含运算.

2) 施归纳于 α, 证明若 $SU(p) \geq \alpha$ 则 $SU(q) \geq \alpha$. 当 $\alpha = 0$ 或 α 为极限序数, 这是显然的. 假定 $q \in S(B)$ 且 $SU(p) \geq \alpha + 1$. 存在 $C \supseteq A$ 和 $p_1 \in S(C)$ 为

p 的分叉开拓满足:

(i) $SU(p_1) \geq \alpha$. 改变 C 我们可以假定存在 $\bar{d}$ 认知 q 和 p_1. 再次改变 C 可进一步有 $\{C, B\}$ 在 $A\bar{d}$ 上独立.

(ii) $\mathrm{tp}(\bar{d}/CB)$ 是 p_1 的不分叉开拓. 所以由归纳假设, $SU(\mathrm{tp}(\bar{d}/CB)) \geq \alpha$. 而且由 q 和 p_1 的性质, $\mathrm{tp}(\bar{d}/CB)$ 是 q 的分叉开拓, 因此, $SU(q) \geq \alpha + 1$. 第两个断语可利用单纯理论中分叉的性质, 易得.

引理 3.5.5 假定 T 是一理论, $p \in S(A)$ 是任意型. 则下列诸条等价:

1) T 不是超单纯的,

2) $SU(p) = \infty$,

3) 对于任意的 $B \supseteq A, p$ 有一个开拓 $q \in S(B)$ 在 A 上分叉而且 $SU(q) = \infty$,

4) 存在集合的序列 $A = A_0 \subseteq A_1 \subseteq \cdots \subseteq A_i \subseteq \cdots (i \in \omega)$, 和型 $p_i \in S(A_i)$, 满足 $p_0 = p$, 而且对每一个 $i \in \omega$, 有 $p_i \subseteq p_{i+1}$ 和 p_{i+1} 在 A_i 上分叉.

证明 我们将证明 1)$\Leftrightarrow$2), 3)$\Rightarrow$ 2) $\Rightarrow$ 4) $\Rightarrow$ 3).

1) $\Rightarrow$ 2) 假定 T 不是超单纯的, 则 $p \in S(A)$ 在 A 的所有有穷子集 A_0 上分叉. 这样能够找出 A 的有穷子集 $A_0 \subseteq A_1 \subseteq \cdots$ 使得对一切 $i \in \omega, p_i(\bar{x}) = p \restriction A_i$ 在 A_{i-1} 上分叉. 但是这样一来, $SU(p_0) = \infty$.

2) $\Rightarrow$ 1) 假定有 T 的某个完全型 p, $SU(p) = \infty$. 我们可以有一个无穷的增大的完全型序列 $p = p_0, p_1, p_2, \cdots$, 它们的每一个都是前一个的分叉开拓. 设 $q(\bar{x}) = \cup_{i \in \omega} p_i(\bar{x})$. 显然, q 是每一个 p_i 的分叉开拓. 但如果 T 是超单纯的, 所以如果 $q \in S(B)$, 则存在 B 的某个有穷子集, q 不在这个子集是分叉. 这样 $B \subseteq \mathrm{dom}(p_i)$ 对某个 i 成立. 所以 q 不在 $\mathrm{dom}(p_i)$ 上分叉, 矛盾.

3) $\Rightarrow$ 2) 由于 $p \subseteq q, SU(p) \geq SU(q)$.

2) $\Rightarrow$ 4) 我们将归纳地找出 A_i 和 p_i. 假定 A_i 和 $p_i \in S(A_i)$ 已经定义. 因为 $SU(p) = \infty$, 就有 $SU(p_i) \geq n+1$ 对一切 n 成立. 根据 SU- 秩的定义, 对某个 $A_{i+1} \supset A_i, p_i$ 有一个开拓 $p_{i+1} \in S(A_{i+1})$ 使得 p_{i+1} 在 A_i 上分叉且 $SU(p_{i+1}) > n$. 注意到 n 可以任意大, 此过程将永不完结, 这就证明了 4).

4) $\Rightarrow$ 3) 假设 3) 不真, 则 $SU(p_1) \geq n, p_1 \in S(A_1), A_1 \supset A$. 这样, 有集合 $B_1 \supset A_1, q_1 \in S(B_1), SU(q_1) \geq n-1$. 不失一般性, 设 $B_1 = A_2$. 继续这个过程, 我们将在有穷步内结束, 这就矛盾于 A_i 是一个 ω 长的序列这一事实.

我们也可以定义另一类秩来刻画超单纯的理论.

定义 3.5.6 对于公式 $\varphi(\bar{x})$, 定义它的 S_1- 秩 $S_1(\varphi(\bar{x}))$ 如下:

1) $S_1(\varphi(\bar{x})) \geq 0$, 假如 $\varphi(\bar{x})$ 是和谐的,

2) 对于 $n \geq 0, S_1(\varphi(\bar{x})) \geq n+1, \varphi(\bar{x})$ 含有某集合 A 中的元素作为参数, 存在公式 $\psi(\bar{x}, \bar{y})$ 以及 A- 不可辨序列 $\langle \bar{c}_i | i \in \omega \rangle$ 满足对某个 $i, \models \psi(\bar{x}, \bar{c}_i) \rightarrow \varphi(\bar{x})$, $S_1(\psi(\bar{x}, \bar{c}_i)) \geq n$, 而且当 $i \neq j, S_1(\psi(\bar{x}, \bar{c}_i) \wedge \psi(\bar{x}, \bar{c}_j)) < n$.

引理 3.5.7 假如对一切公式 $\varphi(\bar{x})$, 有 $S_1(\varphi(\bar{x})) < \omega$, 则 T 是超单纯的.

§3.6 单纯理论的模型的基数

在 §3.5, 我们指出对于可数的稳定理论, 它可能只有一个可数模型 (在同构意义下, 下同), 也可能有无穷多个可数模型. 但是否有有穷多个 (大于 1) 可数模型的稳定理论, 仍是一个尚未解决的问题. 在本节中我们要讨论单纯理论所可能有的模型的基数. 不过, 目前只有关于超单纯理论的结论, 这就是下面 Kim 证明的定理[K5].

定理 3.6.1 假设 T 是可数超单纯理论, 则 T 的可数模型的个数或者是 1 或者是大于等于 $\aleph_0$.

回忆在 §1.2 讨论的孤立型或半孤立型. 称型 $\operatorname{tp}(\bar{b}/\bar{a})$ 是孤立的, 如果存在公式 $\varphi(\bar{x}, \bar{a}) \in \operatorname{tp}(\bar{b}/\bar{a})$ 满足 $\models \varphi(\bar{x}, \bar{a}) \to \operatorname{tp}(\bar{b}/\bar{a})$. 称型 $\operatorname{tp}(\bar{b}/\bar{a})$ 是半孤立的, 如果存在公式 $\varphi(\bar{x}, \bar{a}) \in \operatorname{tp}(\bar{b}/\bar{a})$ 满足 $\models \varphi(\bar{x}, \bar{a}) \to \operatorname{tp}(\bar{b})$. 命题 1.2.4 和命题 1.2.5 也是本节所必须的预备知识.

引理 3.6.2 假设 T 是单纯理论, 两个独立的 $\bar{a}, \bar{b}$ 认知某个在空集 $\varnothing$ 上的型. 如果 $\operatorname{tp}(\bar{b}/\bar{a})$ 是半孤立的, $\operatorname{tp}(\bar{a}/\bar{b})$ 是非半孤立的, 则 $\operatorname{tp}(\bar{a}/\bar{b})$ 在空集 $\varnothing$ 上分叉.

证明 假设 $\operatorname{tp}(\bar{b}/\bar{a})$ 是半孤立的, 则存在公式 $\varphi(\bar{x}, \bar{a}) \in \operatorname{tp}(\bar{b}/\bar{a})$ 使得 $\models \varphi(\bar{x}, \bar{a}) \to \operatorname{tp}(\bar{b})$. 设 $\bar{c}$ 是满足 $\operatorname{tp}(\bar{c}\bar{b}) = \operatorname{tp}(\bar{b}\bar{a})$ 的任意 n 元组, 我们断言 $\varphi(\bar{c}, \bar{x}) \wedge \varphi(\bar{x}, \bar{a})$ 在空集 $\varnothing$ 上分叉, 从而 $\operatorname{tp}(\bar{b}/\bar{c}\bar{a})$ 在空集 $\varnothing$ 上分叉.

首先假设 $\bar{c}_0 = \bar{c}, \bar{b}_0 = \bar{b}, \bar{a}_0 = \bar{a}$. 存在 n 元组的序列 $\langle \bar{c}_i \bar{b}_i \bar{a}_i | i \in \omega \rangle$ 满足对一切 $i \in \omega, \operatorname{tp}(\bar{c}_i \bar{b}_i \bar{a}_i) = \operatorname{tp}(\bar{c}\bar{b}\bar{a})$, 并且 $\operatorname{tp}(\bar{a}_{i+1}\bar{c}_i) = \operatorname{tp}(\bar{b}\bar{a})$. 注意到根据命题 1.2.4, 对于一切 $j \geq i, \operatorname{tp}(\bar{a}_j/\bar{a}_i)$ 是半孤立的. 现在只需证明 $\{\varphi(\bar{c}_i, \bar{x}) \wedge \varphi(\bar{x}, \bar{a}_i) | i \in \omega\}$ 是 2- 不和谐的. 事实上, 假如不然, 则存在 $\bar{d}$ 对某个 $j > i$, 满足 $\varphi(\bar{d}, \bar{a}_j)$ 和 $\varphi(\bar{c}_i, \bar{d})$. 因此显然 $\operatorname{tp}(\bar{d}/\bar{a}_j)$ 和 $\operatorname{tp}(\bar{c}_i/\bar{d})$ 都是半孤立的. 因此再由命题 1.2.4, 对于 $j > i$, $\operatorname{tp}(\bar{c}_i/\bar{a}_j)$ 也是半孤立的. 但是, 由于 $\operatorname{tp}(\bar{a}_j/\bar{a}_{i+1})$ 是半孤立的, 因此命题 1.2.4 蕴涵 $\operatorname{tp}(\bar{c}_i/\bar{a}_{i+1})$ 是半孤立的. 但是 $\operatorname{tp}(\bar{c}_i\bar{a}_{i+1}) = \operatorname{tp}(\bar{a}\bar{b})$, $\operatorname{tp}(\bar{a}/\bar{b})$ 是半孤立的, 这个矛盾就证明了我们的断言.

假如 $\{\bar{a}, \bar{b}\}$ 是在空集 $\varnothing$ 上独立, 则由不分叉的开拓性, 对称性和传递性, 可以找到数组 $\bar{c}'$ 使得 $\operatorname{tp}(\bar{c}'\bar{b}) = \operatorname{tp}(\bar{b}\bar{a})$ 而且 $\{\bar{a}, \bar{b}, \bar{c}'\}$ 是独立的. 但是这矛盾于上述断言: $\operatorname{tp}(\bar{b}/\bar{c}\bar{a})$ 在空集 $\varnothing$ 上分叉. 因此 $\operatorname{tp}(\bar{a}/\bar{b})$ 在空集上分叉.

推论 3.6.3 假如 T 是单纯理论, $\bar{a}, \bar{b}$ 是独立的, 并认知某个在空集 $\varnothing$ 上的完全型. 如果 $\operatorname{tp}(\bar{b}/\bar{a})$ 是孤立的, 而 $\operatorname{tp}(\bar{a}/\bar{b})$ 是非孤立的, 则 $\operatorname{tp}(\bar{a}/\bar{b})$ 在空集 $\varnothing$ 上分叉.

附注 3.6.4 T 的单纯性在上述引理中是重要的. 请看下面的反例 $\operatorname{Th}(M, <, \{c_i\}_{i \in \omega})$ 有三个不同构的模型 (Ehrenfeucht). 这个理论不是单纯的. (为什么?) 选取 a, b 使得 $c_i < a < b$ 对一切 i 成立. 这样 $\operatorname{tp}(a) = \operatorname{tp}(b)$, 而且 $\operatorname{tp}(b/a)$ 是孤立的, 而 $\operatorname{tp}(a/b)$ 不是孤立的. 例如 $(c_i < x < b) \in \operatorname{tp}(a/b)$, 但 $i \neq j$ 时

$(c_i < x < b) \nvDash (c_j < x < b)$. 可是 $\mathrm{tp}(a/b)$ 和 $\mathrm{tp}(b/a)$ 都不在空集 $\varnothing$ 上分叉. 事实上, 假如 $\mathrm{tp}(ab) = \mathrm{tp}(bc)$, 则 $\mathrm{tp}(b/ac)$ 在空集 $\varnothing$ 上分叉.

下面我们假定 T 是可数的且不是 $\aleph_0$- 范畴的.

引理 3.6.5 假定 T 有有穷多个非同构模型, 则存在 n 元组 $\bar{a}$ 和一个在 $\bar{a}$ 上的素模型 M 使得 $\mathrm{tp}(\bar{a})$ 是不孤立的, 而且对一切 n, 每一个在空集 $\varnothing$ 上的完全 n- 型在 M 中满足. 并且存在数组 $\bar{b} \in M$, 使得 $\mathrm{tp}(\bar{b}) = \mathrm{tp}(\bar{a})$ 而且 $\mathrm{tp}(\bar{a}/\bar{b})$ 是非孤立的.

证明 设 $q_0, q_1, \cdots$ 是 T 的在空集 $\varnothing$ 上的所有完全型的枚举. 假设 $\bar{e}_i \models q_i$, 且 $\bar{d}_i = \bar{e}_0 \bar{e}_1 \cdots \bar{e}_i$. 这样, 对每一个 $i \in \omega$, 存在一个在 $\bar{d}_i$ 上的素模型 N_i. 所以对某个 $j \in \omega$, $N_j = M$ 同构到无穷多个 N_i, $i \geq j$. 因此, 在 $\bar{d}_j = \bar{a}$ 上的素模型 M 认知在空集 $\varnothing$ 上的每一个完全型. 由于 M 不是在空集 $\varnothing$ 上的素模型, 所以 $\mathrm{tp}(\bar{a})$ 不是孤立的.

现在由于 $T(\bar{a}) = \mathrm{Th}(M, \bar{a})$ 不是 $\aleph_0$- 范畴的, 所以对某个 n 元组 $\bar{s}$, $\mathrm{tp}(\bar{s}/\bar{a})$ 不是孤立的. 设 $\bar{s}'\bar{b} \in M$ 认知 $\mathrm{tp}(\bar{s}\bar{a})$, 则 $\mathrm{tp}(\bar{s}'/\bar{b})$ 不孤立, M 不是在 $\bar{b}$ 上的素模型. 因为 M 在 $\bar{a}$ 上是素的, $\mathrm{tp}(\bar{a}/\bar{b})$ 必定不是孤立的.   证毕.

我们现在已经可以来证明本节的主要结果: 可数超单纯理论不可能有多于一的有穷多个可数模型. 证明用反证法: 如果一个超单纯理论有多于一的有穷多个模型, 则可以导出一个矛盾. 首先证明以下断言.

断言 设 $p = \mathrm{tp}(\bar{a})$. 则存在两个数组 $\bar{a}_0, \bar{a}_1$ 认知 p, $\{\bar{a}_0, \bar{a}_1\}$ 在空集 $\varnothing$ 上独立, 且 $\mathrm{tp}(\bar{a}_0/\bar{a}_1)$ 不孤立.

断言的证明 设 $\bar{c}$ 认知 p 并使得 $\mathrm{tp}(\bar{c}/\bar{a}\bar{b})$ 不在空集 $\varnothing$ 上分叉. 由引理 3.6.2, $\mathrm{tp}(\bar{a}/\bar{b})$ 非半孤立, 因此由命题 1.2.4, 或者 $\mathrm{tp}(\bar{a}/\bar{c})$ 或者 $\mathrm{tp}(\bar{c}/\bar{b})$ 必定是非孤立的. 这样, $\bar{a}, \bar{c}$ 或 $\bar{c}, \bar{b}$ 就是所要的 p 的认知.   断言证毕.

现在我们来证明定理 3.6.1. 假定在前述断言中, $\bar{a}_0, \bar{a}_1 \in M$. 而且因为 $\{\bar{a}_0, \bar{a}_1\}$ 是独立的, 根据推论 3.6.3, $\mathrm{tp}(\bar{a}_1/\bar{a}_0)$ 也是非孤立的. 因此 $\mathrm{tp}(\bar{a}/\bar{a}_0)$ 和 $\mathrm{tp}(\bar{a}/\bar{a}_1)$ 必都是非孤立的. 因为, 例如假定 $\mathrm{tp}(\bar{a}/\bar{a}_0)$ 是孤立的, 则 M 是在 $\bar{a}_0$ 上的素模型, 从而 $\mathrm{tp}(\bar{a}_1/\bar{a}_0)$ 是孤立的.   矛盾.

因此, 再次根据推论 3.6.3, $\mathrm{tp}(\bar{a}/\bar{a}_0)$ 和 $\mathrm{tp}(\bar{a}/\bar{a}_1)$ 在空集 $\varnothing$ 上分叉.

现在让我们总结一下 p 的三个认知 $\bar{a}, \bar{a}_0, \bar{a}_1$ 间的关系.

1) $\{\bar{a}_0, \bar{a}_1\}$ 是独立的,

2) 对于 $i = 0$ 或 1, $\mathrm{tp}(\bar{a}_i/\bar{a})$ 是孤立的, 而 $\mathrm{tp}(\bar{a}/\bar{a}_i)$ 非孤立, 所以也是非半孤立的. 这样, $\{\bar{a}, \bar{a}_i\}$ 不是独立的.

下面我们构造一个树 $\{\bar{a}_\sigma | \sigma \in 2^{<\omega}\}$ 满足 $\bar{a}_\varnothing = \bar{a}$ 且 $\mathrm{tp}(\bar{a}_\sigma \bar{a}_{\sigma 0} \bar{a}_{\sigma 1}) = \mathrm{tp}(\bar{a}\bar{a}_0 \bar{a}_1)$ 对每一个 $\sigma \in 2^{<\omega}$ 成立. 其次, 应用不分叉的基本性质及 1), 我们可以假定树中的每一个反链 (antichain) 都是独立的 (例如, $\{\bar{a}_{\sigma 1} : |\sigma| = n\}$ 是独立的).

由 2) 及命题 1.2.4, 对每一个 $\sigma \in 2^{<\omega}$, 每一个 $i = 0, 1$, $\mathrm{tp}(\bar{a}_{\sigma i}/\bar{a})$ 是半孤

立的. 但 $\mathrm{tp}(\bar{a}/\bar{a}_{\sigma i})$ 是非半孤立的, 因为否则的话, 由命题 1.2.4, $\mathrm{tp}(\bar{a}_\sigma/\bar{a}_{\sigma i})$ 是半孤立的, 这矛盾于 2) 及事实 $\mathrm{tp}(\bar{a}_\sigma \bar{a}_{\sigma 0} \bar{a}_{\sigma 1}) = \mathrm{tp}(\bar{a}\bar{a}_0\bar{a}_1)$. 因此根据引理 3.6.2, $\mathrm{tp}(\bar{a}/\bar{a}_{\sigma i})$ 在空集 $\varnothing$ 上分叉.

最后, 型 p 有可数多个独立的认知, 其每一个都不独立于 $\bar{a}$. 这样, 由不分叉的对称型和传递性, 有完全型的序列 $\{p_k | k \in \omega\}$ 满足 $p_0 = p$, 且对每一个 $k \in \omega$, p_{k+1} 都是 p_k 的分叉开拓. 这就矛盾于 T 是超单纯这一事实.   定理 3.6.1 证毕.

§3.7   单纯理论的型的基数

在 §2.2, 我们曾用在参数集 A 上的型的基数 $|S(A)|$ 来刻画理论的稳定性. 那么, 是否也可以用同样的方法来刻画理论的单纯性呢? 由于单纯的但不稳定的理论有独立性, 因此对任意基数 λ, 存在集合 A, 满足 $|A| = \lambda$, 且 $|S(A)| = 2^\lambda$; 但也有非单纯的理论具有独立性. 因此我们无法只用集合 A 的基数来描述单纯的非稳定理论的特征.

现在我们不但考虑参数集 A 的基数 λ, 而且考虑某个型中的公式的个数. 假定 $|A| \leq \lambda$, 一切 $p \in S(A)$ 均有 $|p| \leq \kappa$, 这里 κ 是一无穷基数.

定义和记号 3.7.1   1) $P(\kappa, \lambda) = \{p : p$ 是集合 A 上的两两不和谐的不完全型, $|A| = \lambda$, $|p| \leq \kappa\}$,

2) $NT(\kappa, \lambda) = \sup\{|P(\kappa, \lambda)|\}$.

3) 假定 I 是指标集, 定义 $\Delta = \{\varphi_i(x, y_i) | i \in I\}$,

4) 所谓在集合 A 上的 Δ- 公式, 是指 $\varphi_i(x, a)$(正公式), 或 $\neg\varphi_i(x, a)$(负公式), 这里 $i \in I$, 且 $a \in A$,

5) 所谓在集合 A 上的 Δ- 型, 是指形如 $\varphi_i(x, a)$, 或 $\neg\varphi(x, a)$, $a \in A$ 的 Δ- 公式的和谐集,

6) 所谓在集合 A 上的正 Δ- 型, 是指仅包含正 Δ- 公式的和谐集,

7) $P_\Delta(\kappa, \lambda) = \{p$ 是 A 上的两两不和谐的 Δ- 型 : $|A| = \lambda, |p| \leq k\}$,

8) $P_\Delta^+(\kappa, \lambda) = \{p$ 是 A 上的两两不和谐的正 Δ- 型 : $|A| = \lambda, |p| \leq \kappa\}$,

9) $NT_\Delta(\kappa, \lambda) = \sup\{|P_\Delta(\kappa, \lambda)|\}$,

10) $NT_\Delta^+(\kappa, \lambda) = \sup\{|P_\Delta^+(\kappa, \lambda)|\}$.

注意到对于任意公式 φ, $NT_{\{\varphi\}}(\kappa, \lambda) \leq \lambda^\kappa$. 如果 φ 是稳定的, 则 $NT_{\{\varphi\}}(\kappa, \lambda) \leq \lambda$.

定义 3.7.2   1) 假定 α 是序数, $\langle b_i | i < \alpha \rangle$ 是数的序列, $\langle \varphi_i(x, y_i) | i < \alpha \rangle$ 是语言 L 中公式的序列. 如果 $\langle \varphi_i(x, b_i) | i < \alpha \rangle$ 是和谐的, 且对一切 $i < \alpha$, $\varphi_i(x, b_i)$ 在集合 $b_{<i} = \{b_j : j < i\}$ 上分离, 则称 $\langle \varphi_i(x, y_i) | i < \alpha \rangle$ 为**分离链**. 如果每一个 $\varphi_i(x, b_i)$ 在 $b_{<i}$ 上关于一个固定的自然数 k- 分离, 则称 $\langle \varphi_i(x, y_i) | i < \alpha \rangle$ 为 k-**分离链**.

2) 称公式 $\varphi(x, y)$ **分离 α 次**, 假如存在参数序列 $\langle b_i | i < \alpha \rangle$ 使得 $\langle \varphi_i(x, b_i) | i < \alpha \rangle$ 是一个分离链. 如果它还是一个 k- 分离链, 则称公式 $\varphi(x, y)$ k-分离 α 次.

引理 3.7.3 假定 $\varphi(x, y)$ 是语言 L 中的公式, 则下列诸命题等价:

1) 对一切 α, $\varphi(x, y)$ 分离 α 次 $(\alpha \geq \aleph_0)$,

2) $\varphi(x, y)$ 有树性质.

证明 1)⇒2) 我们要施归纳于 $\beta \leq \alpha$ 而构造一个树.

奠基 $\alpha_\varnothing$ 是任意的.

归纳步 假定已经构成 $\langle a_s : s \in \alpha^{\leq i} \rangle$. 如果 $\eta \in \alpha^i$, 我们需要对每一 $l \in \omega$, 定义 $a_{\eta l}$. 根据归纳假设, 已有 $\langle a_{\eta | j+1} : j < i \rangle \equiv \langle b_j : j < i \rangle$. 选取 c_η 使得 $\langle a_{\eta | j+1} : j < i \rangle c_\eta \equiv \langle b_j : j < i \rangle b_i$. 由于 $\varphi_i(x, b_i)$ 在 $\{b_j : j < i\}$ 上关于某自然数, 比如说 η_i- 分离, 所以 $\varphi_i(x, c_\eta)$ 在 $\{a_{\eta | j+1} : j < i\}$ 上关于 η_i 分离. 因此存在序列 $\langle a_{\eta l} : l \in \omega \rangle$ 满足 $\operatorname{tp}(a_{\eta l} / \{a_{\eta | j+1} : j < i\}) = \operatorname{tp}(c_\eta / \{a_{\eta | j+1} : j < i\})$ 且 $\{\varphi_i(x, a_{\eta l}) : l \in \omega\}$ 是 η_i- 不和谐的.

2)⇒1) 设 $\lambda > 2^{|\alpha| + |L|}$. 由紧致性, 存在参数序列 $\langle a_s : s \in \lambda^{<\alpha} \rangle$ 使得对一切 $\eta \in \lambda^\alpha$, $\{\varphi_i(x, a_{\eta | i+1}) | i < \alpha\}$ 是和谐的. 而且对一切 $i < \alpha$, 一切 $s \in \lambda^i$, $\{\varphi_i(x, a_{sj}) : j < \lambda\}$ 是 η_i- 不和谐的. 根据施归纳于 $\beta \leq \alpha$, 由于 $\lambda > 2^{|\alpha| + |L|}$, 我们就得到一个具有下列附加性质的树: 对所有 $i < \beta$, 所有 $\eta \in \lambda^i$, 所有 $j, l < \lambda$, $\operatorname{tp}(a_{\eta j} / \{a_{\eta | h} : h \leq i\}) = \operatorname{tp}(a_{\eta l} / \{a_{\eta | h} : h \leq i\})$. 特别是, 对于 $\beta = \alpha$, 存在一个树. 取 $\eta \in \lambda^\alpha$, 设 $b_i = a_{\eta | i+1}$, 则序列 $\langle b_i | i < \alpha \rangle$ 就是 1) 中所需的序列.

引理 3.7.4 设 $\Delta = \{\varphi_i(x, y_i) : i < \kappa\}$ 是语言 L 中的公式集. 这里 κ 是一序数. 假如存在一个分离链 $\langle \varphi_i(x, b_i) | i < \kappa \rangle$, 则对于每一个满足 $\lambda^{<\kappa} = \lambda$ 和 $\lambda^\kappa > 2^\kappa$ 的序数 λ, 存在 λ^κ 个两两不和谐的在一个基数为 λ 的集合上的正 Δ- 型, 每一个这样的正 Δ- 型的基数均不大于 2^κ.

如果 $\langle \varphi_i(x, b_i) | i < \kappa \rangle$ 是一个 2- 分离链, 则上述假设中 $\lambda^\kappa > 2^\kappa$ 可被省略. 而每一个所获得的型的基数均不大于 κ.

证明 假定 $\lambda^{<\kappa} = \lambda$ 和 $\lambda^\kappa > 2^\kappa$. 根据定理 3.7.3 中 1)⇒2), 存在参数序列 $\langle a_s | s \in \lambda^{<\kappa} \rangle$ 和 "自然数" 序列 $\langle k_i | i < \kappa \rangle$ 满足对每一个 $\eta \in \lambda^\kappa$, $p_\eta = \{\varphi_i(x, a_{\eta | i+1}) : i < \kappa\}$ 是和谐的, 以及对每一个 $i < \kappa$, 每一个 $s \in \lambda^i$, $\{\varphi_i(x, a_{sj}) : j < \lambda\}$ 是 k_i- 不和谐的.

注意到如果 $I \subseteq \lambda^\kappa$ 且 $\cup_{\eta \in I} p_\eta$ 是和谐的, 则 I 是一个有穷分叉树. 因此它可以一一映射到 ω^κ 的一个子集上, 这样 $|I| \leq 2^\kappa$.

将 p_η 开拓到一个 p_ν 的极大和谐的并, 就得到一个基数 $\leq 2^\kappa$ 的集合.

设 P 是所有这样的开拓的集合. 注意到 $\lambda^\kappa > 2^\lambda$, 所以 $|P| = \lambda^\kappa$. 这是因为 $\eta \in \lambda^\kappa$, 所以有 λ^κ 个 p_η. 而所有这样的 p_ν 的并的基数不大于 2^κ, 故有 λ^κ 个这样的并, 即 $|P| = \lambda^\kappa$.

在 $k_i = 2$ 的情形, 对于任意的 $\eta \neq \nu$, p_η 和 p_ν 是不和谐的, 因此 I 为单元

素集, 我们并不需要开拓 p_η, 而 $|p_\eta| \leq \kappa$, $|P| = \lambda^\kappa$.

定义 3.7.5 设 $\varphi(x, y)$ 是语言 L 中的公式. $\bigwedge_{1 \leq i \leq n} \varphi(x, y_i)$ 称做 φ 的
第 n 阶合取, 如果 $\Delta = \{\varphi_i(x, y_i) : i \in I\}$ 是指标集 I 的公式集, 则 $\bigwedge \Delta = \{\bigwedge_{1 \leq i \leq n} \varphi(x, y_{j_i}) : j_i \in I, n \geq 1\}$. 这样, $\bigwedge\{\varphi(x, y)\} = \{\bigwedge_{1 \leq i \leq n} \varphi(x, y_i) : n \geq 1\}$.

引理 3.7.6 设 μ, κ 是基数, $\Delta = \{\varphi(x, y_i) : i < \kappa\}$ 是公式集. 假定存在两两
不和谐的在集合 A 上的正 Δ- 型的类 P, 其型的基数 $\leq \kappa$, 而且 $|P| > |A|^{<\mu} + 2^\kappa$.
则存在 2- 分离链 $\langle \psi_i(x, z_i) : i < \mu \rangle$ 使得对一切 $i < \mu$, $\psi_i(x, z_i) \in \bigwedge \Delta$.

证明 假定 $|L| < \kappa$. 设 $P = \{p_\alpha : \alpha < \lambda\}$ 是这些两两不和谐的在集合 A
上的正 Δ- 型的类, 且 $|p_\alpha| \leq \kappa$, $\lambda > |A|^{<\mu} + 2^\kappa$. 不失一般性, 假定 λ 是正则基
数 (如果不是正则的, 取其共尾数 $cf(\lambda)$ 代替 λ). 记 $p_\alpha = \{\varphi_i^\alpha(x, a_i^\alpha) : i < \kappa\}$ 和
$a^\alpha = \langle a_i^\alpha : i < \kappa \rangle$. 注意到 $\lambda > |\Delta|^\kappa$(因为 $|\Delta| \leq \omega$, 从而 $\lambda > 2^\kappa$), 所以我们可以假
定对每一个 $\alpha, \beta, i(\alpha, \beta < \kappa)$, 有

$$\varphi_i^\alpha(x, y_i^\alpha) = \varphi_i^\beta(x, y_i^\beta) = \varphi_i(x, y).$$

同样地, 由于 $\kappa \geq |T|$, $\lambda > 2^{|T|}$, $\lambda > 2^\kappa$, 我们可以假定 a^α 和 a^β 认知同样的型,
即 $a^\alpha \equiv a^\beta$ 对一切 $\alpha, \beta < \lambda$ 成立.

强归纳定义 κ 的有穷集的序列 $\langle h_i : i < \mu \rangle$ 满足对某个 $\alpha < \lambda$, 一切 $i < \mu$,
$\bigwedge_{l \in h_i} \varphi_l(x, a_l)$ 在 $\bigcup_{j < i}\{a_l^\alpha : l \in h_j\}$ 上 2- 分离.

假定对一切 $j < i$, h_j 已经获得. 由于 $\lambda > |A|^{<\mu}$ 且 $i < \mu$, 所以 $\lambda > |A|^i$. 可
以假定对于 $\alpha, \beta < \lambda$ 及一切 $l \in \bigcup_{j < i} h_j$, $a_l^\alpha \equiv a_l^\beta$.

设 $\alpha, \beta < \lambda$ 是不同的基数. 由于 p_α 和 p_β 是不和谐的, 故存在有穷集 $h(\{\alpha, \beta\})$
$\subseteq \kappa$ 满足

$$\{\varphi_l(x, a_l^\alpha) : l \in h(\{\alpha, \beta\})\} \cup \{\varphi_l(x, a_l^\beta) : l \in h(\{\alpha, \beta\})\}$$

是不和谐的.

注意 $\lambda \geq (2^\kappa)^+$, 回忆 Ramsey 定理: $(2^\kappa)^+ \to (\kappa^+)^2_\kappa$ 是说每一个二元函数
$f : [(2^\kappa)^+]^2 \to \kappa$ 在 $(2^\kappa)^+$ 的某个基数为 κ^+ 的子集上为常数函数. 运用这个定理
到 $h : \lambda^2 \to \kappa$ 以获得一个无穷集 $I \subseteq \lambda$ 满足对一切在 I 中的数偶 $\{\alpha, \beta\}$, $\{\alpha', \beta'\}$,
$h(\{\alpha, \beta\}) = h(\{\alpha', \beta'\})$, 亦即 h 在 I 上是常数函数. 定义 $h_i =$ 这样的常数函数
值. 注意到这个构造与 α 的选取无关, 因为对于其他 $\beta < \lambda$, $a^\alpha \equiv a^\beta$. 因此对于
$\alpha \in I$, 设

$$\psi_i(x, a_i) = \bigwedge_{l \in h_i} \varphi_l^\alpha(x, a_l^\alpha), \text{对于} l \in h_i, a_l = b_i \text{成立}.$$

这样 $\{\bigwedge_{l \in h_i} \varphi_l(x, a_l^\alpha), \bigwedge_{l \in h_i} \varphi(x, a_l^\beta)\}$ 是不和谐的. 记 $\psi_i(x, a_i^\alpha) = \bigwedge_{l \in h_i} \varphi_l(x, a_l^\alpha)$,
$\alpha < \lambda$. 则 $\{\psi_i(x, a_i^\alpha) : \alpha < \lambda\}$ 是 2- 不和谐的. 换句话说, $\psi_i(x, a_i)$ 在 $\bigcup_{j < i}\{a_l^\alpha :$
$l \in h_j\}$ 上 2- 分离, 亦即 $\langle \psi_i(x, z_i) : i < \mu \rangle$ 是一个 2- 分离链. 证毕

引理 3.7.7   假如 $\varphi(x,y)$ 有关于某自然数 $k \geq 2$ 的树性质，则对于某个 $n \in \omega$，公式 $\bigwedge_{1 \leq i \leq n} \varphi(x, y_i)$ 有关于 2 的树性质．

证明   根据引理 3.7.3，如果 φ 有树性质，选取正则基数 $\kappa \geq \omega_1$，φ 分离 κ 次．选取 λ 满足 $\lambda^{<\kappa} = \lambda$ 且 $\lambda^{\kappa} > \lambda + 2^{2^{\kappa}}$．由引理 3.7.4，存在两两不和谐的在某集合 A 上的正 φ- 型的类，其型的基数 $\leq 2^{\kappa}$，$|A| = \lambda$，$|P| = \lambda^{\kappa}$．

这样 $|P| > \lambda + 2^{2^{\kappa}} = |A|^{\omega} + 2^{2^{\kappa}} (A = \lambda, \lambda > \omega)$．再应用引理 3.7.6，可以得到一个 2- 分离链 $\langle \varphi_i(x, b_i) : i \in \omega \rangle$ 满足一切 $\varphi_i(x, y_i)$ 都对某个 n_i 有形式 $\bigwedge_{n_i} \varphi_i$ 成立．对某个 n 存在一个无穷的 $I \subseteq \omega_1$，使得对每一个 $i \in I, n = n_i$．这样 $\bigwedge_n \varphi$ 2- 分离 ω 次．再根据引理 3.7.3，φ 有树性质．

定理 3.7.8   下面诸命题等价：

1) 理论 T 是单纯的，

2) 对任意基数 $\kappa, \lambda, NT(\kappa, \lambda) \leq \lambda^{|T|} + 2^{\kappa}$，

3) 存在基数 κ, λ，满足 $\lambda = \lambda^{<\kappa}$，而且 $NT(\kappa, \lambda) < \lambda^{\kappa}$．

证明   1) $\Rightarrow$ 2)   因为 T 是单纯的，故一切公式 $\varphi(x,y) \in L(T)$ 没有树性质．根据引理 3.7.3，对任意基数 κ，不存在任何分离链 $\langle \varphi_i(x, b_i) : i < \kappa \rangle$．那么由引理 3.7.6，一切在一个集合 A 上的 Δ- 型的类 $P(\kappa, \omega)$，如果其型的基数 $\leq \kappa$，则有 $|P(\kappa, \omega)| \leq |A|^{\omega} + 2^{\kappa}$．假定 $|A| \leq \lambda$，就有 $|P| \leq \lambda^{\omega} + 2^{\kappa}$．因此，

$$NT_{\Delta}(\kappa, \lambda) = \sup\{|P(\kappa, \omega)|\} \leq \lambda^{\omega} + 2^{\kappa}.$$

这样，

$$NT(\kappa, \lambda) \leq \prod_{all\Delta} NT_{\Delta}(\kappa, \lambda) \leq (\lambda^{\omega} + 2^{\kappa})^{|T|} = \lambda^{|T|} + 2^{\kappa}.$$

2) $\Rightarrow$ 3)   取 $\kappa \geq |T|^{+}$，$\lambda = 2^{2^{\kappa}}$，则 $NT(\kappa, \lambda) \leq \lambda^{|T|} + 2^{\kappa} < \lambda^{\kappa} + 2^{\kappa} \leq \lambda^{\kappa}$．

3) $\Rightarrow$ 1)   假定 T 不是单纯的，则存在公式 $\varphi(x, y)$，它有树性质．根据引理 3.7.7，对某个 $n \in \omega$，$\bigwedge_{1 \leq i \leq n} \varphi(x, y_i)$ 有关于自然数 2 的树性质．于是 $\bigwedge_n \varphi$ 分离 ω 次．

根据引理 3.7.4，存在两两不和谐的在集合 A 上的正 $\bigwedge_n \varphi$ 型的类 P_1，而且这些型的基数 $\leq \kappa$．如果 $|A| = \lambda$，则 $|P| = \lambda^{\kappa}$．将 $\bigwedge_n \varphi$ 分解为 φ，则我们获得两两不和谐的在集合 A 上的正 φ- 型的类 P，其基数 $\leq \kappa$，$|A| = \lambda$．这样 $|P| = \lambda^{\kappa}$，即 $NT_{\varphi}^{+}(\kappa, \lambda) = \lambda^{\kappa}$．注意到 $NT(\kappa, \lambda) \geq NT_{\varphi}^{+}(\kappa, \lambda)$，这就矛盾于 3)．

对于超单纯理论，可以用类似的办法，证明下面的定理．

定理 3.7.9   下面诸命题等价：

1) 理论 T 是超单纯理论，

2) 对一切基数 $\kappa, \lambda, NT(\kappa, \lambda) \leq 2^{|T|+\kappa} + \lambda$．

§3.8　Lascar-强型上的独立性定理

在 §3.4 我们证明了在集合上的独立性定理. 本节要证明在 Lascar- 强型上的独立性定理.

下面引出 Lascar- 强型 (lascar-strong type) 的概念.

定义 3.8.1　1) 假定 E 是 M^n 上的等价关系. 称 E 的**有界的**(bounded) 假如它有严格小于某个基数 κ 的等价类的个数. 如果 $\kappa = \omega$, 称 E 是有有穷多个等价类的等价关系. 所有在 M 上的有穷多个等价类的等价关系的类, 有时记做 $FE(M)$.

2)　假如 A 是一个集合, 称等价关系 E **是 A-不变的**, 如果存在一个在 A 上固定 (点点固定) 的模型 M 上的自同构 f_A, 满足在 f_A 之下, $E(\bar{a}, \bar{b}) \rightarrow E(f_A(\bar{a}), f_A(\bar{b}))$.

定义 3.8.2　1) 定义 $\mathrm{Autf}_A(M)$ 是 $\mathrm{Aut}(M)$ 的一个子群, 它是由 $\{f \in \mathrm{Aut}(M) \mid f \in \mathrm{Aut}_A(M), A \subseteq M\}$ 生成的, 这里 $\mathrm{Aut}_A(M)$ 是在 A 上固定的 M 的自同构的集合.

2)　设 $\bar{a}, \bar{b}$ 是长度相同的两个数组, 如果存在 $f \in \mathrm{Autf}_A(M)$ 使得 $f(\bar{a}) = \bar{b}$, 则它定义了 Lascar- 强型, 记做 $\mathrm{Lstp}(\bar{a}/A) = \mathrm{Lstp}(\bar{b}/A)$ (即 $\bar{a}$ 和 $\bar{b}$ 有同样的在 A 上的 Lascar- 强型). 如果 $A = \varnothing$, 就是 $\mathrm{Lstp}(\bar{a}) = \mathrm{Lstp}(\bar{b})$, 也可以记做 $a \equiv_L b$.

可以简单地将集合 A 上的 Lascar- 强型看作是在 $\mathrm{Autf}_A(M)$ 上的环轨迹 (orbit). 事实上, $\mathrm{Lstp}(\bar{a}/A) = \mathrm{Lstp}(\bar{b}/A)$ 当且仅当存在 $\bar{a} = \bar{a}_0, \bar{a}_1, \cdots, \bar{a}_n = \bar{b}$ 和包含 A 的模型 $M_1, M_2, \cdots, M_n$ 满足对每一 $i = 1, 2, \cdots, n$, 有 $\mathrm{tp}(\bar{a}_{i-1}/M_i) = \mathrm{tp}(\bar{a}_i/M_i)$. 这里包含 A 的模型 $M_1, M_2, \cdots, M_n$ 和 n 元组 $\bar{a} = \bar{a}_0, \bar{a}_1, \cdots, \bar{a}_n = \bar{b}$ 称做 $\mathrm{Lstp}(\bar{a}/A) = \mathrm{Lstp}(\bar{b}/A)$ 的证据. 我们在以后要常常应用到这一点.

这样, $\mathrm{Lstp}(\bar{a}/A) = \mathrm{Lstp}(\bar{b}/A)$ 蕴涵 $\mathrm{stp}(\bar{a}/A) = \mathrm{stp}(\bar{b}/A)$. 而且如果 T 是稳定的, 则在 A 上的 $\bar{a}$ 的 Lascar- 强型和在 A 上的 $\bar{a}$ 的强型一致. 因为假如 T 是稳定的, $\bar{a}$ 和 $\bar{b}$ 认知在 A 上的同样的强型当且仅当 $\bar{a}$ 和 $\bar{b}$ 认知在一个包含 A 的模型上的同样的型. 不过这两个概念一般说来是不一样的. Poizat[L4] 曾经构造了一个模型, 这个模型中 Lascar- 强型与强型 (strong type) 是不一样的, 稍后可看到这个例子.

引理 3.8.3　假设 $A \subseteq M$, $\mathrm{tp}(\bar{a}/M) = \mathrm{tp}(\bar{b}/M)$, 则存在 $M_1 \supseteq A$ 使得 $\mathrm{tp}(\bar{a}\bar{b}/M_1)$ 不在 A 上分叉且 $\mathrm{tp}(\bar{a}/M_1) = \mathrm{tp}(\bar{b}/M_1)$.

证明　型的开拓公理保证有一个模型 M_0 包含 A 且 $\mathrm{tp}(M_0/M)$ 不在 A 上分叉. 根据命题 1.4.3, 存在模型 M_1 使得 $\mathrm{tp}(M_1/M\bar{a}\bar{b})$ 是 $\mathrm{tp}(M_0/M)$ 的共后继. 因此显然 $A \subseteq M_1$ 且 $\mathrm{tp}(M_1/M)$ 不在 A 上分叉. 再根据命题 1.4.3, $\mathrm{tp}(M_1/M\bar{a}\bar{b})$ 不在 M 上分叉, 且 $\mathrm{tp}(\bar{a}/M_1) = \mathrm{tp}(\bar{b}/M_1)$. 最后, 由对称性和传递性, $\mathrm{tp}(\bar{a}\bar{b}/M_1)$ 不在 A 上分叉.

引理 3.8.4　假设 $\bar{a} = \bar{a}_0, \bar{a}_1, \cdots, \bar{a}_n = \bar{b}$, 以及每一个都包含 A 的模型

$M_1, M_2, \cdots, M_n$, 满足对每一个 $i = 1, \cdots, n$, $\text{tp}(\bar{a}_{i-1}/M_i) = \text{tp}(\bar{a}_i/M_i)$. 它们形成了 $\text{Lstp}(\bar{a}/A) = \text{Lstp}(\bar{b}/A)$ 的证据. 则存在模型 $M_1', \cdots, M_n'$, 结合 $\bar{a}_0, \bar{a}_1, \cdots, \bar{a}_n$, 成为 $\text{Lstp}(\bar{a}/A) = \text{Lstp}(\bar{b}/A)$ 的证据, 且 $\text{tp}(\bar{a}_0, \bar{a}_1, \cdots, \bar{a}_n/C)$ 不在 A 上分叉, 这里 $C = \bigcup_{1 \le i \le n} M_i'$.

证明 根据前面的引理, 存在模型 M_i'' ($i = 1, \cdots, n$) 连同 $\bar{a}_0, \bar{a}_1, \cdots, \bar{a}_n$ 为在 A 上 $\text{Lstp}(\bar{a}/A) = \text{Lstp}(\bar{b}/A)$ 的证据, 且 M_i'' 是在 A 上独立于 $\bar{a}_{i-1}\bar{a}_i$ 的.

我们归纳地重新安排 M_i' 使得 M_i' 是认知 $\text{tp}(M_i''/A\bar{a}_{i-1}\bar{a}_i)$ 在 $\bar{a}_0\bar{a}_1 \cdots \bar{a}_n \cup M_1' \cup \cdots \cup M_{i-1}'$ 上的不分叉开拓. 由于 $\text{tp}(M_i'/A\bar{a}_{i-1}\bar{a}_i) = \text{tp}(M_i''/A\bar{a}_{i-1}\bar{a}_i)$, 包含 A 的每一个模型 M_i' 连同 $\bar{a}_0, \bar{a}_1, \cdots, \bar{a}_n$ 也就是 $\text{Lstp}(\bar{a}/A) = \text{Lstp}(\bar{b}/A)$ 的证据. 根据传递性, $\bar{a}_0\bar{a}_1 \cdots \bar{a}_n$ 是在 A 上独立于 C 的.

引理 3.8.5 假设 $\text{Lstp}(\bar{a}/A) = \text{Lstp}(\bar{b}/A)$ 且 $\text{tp}(\bar{a}/A\bar{b})$ 不在 A 上分叉, 则存在 $M \supseteq A$ 使得 $\text{tp}(\bar{a}\bar{b}/M)$ 不在 A 上分叉, 且 $\text{tp}(\bar{a}/M) = \text{tp}(\bar{b}/M)$.

证明 根据先前的引理, 存在数组 $\bar{a} = \bar{a}_0, \cdots, \bar{a}_n = \bar{b}$ 和每一个都包含 A 的模型 $M_1, \cdots, M_n$ 是 $\text{Lstp}(\bar{a}/A) = \text{Lstp}(\bar{b}/A)$ 的证据且 $\text{tp}(\bar{a}_0, \cdots, \bar{a}_n/C)$ 不在 A 上分叉, 这里 $C = \bigcup_{1 \le i \le n} M_i$. 我们先证明两个断言:

断言 1 存在数组 $\bar{b}_1, \cdots, \bar{b}_{n-1}$ 使得 $M_i(i = 1, \cdots, n)$ 和 $\bar{a}_0, \bar{b}_1, \cdots, \bar{b}_{n-1}, \bar{a}_n$ 为 $\text{Lstp}(\bar{a}/A) = \text{Lstp}(\bar{b}/A)$ 的证据, 且 $\{\bar{a}_0, \bar{b}_1, \cdots, \bar{b}_{n-1}, \bar{a}_n\}$ 是 A- 独立的.

断言 1 的证明 注意到 $\text{tp}(\bar{a}_i/C)$ 不在 A 上分叉. 归纳地定义 $\bar{b}_1, \cdots, \bar{b}_{n-1}$ 如下: $\bar{b}_{i+1}$ 认知 $\text{tp}(\bar{a}_{i+1}/C)$ 在 $C\bar{a}_0\bar{a}_n\bar{b}_1 \cdots \bar{b}_i$ 上的不分叉开拓. 这样, $\text{tp}(\bar{a}_0/M_1) = \text{tp}(\bar{b}_1/M_1), \cdots, \text{tp}(\bar{b}_{i-1}/M_i) = \text{tp}(\bar{b}_i/M_i), \cdots, \text{tp}(\bar{b}_{n-1}/M_n) = \text{tp}(\bar{a}_n/M_n)$, 而且 $\{\bar{a}_0, \bar{b}_1, \cdots, \bar{b}_{n-1}, \bar{a}_n\}$ 是 A- 独立的. (注意 $\text{tp}(\bar{a}/A\bar{b})$ 不在 A 上分叉).

断言 2 对每一个 $i, 1 \le i \le n$, 存在模型 $N \supseteq A$ 满足 $\text{tp}(\bar{a}/N) = \text{tp}(\bar{b}_i/N)$ 且 $\text{tp}(\bar{a}\bar{b}_i/N)$ 不在 A 上分叉 (取 $\bar{b}_n = \bar{b}$).

断言 2 的证明 $i = 1$ 时显然断言为真. 假定已经有了 $\bar{a}, \bar{b}_{i-1}, \bar{b}_i$ 以及 N, $M_i \supseteq A$ 满足 $\text{tp}(\bar{a}/N) = \text{tp}(\bar{b}_{i-1}/N)$ 且 $\text{tp}(\bar{b}_{i-1}/M_i) = \text{tp}(\bar{b}_i/M_i)$. 根据引理 3.8.4, 存在 $N', M_i' \supseteq A$ 满足 $\text{tp}(\bar{a}/N') = \text{tp}(\bar{b}_{i-1}/N'), \text{tp}(\bar{b}_{i-1}/M_i') = \text{tp}(\bar{b}_i/M_i')$, 而且

1) $\bar{a}\bar{b}_{i-1}\bar{b}_i$ 在 A 上独立于 $N' \bigcup M_i'$, 因此,

2) M_i' 在 N' 上独立于 $\bar{a}\bar{b}_{i-1}\bar{b}_i$, 且 $\{\bar{a}, \bar{b}_{i-1}, \bar{b}_i\}$ 是 A- 独立的 (断言 1),

3) $\{\bar{a}, \bar{b}_{i-1}, \bar{b}_i\}$ 是 N'- 独立的.

现在设 $q = \text{tp}(M_i'/N'), q_2 = \text{tp}(M_i'/N'\bar{b}_{i-1}\bar{b}_i), q_1$ 是 $\text{tp}(M_i'/N'\bar{b}_{i-1})$ 的在 $N'\bar{a}$ 上的共轭型 (conjugate type)(因为 $\text{tp}(\bar{a}/N') = \text{tp}(\bar{b}_{i-1}/N')$). 现在根据 2), q_1 和 q_2 都是 q 的不分叉开拓 (分别在 $N'\bar{a}$ 和 $N'\bar{b}_{i-1}\bar{b}_i$ 上). 因此由 3), 应用在模型上的独立性定理, 存在 $q_3 \in S(N'\bar{a}\bar{b}_{i-1}\bar{b}_i)$, 它开拓 q_1 和 q_2, 且也是 q 的一个不分叉开拓.

假定模型 M 认知 q_3, 则 M 是包含 A 的. 因此 $q_1 = \text{tp}(M/N'\bar{a})$ 是 $\text{tp}(M_i'/N'\bar{b}_{i-1})$ 在 $N'\bar{a}$ 上的共轭型. 同时因为 M 认知 q_2, 亦有 $\text{tp}(M/N'\bar{b}_{i-1}) = \text{tp}(M_i'/$

$N'\bar{b}_{i-1}$). 这样, 存在 M- 自同构将 $\bar{a}$ 映射到 $\bar{b}_{i-1}$, 从而 $\mathrm{tp}(\bar{a}/M) = \mathrm{tp}(\bar{b}_{i-1}/M)$.

另一方面, 由于 M 认知 q_2, $\mathrm{tp}(M/N'\bar{b}_{i-1}\bar{b}_i) = \mathrm{tp}(M_i'/N'\bar{b}_{i-1}\bar{b}_i)$. 又因为 $\mathrm{tp}(\bar{b}_{i-1}/M_i') = \mathrm{tp}(\bar{b}_i/M_i')$, 所以我们有 $\mathrm{tp}(\bar{b}_{i-1}/M) = \mathrm{tp}(\bar{b}_i/M)$. 于是 $\mathrm{tp}(\bar{a}/M) = \mathrm{tp}(\bar{b}_i/M)$. 最后, 由于 q_3 是 q 的不分叉开拓, M 是在 N' 上独立于 $\bar{a}\bar{b}_i$ 的, 所以根据 1) 也是在 A 上独立于 $\bar{a}\bar{b}_i$ 的. 因此此断言被证明, 从而引理得证.

现在我们可以证明关于 Lascar- 强型的单纯理论的独立性定理.

定理 3.8.6 假设 $A, B, C, \bar{d}, \bar{e}$ 满足:

1) $A \subseteq B, A \subseteq C, B$ 在 A 上独立于 C,

2) $\mathrm{tp}(\bar{d}/B)$ 不在 A 上分叉, $\mathrm{tp}(\bar{e}/C)$ 不在 A 上分叉,

3) $\mathrm{Lstp}(\bar{d}/A) = \mathrm{Lstp}(\bar{e}/A)$,

则存在 $\bar{a}$ 使得 $\mathrm{tp}(\bar{a}/BC)$ 开拓 $\mathrm{tp}(\bar{d}/B)$ 和 $\mathrm{tp}(\bar{e}/C)$, $\mathrm{tp}(\bar{a}/BC)$ 不在 A 上分叉, 且 $\mathrm{Lstp}(\bar{a}/A) = \mathrm{Lstp}(\bar{d}/A)$.

证明 首先, 存在 $\bar{e}'$ 认知 $\mathrm{tp}(\bar{e}/C)$, 并且 $\bar{e}'$ 在 A 上独立于 $\bar{d}$, 而 $\bar{d}, \bar{e}'$ 满足 1), 2), 3). (设 $M \supseteq A$ 在 A 是独立于 $\bar{e}C$, $\bar{e}'$ 认知 $\mathrm{tp}(\bar{e}/MC)$ 在 $MC\bar{d}$ 上的一个不分叉开拓. 注意到 $\mathrm{Lstp}(\bar{e}'/A) = \mathrm{Lstp}(\bar{e}/A)$, 根据传递性, $\bar{d}$ 在 A 上独立于 $\bar{e}'$.)

根据引理 3.8.5, 设 $M \supseteq A$ 满足 $\mathrm{tp}(\bar{d}\bar{e}'/M)$ 不在 A 上分叉, 且 $\mathrm{tp}(\bar{d}/M) = \mathrm{tp}(\bar{e}'/M)$. 进一步取 $\mathrm{tp}(M/A\bar{d}\bar{e}')$ 在 $A\bar{d}\bar{e}'BC$ 上的一个不分叉开拓, 从而 $\bar{d}\bar{e}'BC$ 是在 A 上独立于 M 的. 所以我们有:

1) B 是在 M 上独立于 C 的 (因为 B 是在 A 上独立于 C 的, 且 B 也是在 AC 上独立于 M 的),

2) $\mathrm{tp}(\bar{d}/MB)$ 不在 M 上分叉,

3) $\mathrm{tp}(\bar{e}'/MC)$ 不在 M 上分叉.

根据在模型上的独立性定理, $\mathrm{tp}(\bar{d}/M) = \mathrm{tp}(\bar{e}'/M)$, 存在 $q \in S(MBC)$ 开拓 $\mathrm{tp}(\bar{d}/MB)$ 和 $\mathrm{tp}(\bar{e}'/MC)$, 且它不在 M 分叉. 设 $\bar{a}$ 认知 q, 则由传递性, $\mathrm{tp}(\bar{a}/BC)$ 不在 A 上分叉, 所以 $\mathrm{Lstp}(\bar{a}/A) = \mathrm{Lstp}(\bar{d}/A)$.

§3.9 Lascar-强型和强型

对于稳定的理论, Lascar- 强型是与强型一致的. 也就是说, 对于任意集合 A 和数组 $\bar{a}, \bar{b}$, $\mathrm{Lstp}(\bar{a}/A) = \mathrm{Lstp}(\bar{b}/A)$ 当且仅当 $\mathrm{stp}(\bar{a}/A) = \mathrm{stp}(\bar{b}/A)$. 但是在单纯的理论中, 根据 Lascar- 强型的定义, 不难看出前者蕴涵后者. 而后者是否蕴涵前者, 却是一个至今尚未解决的问题. 不过, 已经有人部分地解决了这个问题. 比如, S. Buechler[Bu2] 证明了如果 T 是 "低"(low) 的单纯理论, 则后者亦蕴涵前者. S. Buechler, A. Pillay 和 F. Wagner[BPW] 证明了如果 T 是超单纯理论, 则后者亦蕴涵前者. 在本节中我们要介绍 Kim 的工作, 即如果 T 是小的单纯理论, 则 Lascar- 强型和强型是一致的. 下一节, 我们介绍 Buechler 的工作.

引理 3.9.1   假定 E 是 A-不变的有界的关于 n 元组的等价关系, I 是 n 元数组的无穷 A-不可辨序列, 则 $E(\bar{a}, \bar{b})$ 对一切 $\bar{a}, \bar{b} \in I$ 成立.

证明   假如不然, 则由 E 的 A- 不变性, 而且 I 是 A- 不可辨序列, 对于 $\bar{a}, \bar{b} \in I$ 且 $\bar{a} \neq \bar{b}$, 我们有 $\neg E(\bar{a}, \bar{b})$. 但对于任意基数 κ, I 可以开拓到长度为 κ 个 A- 不可辨序列 I'. 我们也有 $\bar{a}, \bar{b} \in I'$, $\bar{a} \neq \bar{b}$, $\neg E(\bar{a}, \bar{b})$, 矛盾于 E 的有界性.

引理 3.9.2 $\mathrm{Lstp}(\bar{a}/A) = \mathrm{Lstp}(\bar{b}/A)$ 是一个 A- 不变的有界等价关系, 其上界为 $2^{|T|+|A|}$.

证明   显然 $\mathrm{Lstp}(\bar{x}/A) = \mathrm{Lstp}(\bar{y}/A)$ 是一个 A- 不变的等价关系. 现假设 $\kappa = |T| + |A|$, 就有一个基数为 κ 的模型 M 包含 A. 如果 $\mathrm{Lstp}(\bar{x}/A) = \mathrm{Lstp}(\bar{y}/A)$ 的等价类的个数 $> 2^\kappa$, 则由于至多有 M 上的 2^κ 多个型, 就有不同等价类中的代表 $\bar{a}, \bar{b}$ 满足 $\mathrm{tp}(\bar{a}/M) = \mathrm{tp}(\bar{b}/M)$, 但这样一来, $\mathrm{Lstp}(\bar{a}/A) = \mathrm{Lstp}(\bar{b}/A)$, 矛盾于 $\mathrm{Lstp}(\bar{x}/A) = \mathrm{Lstp}(\bar{y}/A)$ 是一个等价关系.

定义 3.9.3   设 A 为一集合, n 元组 $\bar{a}, \bar{b}$ 满足 $\mathrm{tp}(\bar{a}/A) = \mathrm{tp}(\bar{b}/A)$, 定义 $d_A(\bar{a}, \bar{b}) = \inf\{n \geq 1 :$ 存在 $I_1, \cdots, I_n$ 和 $\bar{a} = \bar{a}_0, \bar{a}_1, \cdots, \bar{a}_n = \bar{b}$ 使得 $\bar{a}_{i-1}I_i$ 和 $\bar{a}_i I_i$ 是 A- 不可辨序列, $i = 1, 2, \cdots, n\}$, 如果无这样的 n, 则 $d_A(\bar{a}, \bar{b}) = \infty$.

习题   试证 1) $d_A(\bar{a}, \bar{b}) = d_A(\bar{b}, \bar{a})$,

2) $d_A(\bar{a}, \bar{b}) \leq d_A(\bar{a}, \bar{c}) + d_A(\bar{c}, \bar{b})$.

引理 3.9.4   下面诸命题等价:

1) $\mathrm{Lstp}(\bar{a}/A) = \mathrm{Lstp}(\bar{b}/A)$,

2) $d_A(\bar{a}, \bar{b}) < \omega$,

3) $\models E(\bar{a}, \bar{b})$ 对于任意 A- 不变的有界等价关系 E 成立

证明   1)⇒2) 假定有某个模型 $M \supseteq A$, $\mathrm{tp}(\bar{a}/M) = \mathrm{tp}(\bar{b}/M)$. 只需证明 $d_A(\bar{a}, \bar{b}) = 1$ 的情形即可. 设 $p = \mathrm{tp}(\bar{a}/M)$, 因为 $\mathrm{Lstp}(\bar{a}/A) = \mathrm{Lstp}(\bar{b}/A)$, 存在序列 $\langle \bar{a}_n | n \in \omega \rangle$ 满足对一切 $i \in \omega$, $\mathrm{tp}(\bar{a}_i/M\bar{a}\bar{b}\bar{a}_0 \cdots \bar{a}_{i-1})$ 是 p 的共后继, 而且被 $\bar{a}_{i+1}$ 认知. 这样, 根据命题 1.4.3 的 4), $\langle \bar{a}, \bar{a}_0, \bar{a}_1, \cdots \rangle$ 和 $\langle \bar{b}, \bar{a}_0, \bar{a}_1, \cdots \rangle$ 都是无穷 M- 不可辨序列. 因此 $d_A(\bar{a}, \bar{b}) = 1$.

2) ⇒ 3) 假定 $d_A(\bar{a}, \bar{b}) = 1$ (假如 $d_A(\bar{a}, \bar{b}) = n$, 可用归纳法). 其定义中的证据是序列 I, 即 aI 和 bI 都是 A- 不可辨序列. 那么根据引理 3.9.1, 对于任意 A- 不变的有界等价关系 E, $E(\bar{a}, \bar{c})$ 和 $E(\bar{b}, \bar{c})$ 成立, 这里 $\bar{c}$ 是某个 I 中元素, 因此有 $E(\bar{a}, \bar{b})$

3)⇒1) 引理 3.9.2.

例子 3.9.5   Poizat 构造了一个模型, 显示 Lascar- 强型和强型不同 [L4]. 设模型 M 是由 $(\mathbb{R}, +, <)$ 和单位圆 C 的不相交的并构成. 存在一个 $\mathbb{R}$ 作用在 C 上的加法群, 恒等元是 $\mathbb{R}/2\pi$, 以及一个三元关系 $U(x, y, z)$, 它满足 $U(x, y, z) \Leftrightarrow x, y \in C, z \in \mathbb{R}$, 且从 x 到 y 的较短的弧长度 $< z$. 注意到对每一个 $n > 0$, 有一数 k_n 满足在 C 上有 k_n 个不同的点, 则它们中的两个应该认知 $U(x, y, n^{-1})$.

设 E 是在 C 上的等价关系, 定义为公式的合取 $\bigwedge_{0<n<\omega} U(x,y,n^{-1})$. 由 Erdös-Rado 定理, 容易看出 E- 等价类的个数是 2^ω. 但对任何 $b,d \in C$, $\mathrm{stp}(b/\mathbb{R}) = \mathrm{stp}(d/\mathbb{R})$. 因此 Lascar- 强型和强型是不同的 (在 $\mathbb{R}$ 上).

引理 3.9.6 假定 T 是单纯理论. 对于任意的 $A \subseteq B$ 和 $\bar{a}$, 存在 $\bar{b}$ 满足 $\mathrm{Lstp}(\bar{a}/A) = \mathrm{Lstp}(\bar{b}/A)$ 而且 $\mathrm{tp}(\bar{b}/B)$ 不在 A 上分叉.

证明 选取 $M \supseteq A$ 满足 $M \downarrow_A \bar{a}$. 设 $p = \mathrm{tp}(\bar{a}/M), q \in S(MB)$ 是 p 的不分叉开拓, $\bar{b} \models q$, 则 $\mathrm{tp}(\bar{a}/M) = \mathrm{tp}(\bar{b}/M)$. 因此根据定理 3.8.6(Lascar 强型上的独立性定理), $\mathrm{Lstp}(\bar{a}/A) = \mathrm{Lstp}(\bar{b}/A)$. 又根据单纯理论在模型上的独立性定理, $\mathrm{tp}(\bar{b}/MB)$ 不在 A 上分叉. 再由传递性, $\mathrm{tp}(\bar{b}/B)$ 不在 A 上分叉.

引理 3.9.7 假定 T 是单纯理论, 则 $\mathrm{Lstp}(\bar{a}/A) = \mathrm{Lstp}(\bar{b}/A)$ 当且仅当 $d_A(\bar{a}, \bar{b}) \leq 2$.

证明 本引理的一个方向已在引理 3.9.4 中证明. 现证明另一方向. 假定 $\mathrm{Lstp}(\bar{a}/A) = \mathrm{Lstp}(\bar{b}/A)$. 根据前一引理, 假定 $B = A\bar{a}\bar{b}$, 则存在 $\bar{c}$, 满足 $\mathrm{Lstp}(\bar{c}/A) = \mathrm{Lstp}(\bar{a}/A)$, 而且 $\mathrm{tp}(\bar{c}/A\bar{a}\bar{b})$ 不在 A 上分叉. 又由引理 3.8.5, 存在模型 $M \supseteq A$ 满足 $\mathrm{tp}(\bar{c}/M) = \mathrm{tp}(\bar{a}/M)$. 因此类似于引理 3.9.4 中 (1) $\Rightarrow$ (2) 的证明, 我们有 $d_A(\bar{c}, \bar{a}) = 1$. 同理可证 $d_A(\bar{c}, \bar{b}) = 1$. 这样 $d_A(\bar{a}, \bar{b}) \leq d_A(\bar{a}, \bar{c}) + d_A(\bar{c}, \bar{b}) = 2$.

定理 3.9.8 设 T 是单纯性理论, 则对于任意集合 A, 存在 A 上的部分型 $r_A(\bar{x}, \bar{y})$ 满足 $\mathrm{Lstp}(\bar{a}/A) = \mathrm{Lstp}(\bar{b}/A)$ 当且仅当 $\models r_A(\bar{a}, \bar{b})$. 而且对任意集合 $A, \models r_A(\bar{x}, \bar{y}) \Leftrightarrow \bigwedge \{ r_{\bar{c}}(\bar{x}, \bar{y}) | \bar{c} \subseteq A, \bar{c}$ 有穷 $\}$.

证明 根据前一引理, 可取 $r_A(\bar{x}, \bar{y})$ 是描述 $d_A(\bar{x}, \bar{y}) \leq 2$ 在 A 上的公式集: 存在 $\bar{x}_1, \bar{x}_2, \cdots, \bar{y}_1, \bar{y}_2, \cdots$ 和 $\bar{z}$ 满足 $\langle \bar{x}, \bar{x}_1, \bar{x}_2, \cdots \rangle$, $\langle \bar{z}, \bar{x}_1, \bar{x}_2, \cdots \rangle$ 和 $\langle \bar{z}, \bar{y}_1, \bar{y}_2, \cdots \rangle$, $\langle \bar{y}, \bar{y}_1, \bar{y}_2, \cdots \rangle$ 都是 A- 不可辨序列.

根据紧致性, $d_A(\bar{x}, \bar{y}) \leq 2$ 当且仅当 $d_{\bar{c}}(\bar{x}, \bar{y}) \leq 2$ 对一切有穷的 $\bar{c} \subseteq A$ 成立, 故第两个断言亦成立.

推论 3.9.9 假定理论 T 是单纯理论, 则 $\mathrm{Lstp}(\bar{a}/A) = \mathrm{Lstp}(\bar{b}/A)$ 当且仅当对一切有穷的 $\bar{c} \subseteq A$, $\mathrm{Lstp}(\bar{a}/\bar{c}) = \mathrm{Lstp}(\bar{b}/\bar{c})$.

现在我们就来证明下面的主要定理. 首先回忆小的理论 T 是指对一切 n, $|S_n(T)| \leq |T|$.

下面先引用 Lascar 的一条定理 (见 [L4]) 如下

命题 3.9.10 如果 T 是小的, 则 $G = \mathrm{Aut}(M)$ 的每一个 ∞- 基本子群都是 G 的基本子群的交.

定理 3.9.11 设 T 是单纯和小的理论. 则任意集合 A 上的 Lascar- 强型和在 A 上的强型是一致的.

证明 注意到 $\mathrm{stp}(\bar{a}/A) = \mathrm{stp}(\bar{b}/A)$ 当且仅当对一切有穷的 $\bar{c} \subseteq A$, $\mathrm{stp}(\bar{a}/\bar{c}) = \mathrm{stp}(\bar{b}/\bar{c})$. 因此由推论 3.9.9, 只需证明对有穷的 A 定理成立即可. 而且如果 A 有穷, 则 $T(A)$ 也是小的. 因此不失一般性我们可以假定 $A = \varnothing$.

现在, 存在型 $r(\bar{x}, \bar{y})$ 已经定义了在空集 $\varnothing$ 上的 Lascar- 强型的相等 (定理 3.9.8). 假定 $\text{stp}(\bar{c}) = $s $\text{tp}(\bar{d})$, 需证 $\text{Lstp}(\bar{c}) = \text{Lstp}(\bar{d})$. 设 $H_{\bar{c}} = \{h \in \text{Aut}(M)|\ r(\bar{c}, h(\bar{c}))\}$, 则 $H_{\bar{c}}$ 是 $G = \text{Aut}(M)$ 的子群. 因此由前面的 Lascar 定理, $H_{\bar{c}} = \bigcap_{i \in \omega} H_i$, 这里 $H_i = \{h \in \text{Aut}(M)|E_i(\bar{c}, h(\bar{c}))\}, E_i(\bar{x}, \bar{y})$ 是 L 中的公式, 其每一个都定义一个等价关系. 这样就有

$$p(\bar{x}) \bigcup p(\bar{y}) \cup r(\bar{x}, \bar{y}) \leftrightarrow p(\bar{x}) \cup p(\bar{y}) \cup \{E_i(\bar{x}, \bar{y})|i \in \omega\}, \tag{1}$$

这里 $p(\bar{x}) = \text{tp}(\bar{c})$.

现在对每一个 $i \in \omega$ 和每一个 $p(\bar{x})$ 中的公式 $\theta(\bar{x})$,

$$(\theta(\bar{x}) \wedge \theta(\bar{y}) \wedge E_i(\bar{x}, \bar{y})) \vee (\neg\theta(\bar{x}) \wedge \neg\theta(\bar{y})) := E_i^{\theta}(\bar{x}, \bar{y})$$

定义了一个等价关系. 注意到 E_i^{θ} 的每一个等价类或者是 $\neg\theta(\bar{x})$ 或者是 $\theta(\bar{x}) \wedge (E_i$ 的一个等价类). 而且, 对每一个 $i \in \omega$, 存在 $p(\bar{x})$ 中的一个公式 $\varphi_i(\bar{x})$ 使得 $E_i^{\varphi_i}(\bar{x}, \bar{y})$ 定义了一个有穷等价关系, 因为不然的话, 根据式 (1), $r(\bar{x}, \bar{y})$ 不能有界, 矛盾. 于是

$$p(\bar{x}) \cup p(\bar{y}) \cup \{E_i^{\varphi_i}(\bar{x}, \bar{y})|i \in \omega\} \rightarrow \{\varphi_i(\bar{x}) \wedge \varphi_i(\bar{y}) \wedge E_i^{\varphi_i}(\bar{x}, \bar{y})|i \in \omega\}$$
$$\rightarrow \{\varphi_i(\bar{x}) \wedge \varphi_i(\bar{y}) \wedge E_i(\bar{x}, \bar{y})|i \in \omega\}. \tag{2}$$

最后, 由于 $\text{stp}(\bar{c}) = \text{stp}(\bar{d})$, 所以 $p(\bar{c}) \cup p(\bar{d}) \cup \{E_i^{\varphi_i}(\bar{c}, \bar{d})|i \in \omega\}$ 成立. 因此根据式 (2), $\{E_i(\bar{c}, \bar{d})|i \in \omega\}$ 成立. 又由 (1), $r(\bar{c}, \bar{d})$ 成立. 因此 $\text{Lstp}(\bar{c}) = \text{Lstp}(\bar{d})$. 证毕.

推论 3.9.12　假如 T 是单纯理论且是 $\aleph_0$ - 范畴的, 则在 A 上的 Lascar- 强型是与在 A 上的强型一致的.

证明　由 Ryll-Nardzewski 定理即得.

§3.10　Shelah-度和低的单纯理论

在本节中我们要讨论另一类单纯理论, 称做 "低" 的理论. 它是整个单纯理论的类的一个真子类. 之所以说它是真子类, 是因为 Kim 和 Buechler-Laskowski 分别单独地构造出单纯的但非低的理论. 低的理论包含所有稳定的理论 (亦即稳定的理论必是低的). 可是它与超单纯的理论却是即相交又不重合, 因为超单纯理论中的超稳定理论就是低的, 而 Casanovas 和 Kim[CaKi] 构造了一个超单纯但非低的理论.

本节的重点是证明对于低的单纯理论, Lascar- 强型和强型是一致的, 亦即 $\text{Lstp}(a/A) = \text{Lstp}(b/A)$ 当且仅当 $\text{stp}(a/A) = \text{stp}(b/A)$.

为了简化证明并易于表达和解释, 现作以下说明.

注记 3.10.1　1) 注意到假如 T 是单纯的, $M \models T, A \subseteq M$, 则加入 A 中元素以扩充语言 L 到 $L(A)$, 则在扩充后的语言上的理论 $T(A)$ 亦是单纯的, 因此在以下的讨论以及定理的证明中, 我们总是假定是在空集 $\varnothing$ 上的 Lascar- 强型和在空集 $\varnothing$ 上的强型. 这样只需证明 $\mathrm{Lstp}(a) = \mathrm{Lstp}(b)$ 当且仅当 $\mathrm{stp}(a) = \mathrm{stp}(b)$.

2) 称一语句 $R(x)$ 是 **型可定义的**(type-definable) 如果存在一个型 p(不一定是完全的) 满足 $\models R(x) \leftrightarrow p(x)$.

例如, 容易看出 "公式集 $\{\varphi(x, a_i) | i \in \omega\}$ 是 k- 不和谐的是型可定义的, 但 "公式集 $\{\varphi(x, a_i) | i \in \omega\}$ 是不和谐的" 一般来说不是型可定义的, 这里 $\{a_i | i \in \omega\}$ 是不可辨序列.

3) 同前, 记 $a \equiv_L b$ 代替 $\mathrm{Lstp}(a) = \mathrm{Lstp}(b), a \equiv_s b$ 代替 $\mathrm{stp}(a) = \mathrm{stp}(b)$, 且 $a \downarrow b$ 代替 $a \underset{\varnothing}{\downarrow} b$.

定义 3.10.2　称一个完全的理论为 **低的理论**(low theory), 假如对于任何公式 $\varphi(\bar{x}, \bar{y})$, 存在自然数 k, 使得一旦公式集 $\Gamma = \{\varphi(\bar{x}, \bar{a}_i) | i \in \omega\}$ 对于某个不可辨序列 $\{a_i | i \in \omega\}$ 是不和谐的, 则 Γ 是 k- 不和谐的.

在证明主要定理之前我们要先引出一个引理, 它们在定理的证明中起着很重要的作用.

引理 3.10.3　假定 T 是单纯理论, $p(\bar{x}_i)$ 是在某集合 A 上的完全型 $(i = 1, \cdots, n)$, 则存在一个在 A 上的部分型 $q(\bar{x}_1, \cdots, \bar{x}_n)$ 满足于对任意数组 $\bar{a}_1, \cdots, \bar{a}_n$, $\bar{a}_i \models p(\bar{x}_i), \{\bar{a}_1, \cdots, \bar{a}_n\}$ 是 A- 独立的当且仅当 $(\bar{a}_1, \cdots, \bar{a}_n) \models q(\bar{x}_1, \cdots, \bar{x}_n)$.

证明　设 $q(\bar{x}_1) = \varnothing$, 对于 $n > 1$, 设

$$q(\bar{x}_1, \cdots, \bar{x}_{n-1}, \bar{x}_n) = q(\bar{x}_1, \cdots, \bar{x}_{n-1}) \bigcup \{\neg\varphi(\bar{x}_1, \cdots, \bar{x}_{n-1}, \bar{x}_n)$$

$$\in L(A) | \varphi(\bar{x}_1, \cdots, \bar{x}_{n-1}, \bar{a}_n) 在 A 上分叉\},$$

以及 $\bar{a}_n \models p(\bar{x}_n)$. 我们归纳假设 $\{\bar{a}_1, \cdots, \bar{a}_{n-1}\}$ 在 A 上独立当且仅当 $(\bar{a}_1, \cdots, \bar{a}_{n-1}) \models q(\bar{x}_1, \cdots, \bar{x}_{n-1})$. 根据对称性和传递性, $\{\bar{a}_1, \cdots, \bar{a}_n\}$ 在 A 上是独立的当且仅当 $(\bar{a}_1, \cdots, \bar{a}_{n-1}) \models q(\bar{x}_1, \cdots, \bar{x}_{n-1})$ 且 $\bar{a}_1, \cdots, \bar{a}_{n-1}$ 在 A 上独立于 $\bar{a}_n$ 当且仅当 $(\bar{a}_1, \cdots, \bar{a}_n) \models q(\bar{x}_1, \cdots, \bar{x}_n)$.

现在我们就来叙述和证明本节的主要定理.

定理 3.10.4　设 T 是单纯理论和低的, 则对于任意集合 A 和元素 $\bar{a}, \bar{b}$, $\mathrm{Lstp}(a/A) = \mathrm{Lstp}(b/A)$ 当且仅当 $\mathrm{stp}(/A) = \mathrm{s\,tp}(b/A)$.

证明　如前所述, 我们只要证明 $a \equiv_L b \Leftrightarrow a \equiv_s b$. 而且正如 §3.8 中指出的, 只需证明 $a \equiv_s b \Rightarrow a \equiv_L b$ 即可. 另外由引理 3.9.2, $\mathrm{Lstp}(a/A) = \mathrm{Lstp}(b/A)$ 是一个 A 上不变的有界等价关系, 其上界就是 $2^{|T|+|A|}$. Lascar- 强型的相等是所有可定义的有界等价关系的合取 (注意: 强型的相等是所有可定义的有穷等价关

系的合取).

固定一个完全的在空集 $\varnothing$ 上的型 p. 设型 $r(\bar{x}, \bar{y})$ 定义 p 的一对认知的 Lascar-强型. 比如设 $\bar{a}, \bar{b}$ 认知 p, $\bar{a} \equiv_L \bar{b} \Leftrightarrow r(\bar{a}, \bar{b})$. 这样我们只需证明存在可定义等价关系 $E_i(\bar{x}, \bar{y})$ 满足

$$p(\bar{x}) \wedge p(\bar{y}) \models r(\bar{x}, \bar{y}) \leftrightarrow \bigwedge_{i \in I} E_i(\bar{x}, \bar{y}),$$

这里 I 是某个指标集, 它满足 $|I| \leq |T|$.

取公式 $\varphi = \varphi(\bar{x}, \bar{y}) \in r(\bar{x}, \bar{y})$ 并定义两个关系 R_φ 合 S_φ 如下:

$$R_\varphi(\bar{u}, \bar{v}) = p(\bar{u}) \wedge p(\bar{v}) \wedge \exists \bar{v}'((\bar{v}' \equiv_L \bar{v})$$
$$\wedge (\bar{u} \downarrow \bar{v}') \wedge (\varphi(\bar{x}, \bar{u}) \wedge \varphi(\bar{x}, \bar{v}')) \text{不在 } \varnothing \text{上分叉}),$$

$$S_\varphi(\bar{u}, \bar{v}) = p(\bar{u}) \wedge p(\bar{v}) \wedge \exists \bar{v}'((\bar{v}' \equiv_L \bar{v})$$
$$\wedge (\bar{u} \downarrow \bar{v}') \wedge (\varphi(\bar{x}, \bar{u}) \wedge \varphi(\bar{x}, \bar{v}') \text{在 } \varnothing \text{上分叉}).$$

断言 1   假如 T 是低的理论, 则对于每一个公式 $\varphi(x, y)$ 和任意集合 A, "$\varphi(x, a)$ 在 A 上分叉" 是型可定义的, 即存在部分型 $q \in S(A)$ 满足 "$\varphi(x, a)$ 在 A 上分叉 "$\Leftrightarrow \models q(\bar{a})$. 这样 S_φ 是型可定义的. 此断言可由低理论的定义直接得证.

断言 2 $p(\bar{u}) \wedge p(\bar{v}) \models R_\varphi(\bar{u}, \bar{v}) \vee S_\varphi(\bar{u}, \bar{v})$.

断言 2 的证明   根据引理 3.9.6, 这是显然的.

断言 3 $p(\bar{u}) \wedge p(\bar{v}) \models S_\varphi(\bar{u}, \bar{v}) \rightarrow \neg R_\varphi(\bar{u}, \bar{v})$.

断言 3 的证明   现在假定 $R_\varphi(\bar{u}, \bar{v})$ 成立. 假设 $\bar{v}'' \downarrow_{\bar{u}} \bar{v}'$ 且 $\bar{v}'' \equiv_L \bar{v}'$ (根据引理 3.9.6, $\bar{v}''$ 存在). 因为 $\varphi(\bar{x}, \bar{u}) \wedge \varphi(\bar{x}, \bar{v}')$ 不在空集上分叉, 所以是和谐的, 因此存在 $\bar{c}$, 使得 $\bar{c} \models \varphi(\bar{x}, \bar{u}) \wedge \varphi(\bar{x}, \bar{v}')$. 现在应用引理 3.10.3, 可知 $\bar{c} \downarrow \overline{uv}'$. 又因为 $\varphi(\bar{x}, \bar{v}'')$ 不在空集上分叉, 所以同理存在 $\bar{c}''$ 满足 $\bar{c}'' \models \varphi(\bar{x}, \bar{v}'')$, 而且 $\bar{c}'' \equiv_L \bar{c}$. 再根据引理 3.10.3, $\bar{c}'' \downarrow \bar{v}''$.

这样, 根据 Lascar- 强型的独立性定理 (定理 3.8.6), $\varphi(\bar{x}, \bar{u}) \wedge \varphi(\bar{x}, \bar{v}') \wedge \varphi(\bar{x}, \bar{v}'')$ 和谐且不在空集 $\varnothing$ 分叉. 这样存在 $\bar{c}'$ 满足 $\bar{c}' \models \varphi(\bar{x}, \bar{u}) \wedge \varphi(\bar{x}, \bar{v}') \wedge \varphi(\bar{x}, \bar{v}'')$, $\bar{c}' \equiv_L \bar{c}$ 和 $\bar{c}' \downarrow \overline{uv}' \bar{v}''$. 因此 $\varphi(\bar{x}, \bar{u}) \wedge \varphi(\bar{x}, \bar{v}'')$ 不在空集 $\varnothing$ 上分叉. 另外注意到 $\bar{v}'' \downarrow \overline{uv}'$, $\bar{u} \downarrow \bar{v}'$, 所以 $\bar{u} \downarrow \bar{v}''$. 这样 $\bar{u} \downarrow \bar{v}''$, 且 $\bar{v}'' \equiv_L \bar{v}$. 因此 S_φ 不成立. 我们已经证明 $R_\varphi \rightarrow \neg S_\varphi$. 也就是说, 如果 $\bar{u}, \bar{v}$ 认知 p, 而存在 $\bar{v}'$ 满足 $\bar{v}' \equiv_L \bar{v}$, $\bar{u} \downarrow \bar{v}'$ 且 $\varphi(\bar{x}, \bar{u}) \wedge \varphi(\bar{x}, \bar{v}')$ 不在空集 $\varnothing$ 上分叉, 则对一切 $\bar{v}''$, 如果 $\bar{v}'' \equiv_L \bar{v}$, $\bar{u} \downarrow \bar{v}''$, 则 $\varphi(\bar{x}, \bar{u}) \wedge \varphi(\bar{x}, \bar{v}'')$ 不在空集 $\varnothing$ 上分叉. 于是我们可以定义型 $\sigma_\varphi(\bar{x}, \bar{y})$ 如下:

$$p(\bar{x}) \wedge p(\bar{y}) \models R_\varphi(\bar{x}, \bar{y}) \leftrightarrow \sigma_\varphi(\bar{x}, \bar{y}).$$

因为 $r(x, y)$ 是一个等价关系, 所以

$$p(x) \wedge p(y) \wedge \sigma_\varphi(z, x) \wedge r(x, y) \models \sigma_\varphi(z, y).$$

根据紧致性定理, 存在 $\delta(x) \in p(x)$ 满足

$$\delta(x) \wedge \delta(y) \wedge \sigma_\varphi(z, x) \wedge r(x, y) \models \sigma_\varphi(z, y).$$

定义

$$E_\varphi(x, y) = \forall z(\delta(z) \to (\sigma_\varphi(z, x) \leftrightarrow \sigma(z, y))).$$

这是一个定义在空集 $\varnothing$ 上的等价关系.

断言 4　　$p(x) \wedge p(y) \models r(x, y) \Leftrightarrow \bigwedge_{\varphi \in r} E_\varphi(x, y).$

断言 4 的证明　　$\Rightarrow$ 显然.

$\Leftarrow$ 为得到矛盾反设 $\neg r(a, b), a, b \models p(x)$. 则存在 $\psi(x, y) \in r(x, y)$ 满足

$$\{x : \psi^2(x, a) \wedge \psi^2(x, b)\} = \varnothing,$$

这里 $\psi^2(x, a) = \exists z(\psi(x, z) \wedge \psi(z, a))$. 这样我们必有 $\neg E_\psi(a, b)$, 否则, 即 $E_\psi(a, b)$, 则由于 $a \models \delta_\psi(a) \wedge \delta_\psi(a, a)$, 故 $\sigma_\psi(a, b)$ 为真. 因此有 $a \models \psi^2(x, a)$ 和 $a \models \psi^2(x, b)$, 矛盾.　　证毕.

在 Buechler 的论文 [Bu2] 及 F. Wagner 的书 [W2] 中的最后一节都是用所谓 Shelah- 度或 D- 秩定义低理论的. 下面我们介绍 D- 秩和 Shelah- 度并证明用它来定义的低理论是和我们的定义等价的.

定义 3.10.5　　设 $\Delta(x, y)$ 是公式集. $D(-, \Delta)$- 秩归纳定义如下:

1) $D(\varphi, \Delta) \geq 0$, 如果 φ 是和谐的,

2) $D(\varphi, \Delta) \geq \alpha + 1$, 如果对于任意基数 λ, 存在元素的集合 $\{a_i | i < \lambda\}$ 及公式 $\psi(x, y) \in \Delta(x, y)$, 满足对一切 $i < \lambda$, $D(\varphi(x) \wedge \psi(x, a_i), \Delta) \geq \alpha$, 而且 $\{\psi(x, a_i) | i < \lambda\}$ 是 n- 不和谐的, 这里 n 是某个自然数.

3) 对于 α 是极限基数的情形, 如果对一切 $\beta < \alpha$, 有 $D(\varphi, \Delta) \geq \beta$, 则 $D(\varphi, \Delta) \geq \alpha$.

如果 Δ 包括所有语言 L 中的公式, 则称 $D(-, L)$ 为 Shelah- 度.

定义 3.10.6　　称完全理论 T 是低理论, 假如对一切有穷的 Δ, $D(x = x, \Delta) < \omega$.

现在我们来证明这个定义是等价于本节中给出的定义.

命题 3.10.7　　假定 T 是单纯理论, 下面诸命题等价.

1) $D(x = x, \Delta) < \omega$, Δ 是有穷公式集,

2) T 是低理论,

3) 对于任意公式 φ, 存在自然数 n, 使得对一切 $m \geq n$, 以及一切型 p, $D(p, \varphi, m) \geq D(p, \varphi, n)$.

证明　　1) $\Rightarrow$ 2). 设 $k = D(x = x, \varphi) + 1$. 假如 $\{\varphi(x, a_i) | i < k\}$ 是和谐的, 则对于一切 $j < k$, 令 $p_j(x) = \{\varphi(x, a_i) : i < j\}$. 这样, $\varphi(x, a_j)$ 就是 $D(p_j, \varphi) > D(p_{j+1}, \varphi)$ 的证据, 因为 $D(p_0, \varphi) \geq k$, 矛盾.

2)　⇒ 3). 这是显然的, 因为 $\varphi(x,a)$ 是 m- 分叉, 总是有一个不可辨序列 $\langle a_i | i \in I \rangle$ 使得 $\{\varphi(x, a_i) | i \in I\}$ 是 m- 不和谐的.

3)　⇒ 1) 假如 $D(x=x, \varphi) \geq k$, 则有一个长度为 k 的分离链, 有某个 $m \geq n$, 使得 $D(x=x, \varphi, m) \geq k$. 因此 $D(x=x, \varphi) \leq D(x=x, \varphi, n) < \omega$.

习题　(1)　对一切 Δ, p 和 k, $D(p, \Delta, k) \leq D(p, \Delta)$.

(2)　一切稳定的理论都是低理论.

§3.11　弱 分 离

前面我们指出 Shelah 在 1980 年的论文 [She1] 中首先引出了理论的单纯性的概念. 在这篇论文及其后 Kim 的论文中都用大量的结果说明这个概念与型的分离有很密切的关系. 不过, 正如 A. Dolich 在他的文章 [D] 中指出的, Shelah 原先文章中引出的弱分离 (weak dividing) 尚没有引起足够的重视, 也没有很多的结果. 本节讲述 A. Dolich 的那篇文章以及 Kim 和 Shi 最近的研究工作 [KS]. 作者认为弱分离是一个尚未充分研究的领域, 读者应注意之.

定义 3.11.1　假定 $A \subseteq B$, 称型 $p(x) = \mathrm{tp}(a/B)$ 在 A 上 **弱分离**(weak dividing), 如果存在一个在 A 上的公式 $\psi(x_1, \cdots, x_n)$ 满足 $[p]^\psi = p(x_1) \cup \cdots \cup p(x_n) \cup \{\psi(x_1, \cdots, x_n)\}$ 不和谐, 但是 $[q]^\psi$ 和谐, 这里 $q(x) = \mathrm{tp}(a/A)$.

例子 3.11.2　设 T 是稠密线性序的理论. 固定 a, b 且 $a \neq b$. 设 $p =$"$a < x < b$" 那么 p 不在空集 ∅ 上弱分离. 另一方面, 假如固定 c 并设 $p(x,y) =$"$x < c < y$", 则 p 在空集 ∅ 上弱分离. 因为容易看出, 如果考虑公式 $\psi(x_1, y_1, x_2, y_2) =$"$y_1 < x_2$", 则 ψ 与理论 T 和谐, 但 $[p]^\psi$ 不和谐, 因此 p 在空集 ∅ 上弱分离.

命题 3.11.3　1. 在集合 A 上的型 $p \in S(A)$ 不在 A 上弱分离.

2. 假定 $A \subseteq B \subseteq C$, 而 $\mathrm{tp}(a/C)$ 不在 A 上弱分离, 则 $\mathrm{tp}(a/B)$ 不在 A 上弱分离.

3. 假定 $A \subseteq B \subseteq C, p \in S(C)$ 满足 p 不在 B 上弱分离, 而且 $p \restriction B$ 不在 A 上弱分离, 则 p 不在 A 上弱分离.

上面的命题 2 告诉我们弱分离满足部分传递性. 但一般说来, 传递性的另一方向并不成立. 另外应注意到弱分离满足部分传递性和分离 (分叉) 满足部分传递性方向正好相反. 另外也应指出, 分离和弱分离不是一个蕴涵一个的关系.

引理 3.11.4　假如 $\mathrm{tp}(a/Bc)$ 在 B 上分离, 则 $\mathrm{tp}(c/Ba)$ 在 B 上弱分离.

证明　因为 $\mathrm{tp}(a/Bc)$ 在 B 上分离, 则有 $c = c_0, c_1, \cdots, c_k$ 满足 $\mathrm{tp}(c_i/B) = \mathrm{tp}(c/B)$ 且有在 B 上的公式 $\varphi(x,y)$ 使得 $\varphi(x, c_0) \wedge \cdots \wedge \varphi(x, c_k)$ 不和谐. 由于 $\mathrm{tp}(a/Bc) \vdash \varphi(x, c)$, 所以 $a \models \varphi(x, c_0)$. 这样 a 不认知 $\varphi(x, c_1) \wedge \cdots \wedge \varphi(x, c_k)$. 但 $\varphi(a, y) \in \mathrm{tp}(c/Ba) = p(x), \varphi(a, y) \in \mathrm{tp}(c_i/Ba)$. 因此 $\mathrm{tp}(c_0 \cdots c_k/B) \cup p(x_0) \cup \cdots \cup p(x_n)$ 不和谐. 所以由紧致性, p 在 B 上弱分离.

引理 3.11.5 局部特征 (local character) 如果 a 有穷, C 是无穷集合, 则存在 $C_0 \subseteq C$, $|C_0| \leq |T|$ 使得 $\operatorname{tp}(a/C)$ 不在 C_0 上弱分离.

证明 现在证明如下断言.

断言 假定型 $p \in S(C)$, 则对于一切 $B \subseteq C$, 存在 B', $B \subseteq B' \subseteq C$, 有公式 $\psi(\bar{x}, \bar{b}), \bar{b} \in B$ 使得如果 $[p]^{\psi}$ 不和谐则 $[p \upharpoonright B']^{\psi}$ 不和谐.

事实上, 对于任意公式 $\psi(\bar{x}, \bar{b}), \bar{b} \in B$, 如果 $[p]^{\psi}$ 不和谐, 则有公式 $\theta_{\psi} \in p$ 使得 $[\theta_{\psi}]^{\psi}$ 不和谐. 设 $B' = \{\bar{c} | \theta_{\psi}(\bar{x}, \bar{c}), \theta_{\psi} \in p\}$, 这样, 如果 $[p]^{\psi}$ 不和谐, 则 $[p \upharpoonright B']^{\psi}$ 不和谐, 断言证毕.

现在我们来递归地构造 C_0, 设 $A_0 = \varnothing$, $A_{n+1} = (A_n)'$, $C_0 = \bigcup_{n<\omega} A_n$. 这样, 如果 $[p]^{\psi}$ 不和谐, 则 $[p \upharpoonright C_0]^{\psi}$ 不和谐, 即 p 不在 C_0 上弱分离. 但注意到公式 ψ 的个数 $\leq |T| + |B| + \aleph_0$, 所以上述断言中 $|B'| \leq |T| + |B| + \aleph_0 = |T|$. 因此 $|C_0| \leq |T|$.

下面的引理给出了一个与弱分离等价的条件, 它在以后的证明中常常要用到.

引理 3.11.6 设 $A \subseteq B$, 则下面两个命题等价:

1) $p(x) = \operatorname{tp}(a/B)$ 不在 A 上弱分离.

2) 对于满足 $\operatorname{tp}(a/B) = \operatorname{tp}(a_i/B)$ 的任意集合 $\{a_i | i \in I\}$, 存在集合 $B' \models \operatorname{tp}(B/A)$ 使得对于一切 $i \in I$, $\operatorname{tp}(a_i B'/A) = \operatorname{tp}(aB/A)$.

证明 1) $\Rightarrow$ 2) 显然.

2) $\Rightarrow$ 1) 假定 $q(x) = \operatorname{tp}(a/A)$, 且对于一个在 A 上的公式, $\psi(x_1, \cdots, x_n)$, $[q]^{\psi}$ 被 n 元组 $(a_1, \cdots, a_n)$ 认知. 由 2) 存在集合 $B' \models \operatorname{tp}(B/A)$ 使得 $\operatorname{tp}(a_i B'/A) = \operatorname{tp}(aB/A)$. 现在固定 A, 将 B' 映射到 B, 则可以找到 $(a_1', \cdots, a_n') \models [p]^{\psi}$, 从而 p 不在 A 上弱分离.

下面要证明对于任意理论 T, 弱分离的对称性蕴涵传递性. 不过读者应注意, 一般来说, 弱分离的传递性并不蕴涵对称性.

引理 3.11.7 设 $A \subseteq B$. 如果 $\operatorname{tp}(c/Bd)$ 在 B 上弱分离, 则存在 $b \in B$ 使得 $\operatorname{tp}(cb/Ad)$ 在 A 上弱分离.

证明 设 $p(x) = \operatorname{tp}(c/Bd)$ 在 B 上弱分离, 则存在公式 $\psi(x_1, \cdots, x_n; b_0; a)$, $b_0 \in B \backslash A, a \in A$, 使得 $[p]^{\psi}$ 不和谐但 $[p \upharpoonright B]^{\psi}$ 和谐. 由前者可知存在 $b_1 \in B$ 使得 $[p \upharpoonright b_1 d]^{\psi}$ 不和谐. 现设 $\psi'(x_1 y_0 y_1, \cdots, x_n y_0 y_1; a) = \psi(x_1, \cdots, x_n; y_0; a) \wedge y_0 = y_1$, 以及 $b = b_0 b_1$. 这样由后者可知 $[\operatorname{tp}(cb/A)]^{\psi'}$ 和谐. 另一方面, 假如 $[\operatorname{tp}(cb/Ad)]^{\psi'}$ 和谐, 则有 $c_1, \cdots, c_n$, 和 $b' = b_0' b_1'$ 满足 $c_i b' \models \operatorname{tp}(cb/Ad)$ 和 $\models \psi(c_1 b', \cdots, c_n b'; a)$. 固定 Ad 映射 b' 到 b, 则可以求出 $(c_1', \cdots, c_n')$ 认知 $[p \upharpoonright b_1 d]^{\psi}$, 这与前面称它不和谐矛盾.

定理 3.11.8 对于任意理论 T, 假如弱分离满足对称性, 则它满足传递性.

证明 根据习题 3.11.3, 只需证明: 对于 $A \subseteq B \subseteq C$, 如果 $\operatorname{tp}(a/C)$ 不在 A

上弱分离, 则它也不在 B 上弱分离. 假定不是如此, 即 $\text{tp}(a/C)$ 在 B 上弱分离, 则由对称性, 存在 $c \in C$ 使得 $\text{tp}(c/Ba)$ 在 B 上弱分离. 这样, 根据上述引理, 存在 $b \in B$ 使得 $\text{tp}(cb/Aa)$ 在 A 上弱分离. 再由对称性, $\text{tp}(a/Acb)$ 在 A 上弱分离, 这与 $\text{tp}(a/C)$ 不在 A 上分离矛盾.

现在我们讨论弱分离和稳定理论之间的关系. 首先引出所谓 **弱分离左链**(weak dividing left-chain) 的概念.

定义 3.11.9 称理论 T 在集合 A 上有一个弱分离左链, 如果有 n 元组 b, 以及集合 $\{a_i|i < |T|^+\}$ 满足对每一个 $\alpha < |T|^+$, $\text{tp}(a_\alpha/Ab\{a_\beta : \beta < \alpha\})$ 在 $A \cup \{a_\beta|\beta < \alpha\}$ 上弱分离.

如果 T 在某个集合上有弱分离左链则称 T 有弱分离左链.

引理 3.11.10 下面诸命题等价:

1) T 有弱分离左链,

2) 存在公式 $\psi(x_1,\cdots,x_n)$, c-不可辨序列 $I = \langle a_i|i \in \omega\rangle$, 以及 $\bar{d}^i = d_1^i \cdots d_n^i, \models \text{tp}(\bar{d}^0), i \in \omega$, 满足 $\bar{d}^i \models [\text{tp}(a_0)]^\psi$, 但 $[\text{tp}(a_0/C)]^\psi$ 是不和谐的, 而且 $\text{tp}(d_j^i/a_0 \cdots a_{i-1}) = \text{tp}(a_i/a_0 \cdots a_{i-1}), j = 1,\cdots,n$.

3) 存在有穷元组 c 和集合 A 使得 $\text{tp}(A/A_0c)$ 在 A_0 上弱分离, 这里 A_0 是满足 $|A_0| \leq |T|$ 的 A 的任意子集.

证明 1) $\Rightarrow$ 2) 假定存在 n 元组 b, 以及集合 $\{u_i|i < |T|^+\}$ 满足对每一个 $\alpha < |T|^+$, $\text{tp}(u_\alpha|Ab\{u_\beta|\beta < \alpha\})$ 在 $A \cup \{u_\beta|\beta < \alpha\}$ 上弱分离. 因为仅有 $|T|$ 个 $\mathcal{L}$-公式, 所有可以固定一个 $\mathcal{L}$-公式 $\varphi(w_1,\cdots,w_n;y)$ 和 $|T|^+$ 的基数为 $|T|^+$ 的子集 τ 使得对一切 $i \in \tau$, 存在 $s_i \in A\{u_j|j < i\}$, 以及 $\varphi_{s_i} = \varphi(w_1,\cdots,w_n;s_i)$ 使得

$$[\text{tp}(u_i/A\{u_j|j < i\})]^{\psi_{s_i}} \text{是和谐的, 比如被} u_1^i,\cdots,u_n^i\text{认知}, \tag{1}$$

而 $[\text{tp}(u_i/A\{u_j|j < i\}b)]^{\varphi_{s_i}}$ 是不和谐的. 假定对每一个 i, 有一个 Λ – 公式使得其不和谐性成立. 就是说, 存在公式 $\theta(w;yy'z)$ 使得对每一个 $e_i \in A\{u_j|j < i\}$,

$$\varphi(w_1,\cdots,w_n;s_i) \wedge \theta(w_1;s_ie_ib) \wedge \cdots \wedge \theta(w_n;s_ie_ib)\text{不和谐, 这里}$$

$$\theta(w;s_ie_ib) \in \text{tp}(u_i/A\{u_j|j < i\}b). \tag{2}$$

这样就可以假定存在公式 $\sigma(yy'z)$, 被 s_ie_ib 认知, 使得

$$\varphi(w_1,\cdots,w_n;y) \wedge \theta(w_1;yy'z) \wedge \cdots \wedge \theta(w_n;yy'z) \wedge \sigma(yy'z)$$

不和谐. 现在记 $x_k = w_kyy'$ 以及

$$\psi(x_1,\cdots,x_n) = \varphi(w_1,\cdots,w_n;y) \wedge y' = y', \tag{3}$$

$$\gamma(x;z) = \theta(wyy';z) \wedge \sigma(yy'z). \tag{4}$$

于是

$$\psi(x_1, \cdots, x_n) \wedge \gamma(x_1; z) \wedge \cdots \wedge \gamma(x_n; z) \text{不和谐}. \tag{5}$$

因为 $|\tau| \geq \omega$, 可设 $\omega \subseteq \tau$. 考察序列 $\langle u_i s_i e_i | i \in \omega \rangle$ 及 $u_1^i \cdots u_n^i$. 根据 (1) 和 (3), $\mathrm{tp}(u_j^i s_i e_i / u_0 s_0 e_0 \cdots u_{i-1} s_{i-1} e_{i-1}) = \mathrm{tp}(u_i s_i e_i / u_0 s_0 e_0 \cdots u_{i-1} s_{i-1} e_{i-1}), j = 1, \cdots, n$, 而且 $(u_1^i s_i e_i, \cdots, u_n^i s_i e_i) \models \psi(x_1, \cdots, x_n)$. 另一方面, 由 (2) 和 (4), $u_i s_i e_i \models \gamma(x, b)$. 这样根据 (5), $\psi(x_1, \cdots, x_n) \wedge \gamma(x_1; b) \wedge \cdots \wedge \gamma(x_n; b)$ 不和谐, 所以 $\mathrm{tp}(u_i s_i e_i / u_0 s_0 e_0 \cdots u_{i-1} s_{i-1} e_{i-1} b)$ 在 $u_0 s_0 e_0 \cdots u_{i-1} s_{i-1} e_{i-1}$ 上弱分离.

因此由紧致性和 Ramsey 形式的论证, 可以进一步假定 $\langle u_i s_i e_i | i \in \omega \rangle$ 是 b- 不可辨的, 且 $\mathrm{tp}(u_1^i s_i e_i \cdots u_n^i s_i e_i) = \mathrm{tp}(u_1^0 s_0 e_0 \cdots u_n^0 s_0 e_0)$. 这样设 $a_i = u_i s_i e_i, c = b$ 和 $\bar{d}^i = u_1^i s_i e_i \cdots u_n^i s_i e_i$, 2) 的条件即被满足.

2) $\Rightarrow$ 3) 假定 2) 成立, 由紧致性, 可以进一步假定 I 的长度为 $|T|^+$, 比如说 $I = \langle a_i | i < |T|^+ \rangle$. 设 $A = \{a_i | i < |T|^+\}$, 则对于任意 $A_0 \subseteq A, |A_0| \leq |T|$, 存在 $a_\alpha \in A$ 使得对一切 $a_i \in A_0$ 有 $\alpha > i$. 因此由 2), 有 $d_1^\alpha \cdots d_n^\alpha \models \mathrm{tp}(\bar{d})$, 满足 $\mathrm{tp}(d_j^\alpha / A_0) = \mathrm{tp}(a_\alpha / A_0), j = 1, \cdots, n$. 于是 $\mathrm{tp}(a_\alpha / A_0 c)$ 在 A_0 上弱分离. 这样 $\mathrm{tp}(A / A_0 c)$ 也在 A_0 上弱分离, 这就证明了 3).

3) $\Rightarrow$ 1) 假定 3). 作为特例, $\mathrm{tp}(A/C)$ 在空集 $\varnothing$ 上弱分离. 因此有有穷的 $a_0 \in A$ 满足 $\mathrm{tp}(a_0/C)$ 在空集 $\varnothing$ 上弱分离. 再用归纳法, 假定已经有了 $\{a_i | i < \alpha\} \subseteq A \; (\alpha < |T|^+)$ 使得对于 $\beta < \alpha$, $\mathrm{tp}(a_\beta / c\{a_i | i < \beta\})$ 在 $\{a_i | i < \beta\}$ 上弱分离. 根据 3), $\mathrm{tp}(A/c\{a_i | i < \alpha\})$ 在 $\{a_i | i < \alpha\}$ 上弱分离. 因此对某个有穷的 $a_\alpha \in A$, $\mathrm{tp}(a_\alpha / c\{a_i | i < \alpha\})$ 在 $\{a_i | i < \alpha\}$ 上弱分离. 所以 $\{a_\alpha | \alpha < |T|^+\}$ 形成一个弱分离左链. 证毕.

引理 3.11.11 假设 T 是不稳定理论, 则存在 a_1, a_2, b 和模型 M, 满足 $\mathrm{tp}(a_1/M) = \mathrm{tp}(a_2/M)$, 且 $\mathrm{tp}(a_1 a_2/Mb)$ 是 $\mathrm{tp}(a_1 a_2/M)$ 的一个共后继, $\mathrm{tp}(a_1 a_2/Mb)$ 在 M 上弱分离, 而且 $\mathrm{tp}(b/Ma_1 a_2)$ 不在 M 上弱分离.

证明 因为 T 不稳定, 必有模型 M 以及完全型 $p(x) \in S(M), p(x)$ 有两个不同的在 Mb 上的共后继 $q_1(x)$ 和 $q_2(x)$.

这样就有某个公式 $\varphi(x, m, b) \in q_1(x)$, 而

$$\neg\varphi(x, m, b) \in q_2(x), m \in M. \tag{1}$$

现设 $a_1 \models q_1(x)$, 就有 $q_2(x)$ 在 Mba_1 上的共后继开拓 $q_2'(x)$, 它的认知 $a_2 \models q_2'(x)$. 于是

$$r(xy) = \mathrm{tp}(a_1 a_2/Mb) \text{就是} \mathrm{tp}(a_1 a_2/M) \text{的共后继}. \tag{2}$$

断言 1 $\mathrm{tp}(a_1 a_2/Mb)$ 在 M 上弱分离. 由于 a_1, a_2 均认知 $p(x) \in S(M)$, 就有 a_3 满足 $\mathrm{tp}(a_1 a_2/M) = \mathrm{tp}(a_2 a_3/M)$. 假设 $\mathrm{tp}(a_1 a_2/Mb)$ 不在 M 上弱分离, 则由引理 3.11.6, 存在 $b' \models \mathrm{tp}(b/M)$ 满足 $\mathrm{tp}(a_1 a_2 b') = \mathrm{tp}(a_2 a_3 b'/M) = \mathrm{tp}(a_1 a_2 b/M)$.

因此
$$\mathrm{tp}(a_2 b'/M) = \mathrm{tp}(a_2 b/M), \tag{3}$$
且
$$\mathrm{tp}(a_2 b'/M) = \mathrm{tp}(a_1 b/M). \tag{4}$$

这样由 (1) 和 (3) $\neg\varphi(a_2, m, b')$ 成立. 另一方面, 由 (1) 和 (4), $\varphi(a_2, m, b')$ 成立, 矛盾. 因此 $\mathrm{tp}(a_1 a_2/Mb)$ 在 M 上弱分离.

断言 2 $\mathrm{tp}(b/Ma_1 a_2)$ 不在 M 上弱分离. 设 $B = \{b_i | i \in I\}$ 是任意集合, 它的每一个元素 b_i 都认知 $\mathrm{tp}(b/M)$. 这样由引理 3.11.6, 只需找到 $a_1' a_2'$, 使得对每一个 i, $\mathrm{tp}(a_1' a_2' b_i/M) = \mathrm{tp}(a_1 a_2 b/M)$ 即可.

现在因为 $r(xy) = \mathrm{tp}(a_1 a_2/Mb)$ 是 $\mathrm{tp}(a_1 a_2/M)$ 的一个共后继 (2), 就有 $r(xy)$ 在 MbB 上的共后继开拓 $r'(xy)$, $a_1' a_2'$ 是它的一个认知. 这样根据共后继的性质, 对每一个 i, $\mathrm{tp}(a_1' a_2' b_i/M) = \mathrm{tp}(a_1' a_2' b/M) = \mathrm{tp}(a_1 a_2 b/M)$. 现在断言 2 证毕, 从而完成了引理的证明.

引理 3.11.12 T 是单纯的当且仅当分离蕴涵弱分离.

$\Rightarrow$ 假如 $\mathrm{tp}(a/Bc)$ 在 B 上分离, 因为 T 是单纯的, 故由对称性, $\mathrm{tp}(c/Ba)$ 在 B 上分离. 这样由引理 3.11.4, $\mathrm{tp}(a/Bc)$ 在 B 上弱分离.

$\Leftarrow$ 由引理 3.11.5, 弱分离的局部特征性蕴涵分离的局部特征性, 从而理论 T 是单纯的.

引理 3.11.13   假如 T 是稳定的且 $p \in S(B)$, 则 p 不在 $A \subseteq B$ 上弱分离当且仅当 p 是 $q = p \upharpoonright A$ 在 B 上的惟一不分离开拓.

证明 $\Rightarrow$ 由引理 3.11.12, p 不可能是 q 的分离开拓. 又由引理 3.11.6, 存在 $\{a_i | i \in I\}$, 为认知 q 的不同的强型的所有代表的集合, 满足 $\mathrm{tp}(a_i/B) = p$. 因此 p 是 q 的惟一不分离开拓.

$\Leftarrow$ 由引理 3.11.6 及开拓公理易得.

现在来证明主要定理.

定理 3.11.14   下面诸命题等价.

1) T 是稳定的理论,

2) 在 T 中弱分离满足对称性,

3) 弱分离满足在模型上的对称性,

4) 弱分离和分离这两个概念在任意模型上是相同的,

5) T 没有弱分离左链,

6) 弱分离有左局部特征.

证明   1) $\Rightarrow$2) 有引理 3.11.13 可得.

2) $\Rightarrow$ 3) 无需证明.

3) $\Rightarrow$ 1) 由引理 3.11.11 可得.

1) $\Rightarrow$ 4) 由引理 3.11.13.

4) ⇒ 1) 亦由引理 3.11.11.

1) ⇒ 5) 证明其逆否命题. 假定 T 有一个弱分离左链. 则由引理 3.11.10, 存在 c- 不可辨序列 $\langle a_i|i \leq \omega \rangle$ 满足 $\mathrm{tp}(a_\omega/Ic)$ 在 $I = \langle a_i|i < \omega \rangle$ 上弱分离. 但由于任意的 $\psi(x) \in \mathrm{tp}(a_\omega/Ic)$ 均在 I 中被认知, $\mathrm{tp}(a_\omega/Ic)$ 不能在 I 上分离. 而且因为 $\mathrm{tp}(a_\omega/I) = \mathrm{Lstp}(a_\omega/I)$, 假如 T 是稳定的, 则由引理 3.11.13, 任意的 $\mathrm{tp}(a_\omega/I)$ 的不分离开拓必然是一个非弱分离的开拓. 因此 T 不是稳定的.

5) ⇒ 1) 仍证明其否逆命题. 假定 T 是不稳定的, 由引理 3.11.11, 存在 d_0 和 b 满足 $p = \mathrm{tp}(d_0/Mb)$ 是 $q = \mathrm{tp}(d_0/M)$ 的共后继, 而且 p 在 M 上弱分离. 因此对于某个在 M 上的公式 ψ, $[q]^\psi$ 是和谐的, 比如说被 $\bar{d} = d_0 \cdots d_n$ 认知, 而 $[p]^\psi$ 是不和谐的 $(*)$. 现在假设 $\langle a_i|i \in \omega \rangle$ 是 p 的共后继序列, 则 I 是 Mb 的不可辨序列. 设 $J = \langle c_i|i \in \omega \rangle$ 是 Mb- 不可辨序列 $(**)$, 且满足 $\mathrm{tp}(c_0 \cdots c_i/Mb) = \mathrm{tp}(a_i \cdots a_0/Mb)$. 这样, J 显然是 q 的一个后继序列.

断言 对每一个 i, 有 $\bar{d}^i = \bar{d}^i_0 \cdots \bar{d}^i_n \models \mathrm{tp}(\bar{d}/M)$ 满足 $\mathrm{tp}(d^i_j/Mc_0 \cdots c_{i-1}) = \mathrm{tp}(c_i/Mc_0 \cdots c_{i-1})$, $j = 0, \cdots, n$.

断言的证明 由于 $r(x) = \mathrm{tp}(c_0 \cdots c_{i-1}/Mc_i)$ 是 $r'(x) = \mathrm{tp}(c_i/Mc_0 \cdots c_{i-1})$ 的一个共后继, 所以 r 有一个在 $Mc^i_0 \cdots c^i_n$ 上的开拓 r_1, 这里 $c^i_0 \cdots c^i_n \models \mathrm{tp}(d/M)$, 且 $c_i = c^i_0$, 满足 r_1 是 r' 一个共后继. 固定 Mc_i 映射 r_1 的一个认知到 $c_0 \cdots c_{i-1}$, 可以找到所需的 $\bar{d}^i$, 它是 $c^i_0 \cdots c^i_n$ 的 Mc_i- 自同构的象.

这样, 根据这个断言, $[\mathrm{tp}(c_i/Mc_0 \cdots c_{i-1})]^\psi$ 被 $\bar{d}^i$ 认知, 而由 $(*)$ 和 $(**)$ 可知 $[\mathrm{tp}(c_i/Mc_0 \cdots c_{i-1})]^\psi \supseteq [\mathrm{tp}(c_i/Mb)]^\psi = [p]^\psi$ 是不和谐的. 因此, 由不可辨性, 获得了一个弱分离左链.

(5) ⇔ (6) 引理 3.11.10.

我们知道, 对于稳定的理论 T, 弱分离满足对称性, 从而满足传递性 (定理 3.11.8). 人们有理由相信, 共逆也是正确的, 即弱分离如果满足传递性, 则理论 T 是稳定的. 然而这却与事实不一样.

例子 3.11.15 1. 设 $\langle V, \langle, \rangle \rangle$ 是有无穷域上的向量空间, $\langle, \rangle$ 表示两个独立向量的内积. 设 a, b, c 为 V 中线性独立的向量. a, b 是互相垂直的而 b, c 及 a, c 则不是. 可以看到, $\mathrm{tp}(a/cb)$ 不在空集 $\varnothing$ 上弱分离, 但 $\mathrm{tp}(a/cb)$ 在 c 上弱分离. 这是因为假设 a' 是在 a, c 生成的平面上的向量, 并满足 a, a' 是线性独立的, 则 $\mathrm{tp}(ac) = \mathrm{tp}(a'c)$. 这样, 不存在 b' 使得 $\mathrm{tp}(acb') = \mathrm{tp}(a'cb')$, 因为否则的话 c 就是 a 和 a' 的线性组合, 而 a, b 相互垂直, c 必与 b' 垂直, 这与 b, c 不相垂直矛盾.

2. 设 $\langle M, R \rangle$ 是随机图的全模型. 为证明弱分离的传递性, 只需证明对于有穷的 $\bar{a}$, 以及 $A \subseteq B \subseteq C$,

(1) 如果 $\mathrm{tp}(\bar{a}/C)$ 不在 A 上弱分离,

(2) 则 $\mathrm{tp}(\bar{a}/C)$ 不在 B 上弱分离.

因此假设 (1) 成立.

为了证明 (2),

(3) 假定 $\{\bar{a}_i | i \in I\}$ 给定, 且满足 $\bar{a}_i \models \mathrm{tp}(\bar{a}/B)$.

由 (2),

(4) 有 $C' \supseteq A$ 使得 $\mathrm{tp}(\bar{a}C/A) = \mathrm{tp}(\bar{a}_iC'/A)$ 对于 $i \in I$ 成立. 这样有 B' 满足 $A \subseteq B' \subseteq C'$ 使得 $\mathrm{tp}(B'/A) = \mathrm{tp}(B/A)$.

根据引理 3.11.6, 只需看到 $\mathrm{tp}(B'/\{\bar{a}_i | i \in I\}A) = \mathrm{tp}(B/\{\bar{a}_i | i \in I\}A)$ 即可. 现在由 (3) 和 (4), 对于 $i \in I$, $\mathrm{tp}(\bar{a}_iB) = \mathrm{tp}(\bar{a}_iB')$. 因此由于这两个型均由 $\{\bar{a}_i | i \in I\}$ 中元素及 B (或 B') 中元素之间的关系 R 决定, 所以这两个型是一样的, (2) 被推出.

【历史的附注】 本章集中讨论单纯理论, 是本书的一个重点. §3.1~§3.5 及 §3.8, §3.9 主要取材于 Kim 的博士论文 [K1]. §3.6 取材于 Kim 的论文 [K5]. §3.7 取材于 E. Casanovas 的论文 [C], §3.10 取材于 S. Buechler 的论文 [Bu2], 不过其证明已经有较大的改动. §3.11 取材于 Shelah 的 [She1], Dolich 的 [D], 以及 Shi 和 Kim 的论文 [KS]. 单纯理论是 Shelah 于 1980 年在他的论文 [She1] 中首先引出的概念. 他在该论文中并证明了单纯理论的一些基本性质. 在 1996 年 B. Kim 在 Pillay 的指导下完成了他的关于单纯性理论的博士论文 [K1]. 在他的论文中, 已经比较系统全面地考察了单纯性理论. 他证明了单纯理论具有对称性, 传递性, 延伸性, 局部特征, 有穷特征等性质, 以后他又在 [K4] 中证明这些性质是与单纯性等价的. 他也在他的博士论文中证明了模型上的和 Lascar-强型的独立性定理. 他又在 [K5] 中证明了超单纯理论只可能是 $\aleph_0$- 范畴的或者有多于 $\aleph_0$ 个可数模型. E. Casanovas 在 [C] 中考察了单纯理论中型的基数, 实际上是给出了单纯理论的另一个定义. S. Buechler 证明了对于低的单纯理论, Lascar-强型与强型是一致的. 在 Shelah 1980 年的论文中他还提出了一个弱分离的概念. 直到 2002 年 A. Dolich 才对弱分离再次提出进一步考察的呼吁并在 [D] 中对弱分离做了初步的研究. 随后 Kim 和 Shi 在 [KS] 中也对弱分离作了进一步的考察.

第四章 兼纳模型的构造及其理论

本章中我们要讨论一类模型的构造, 它们是由许多有穷结构和所谓强包含关系 (strong submod) 用所谓聚合 (amalgamation) 的方法构造而成. 这里强包含关系又是由所谓 "维函数"(dimensional function) 来定义, 它是从有穷结构类到实数的一个函数.

由上述方法构成的模型称为兼纳模型 (generic models). 这种方法首先由 Fraïssé-Jonsson 在 20 世纪 70 年代提出, 所以有时也用他们的名字称呼这种构造, 以后被 W. Glassmine, W. Henson, A. Ehrenfeucht 等人用来构造范畴理论, 可数齐次关系的结构等等. 1988 年 Hrushovski 用一个十分巧妙的方法构造了一个兼纳模型 — 拟平面, 它的理论是稳定的, 但不是 ω-稳定的. 就如我们在第二章最后一节指出的那样, 他的结果否证了 Lachlan 猜想, 并添补了一个空白: 存在一个稳定的 $\aleph_0$- 范畴的理论. 其后, N. Shi 和 J. Baldwin 推广局部有穷的概念到局部可数的概念, 构造了非 $\aleph_0$-范畴的 ω-稳定的和严格稳定的理论, 见 [S],[BS]. 10 多年来仍有不少人继续这方面的研究工作, 并结合近来出现的单纯, 超单纯理论, 构造出单纯和超单纯的兼纳模型 [Hr2,P0,VY,SS], 这方面的结果会在近期内在有关期刊上发表.

§4.1 兼纳构造的一般理论

在这一节中首先引出一个结构的类和所谓强包含的概念.

定义 4.1.1 设 K 是成员为某些数学结构的一个类, 它的成员可有任意基数. 定义 $K_0 = \{A \in K : A$ 是有穷的 $\}$.

设 **强包含** $\leq$ 是定义在 $K_0 \times K$ 上的二元关系, 满足以下公理集.

公理集 4.1.2 **A1** 假如 $M \in K_0$ 则 $M \leq M$, 即 $\leq$ 满足自反性.

A2 假如 $M \leq N$ 则 $M \subseteq N$, 即强包含蕴涵包含.

A3 假如 $A, B \in K_0$, $C \in K$ 则 $A \leq B \leq C \Rightarrow A \leq C$, 即 $\leq$ 满足传递性.

A4 假如 $A \in K_0$, $A \leq B$ 当且仅当对一切满足 $A \subseteq C \subseteq B$ 的有穷的 $C, A \leq C$.

A5 $\phi \in K_0$ 且对一切 $A \in K, \phi \leq A$.

当 $A \leq M$ 时, 我们称 A 是在 M 中 **闭的**(closed) .

稍后我们还要引出更多的公理. 下面用 $\delta_C(\bar{c})$ 表示描述结构 C 的原子语句集, 这里 $C \in K_0$, $\bar{c}$ 是 C 中元素的枚举. 假定 $A \subseteq B$, 也用 $\delta_B(\bar{a},\bar{b})$ 表示 $B \backslash A$ 与 A 中元素的原子语句集, 这里 $\bar{a}$ 是 A 的枚举, $\bar{b}$ 是 $B \backslash A$ 的枚举. 由公理 A4, 立即可有下面的引理, 它实际上是等价于 A4 的一个解释.

引理 4.1.3 假设 $A \in K_0, B \in K$, 则 $A \leq B$ 当且仅当 $B \models \Gamma_A(\bar{x})$, 这里 $\Gamma_A(\bar{x})$ 是 Π_1- 型:

$$\{\forall \bar{y} \neg \delta_C(\bar{x}, \bar{y}) : A \subseteq C \in K_0, A \not\leq C\}.$$

证明 注意对于有穷的 A, 根据公理 A4, $A \leq B$ 意味着不存在有穷的 C 满足 $A \subseteq C \subseteq B$ 和 $A \not\leq C$.

定义 4.1.4 称 A 可被 **强嵌入**(strong embedded) 于 C, 假如存在映射 $f: A \to C$ 满足 $f(A) \leq C$.

读者应注意任何初等嵌入都是强嵌入, 因为由引理 4.1.3, 任何强嵌入均可被一个全型 (universal type) 定义.

定义 4.1.5 称类 $(L, \leq)$ 满足 **聚合性质**(amalgamation property, 或简称为AP), 对于 $A, B, C \in L$, 如果存在映射 f_0, g_0, f_0 把 A 强嵌入 B, g_0 把 B 强嵌入 C, 则存在 $D \in L$ 和映射 f_1, g_1 将 B 和 C 分别强嵌入于 D, 而且满足 $f_1 f_0 = g_1 g_0$. 有时我们也称上述 A 为 **聚合基**(amalgamation base).

定义 4.1.6 称类 $(L, \leq)$ 满足 **联合嵌入性质**(joint embedding property, 简记为 JEP), 如果对于任何 $A, B \in L$, 存在 $C \in L$ 使得 A 和 B 都可强嵌入于 C.

显然, 公理 5 加上 AP 蕴涵 JEP.

定义 4.1.7 可数结构 M 称做 $(K, \leq)$-**兼纳模型**, 如果它满足以下两条:

1) 假如 $A \leq M, A \leq B \in K_0$, 则存在 $B' \leq M$ 使得 $B \cong_A B'$, 这里记号 $B \cong_A B'$ 表示 $A \subseteq B$, $A \subseteq B'$ 且存在同构满射 $f: B \to B'$, 满足 $f \upharpoonright A$ 是一个恒等映射.

2) 存在强包含链: $A_0 \leq A_1 \leq A_2 \leq \cdots$, 每一个 A_i 都在 K_0 中且 $M = \bigcup_{i \in \omega} A_i$.

定义 4.1.8 称 M 是 $(K_0 \leq,)$-**全模型**(universal model), 假如任何 K_0 中成员均可强嵌入 M 中. 称 M 是 $(K_0, \leq)$-**齐次模型**(homogeneous model), 假如 A 和 B 为 M 的两个同构的有穷强子模型, 则 A 和 B 之间的任何同构均可开拓到 M 的一个自同构.

注意公理 A5 和上述定义 4.1.7 的条件 1) 合起来蕴涵任何 $A \in K_0$ 均可被强嵌入 $(K_0, \leq)$- 兼纳模型 M 中. 这样, 类 $(K_0, \leq)$- 兼纳模型必是可数 $(K_0, \leq)$- 全模型.

引理 4.1.9 假定 $M \in K, M = \bigcup_{i \in \omega} A_i$, $A_i \leq A_{i+1}$, 且对一切 $i \in \omega$, A_i 有穷. 则 $A_i \leq M$ 对一切 $i \in \omega$ 成立.

证明 首先注意到根据传递性, 有 $i < k \Rightarrow A_i \leq A_k$. 现在假定本引理的结论不真. 那么由公理 A4, 存在有穷的 B 使得 $A_i \subseteq B \subseteq M, A_i \not\leq B$. 由于 B 是有穷的, 存在 $k > i$ 使得 $B \subseteq A_k$. 这样根据 A4, $A_i \not\leq A_k$, 矛盾.

定义 4.1.10 称结构 $M \in K$ 有 **有穷闭包**(finite closure), 如果对于每一个

有穷的 $A \subseteq M$ 存在有穷 B 使得 $A \subseteq B \leq M$. 称类 $(K, \leq)$ 有有穷闭包, 如果它的每一个成员有有穷闭包.

注意到如果 $(K, \leq)$ 有有穷闭包, 则兼纳模型定义中的条件 (2) 可自动获得.

定理 4.1.11 如果 $(K_0, \leq)$ 满足公理 A1~ A5 并有聚合性质, 则它有可数兼纳模型.

证明 我们将构造一个兼纳模型定义中所说的强子模型的链 $\langle A_n : n \in \omega \rangle$ 使得每一个 A_n 都是满足:

假如$D_1 \leq A_n, D_1 \leq D_2,$且$|D_2| \leq |A_n|,$则存在强嵌入$f : D_2 \to A_{n+1},$固定$D_1$.

$$(*)$$

我们假定 $A_0 = \varnothing$.

归纳步 假定已构造有无穷的 A_n 满足 $A_0 \leq A_1 \leq \cdots \leq A_n$ 以及 $(*)$. 设 (C_i, B_i) 枚举了所有满足 $C_i \leq B_i, C_i \leq A_n$ 及 $|B_i| \leq |A_n|$ 的 K_0 中的同构型的对. 由于 A_n 有穷, 故这样的对只有有穷多个, 比如说 m 对, 即 $i = 1, \cdots, m$. 现在假设 $A_n^0 = A_n$, A_n^i 是 A_n^{i-1} 和 B_i 在聚合基 C_i 上的聚合, $i = 1, 2, \cdots, m$. 设 $A_{n+1} = A_n^m$. A_{n+1} 必是有穷. 这样如果任何对 (D_1, D_2) 均满足 $D_1 \leq D_2$, $D_1 \leq A_n$, 且 $|D_2| \leq |A_n|$, 则有对 (C_i, B_i) 满足 $D_1 \cong C_i$, $D_2 \cong B_i$. 由于已经将所有这样的在 A_{n+1} 中的对聚合, 因此存在从 D_2 到 A_{n+1} 中的强映射. 换句话说, A_{n+1} 满足 $(*)$. 又由 $\leq$ 的传递性, $A_n \leq A_{n+1}$.

置 $M = \bigcup_{n \in \omega} A_n$. 显然 M 就是这个 $\leq -$升链的可数并. 为证明兼纳模型定义中的条件 1) 亦成立, 假设 $A \leq M$, A 有穷, 且 $A \leq B \in K_0$, 则对于某个 $i \in \omega, A \cong C_i, B \cong B_i$; 对某个 $n \in \omega, A \subseteq A_n, |B_i| \leq |A_n|$. 这样由 M 的构造可有 $A \leq A_n$, 且根据 $(*)$ 有强嵌入 $f : B \to A_{n+1}$ 固定 A_n. 因此兼纳模型定义中的 1) 满足. 证毕.

定理 4.1.12 如果类 $(K_0, \leq)$ 满足公理 A1~A5 并有聚合性质, 则它的兼纳模型 M 在同构意义上是惟一的.

证明 假定 $(K_0, \leq)$ 由两个兼纳模型 M 和 M', 而 C 和 C' 分别是 M 和 M' 的有穷子结构, f_0 是 C 和 C' 之间的一个同构, 我们要证明 f_0 可开拓到 M 和 M' 之间的一个同构.

读者应注意到, 如果我们可以证明上述断言, 那么就可以构造一个在 M 和 M' 之间的同构, 因为有空集 $\varnothing \leq M$, $\varnothing \leq M'$. 下面就来证明前述断言.

因为 M 和 M' 可数, 可选取 $C \subseteq C_0 \subseteq C_1 \subseteq \cdots$ 以及 $C' \subseteq C_0' \subseteq C_1' \subseteq \cdots$ 使得 $M = \bigcup_{i \in \omega} C_i$ 以及 $M = \bigcup_{i \in \omega} C_i'$.

设 $A_0 = C_0$ 以及 $A_0' = C_0'$. 假定对于 $i \leq n$, 已经找到 C_i, C_i' 满足 $C_i \subseteq A_i \leq M$, $C_i' \subseteq A_i' \leq M$, 且在上的 $f_i : A_n \to A_n'$ 满足 $f_{i-1} \subseteq f_i$. 由于 M 是 $(K_0, \leq)$ 的兼纳模型, 存在有穷的 B 使得 $A_n \cup C_{n+1} \subseteq B \leq M$. 因为 $A_n \leq M$, 根据公理 A4, $A_n \leq B$. 这样, 存在 $B' \subseteq M'$ 和 $f_n' : B \to B'$, 固定 A_n, 开拓

f_n 使得 $B' \leq M'$. 又由于 M' 也是 $(K_0, \leq)$ 的兼纳模型, 所以存在 A'_{n+1} 使得 $B' \cup C'_{n+1} \subseteq A'_{n+1} \leq M'$. 这样因为 $B' \leq M'$, 再根据公理 A4, $B' \leq A'_{n+1}$. 这样就有 $A_{n+1} \leq M$ 及 $f_{n+1} : A_{n+1} \to A'_{n+1}$, 它固定 B 且将 f_n 开拓.

设 $f = \bigcup_{i \in \omega} f_i$, 则 $f \restriction C = f_0$, f 及为所求. 证毕.

应该注意到上述定理表明, 如果 $C \leq M$, $C' \leq M$, 这里 M 是类 $(K_0, \leq)$ 的兼纳模型, 则在 C 和 C' 之间的任何同构映射均可开拓为 M 的一个自同构映射, 因此 M 是 $(K_0, \leq)$ 的齐次模型.

定义 4.1.13 设 $Q \in K$, $T = \mathrm{Th}(Q)$. 称 T 有 **闭集上的聚合性质**(amalgamation over closed sets), 假如对于 T 的任意无穷模型 M, N, K 中任意元素 A, 存在强映射 $f : A \to M$, 及强映射 $g : A \to N$, 则存在 $S \models T$ 及初等映射 $f' : M \to S$, $g' : N \to S$ 使得 $f'f = g'g$. 如果以上仅对于有穷的 A 成立, 则称 T 有有穷闭集上的聚合性质.

引理 4.1.14 设 M 是 $(K_0, \leq)$ 的兼纳模型, $T = \mathrm{Th}(M)$. 假定 $(K_0, \leq)$ 有有穷闭包, 则以下诸条等价:

1) M 是 ω- 饱和的,

2) T 有有穷闭集上的聚合性质,

3) M 是 ω_1- 全的.

证明 1)$\Rightarrow$2) 假定 N_0, N_1 是 T 的两个模型. 固定两个强映射 f $A \to N_0$ 和 g $A \to N_1$. 由紧致性我们可以假定 N_0 和 N_1 是可数的. 因为 M 是饱和模型, 所以存在初等嵌入 $f_1 : N_0 \to M$, $g_1 : N_1 \to M$. 这样一来, $f_1 f(A)$ 和 $g_1 g(A)$ 就是 M 的同构强子模型. 所以有 M 的自同构 h 将 $f_1 f(A)$ 映射到 $g_1 g(A)$. 因此 g_1 和 $h f_1$ 就保证了所需的有穷闭集上的聚合性质.

2)$\Rightarrow$3) 设 N 是 T 的一个可数模型, 我们断言存在一个从 N 到 M 中的初等映射. 设 $N = \bigcup A_i$, 这里 $\langle A_i : i < \omega \rangle$ 是一个有穷闭集的 $\leq -$ 增链. 由于 M 是 $(K_0, \leq)$ 的兼纳模型, 我们可以将 A_i 逐个强嵌入 M 中. 设 N' 是所有 A_i 的象的并. 我们断言 $N' \prec M$. 这只需要证明对于任意的 $\bar{a} \subseteq N'$, $(N', \bar{a}) \equiv (M, \bar{a})$ 即可. 注意到由于 M 有有穷闭包, 所以 $\bar{a}$ 可被开拓到某个有穷的 $\bar{b}$, 它是一个 A_i 的象的枚举并且在 N' 和 M 中均是闭的. 这样, 因为 T 有有穷闭集上的聚合性质, $(N', \bar{b}) \equiv (M, \bar{b})$, 从而 $(N', \bar{a}) \equiv (M, \bar{a})$.

3)$\Rightarrow$1) 设 A 是 M 的有穷子集, $p \in S(A)$. 则 p 被 M 的某个可数初等开拓 N 中的元素 b 认知. 存在 M 到 N 中的初等嵌入 f. 注意 $f(A)$ 和 A 是 M 的同构强子模型, 从而存在 M 的自同构 g 将 $f(A)$ 映射到 A. 这样, $gf(b)$ 就是所要求的 p 的认知. 证毕.

推论 4.1.15 假如 $(K_0, \leq)$ 满足公理 A1~A5 且有聚合性质. M 是 $(K_0, \leq)$ 的兼纳模型, $T = \mathrm{Th}(M)$ 有闭集上的聚合性质, $\mathrm{Mod}(T)$ 关于 $(K_0, \leq)$ 有有穷闭包, 则 T 是小理论.

证明 因为可数完全理论 T 是小的当且仅当它有 ω- 饱和模型.

下面看本节中我们考察的类 $(K_0, \leq)$ 的几个简单例子.

例 4.1.16 (a) 设 S 是 $\mathbb{Z}$ 上的相邻关系, 即定义 $S(x,y)$ 成立当且仅当 x 和 y 是两个相邻的整数. 设 $K^1 = \text{Mod}(\text{Th}(\mathbb{Z}, S))$, K_0^1 为 K^1 中的有穷结构的子类. 定义 $A \leq^1 B$ 为 $A \subseteq B$ 且满足一切在 A 中不连接的点在 B 中也不连结.

容易检验公理 A1~A5 在 $(K_0^1, \leq^1)$ 中均成立. 另外, 注意到 K_0^1 中的任意元素 A 都同构到 $(\mathbb{Z}, S)$ 的一个有穷子结构. 但 $(\mathbb{Z}, S)$ 的任意有穷子结构, 比如说 A', 都有一个 $\mathbb{Z}$ 的连续截段 (segment) B 包含 A'. 所以 $A' \subseteq B \leq \mathbb{Z}$. 因此 $(K^1, \leq^1)$ 有有穷闭包.

现在我们证明类 $(K_0^1, \leq^1)$ 有聚合性质. 假定 $A, B, C \in K_0^1$, 且 $A \leq B$, $A \leq C$. 因为 A, B 和 C 都是同构到 $\mathbb{Z}$ 的一个有穷子集, 而每个这样的子集都是 $\mathbb{Z}$ 的一个不相交的截段的并. 不失一般性, 设 A, B 和 C 为下列不相交的并:

$A = A_1 \cup \cdots \cup A_n,$

$B = B_1 \cup \cdots \cup B_p, \qquad p \geq n+1,$

$C = C_1 \cup \cdots \cup C_q, \qquad q \geq n+1,$

且对于 $i = 1, 2, \cdots, n, B_i \cap C_i = A_i$; 对于 $n < i \leq p, n < j \leq q, B_i \cap C_j = $, 这里 A_i, B_i, C_i 都是连通的 $\mathbb{Z}$ 的子集.

现在将每一个对 (B_i, C_i) 都映射到一个 $\mathbb{Z}$ 上, 使得对于 $i = 1, 2, \cdots, n, B_i$ 和 C_i 的象的交是 A_i 的象. 对于 $i = 1, 2, \cdots, n$, 设 D_i 是对 (B_i, C_i) 的象. 设

$$D = D_1 \cup \cdots \cup D_n \cup B_{n+1} \cup \cdots \cup B_p \cup C_{n+1} \cup \cdots \cup C_q.$$

因为在上述过程中保持了不相交的截段仍为不相交, 所以有 $B \leq D$, $C \leq D$. 这样 $(K_0^1, \leq^1)$ 有聚合性质. 不难看出, $(K_0^1, \leq^1)$ 的兼纳模型是 $\mathbb{Z}$ 的无穷多个复制的并, 因此这个兼纳模型是 ω- 饱和的.

例 4.1.16 (b) 设 R 是 $\mathbb{Z} \times \mathbb{Z}$ 上的二元关系, 定义为 $R(x,y) \Leftrightarrow x = Sy \vee y = Sx$. 则 $\mathbb{Z}$ 的子集 A 的二点 x 和 y 是连通的可定义为 $\exists x_1 \cdots x_2 \in A(R(x, x_1) \wedge R(x_1, x_2) \wedge \cdots \wedge R(x_n, y))$, $n \in \omega$.

设 $K^2 = K^1 = \text{Mod}(\text{Th}(\mathbb{Z}, S))$, K_0^2 为 K^2 中有穷元素的子类. 定义 $A \leq^2 B$ 为 $A \subseteq B$. 同样容易检验公理 A1~ A5 在本类中成立.

现在设 $A, B, C \in K^2$, 且 $A \leq^2 B$, $A \leq^2 C$. 假设 $f : B \to \mathbb{Z} \times \{0\}$ 为一同构映射且 $B' = f(B)$, $g : C \to \mathbb{Z} \times \{1\}$ 也是一个同构映射且 $C' = g(C)$. 因为 $A \subseteq B$, 故 $A' = f(A) \subseteq B'$. 又由于 $A \subseteq C$, 所以 $A'' = g(A) \subseteq C'$. 将 B' 和 C' 用 f_1 和 g_1 分别同构映射到 $\mathbb{Z} \times \{2\}$ 中使得 $f_1(A') = g_1(A'')$. 这样, $D = f_1 f(B) \cup g_1 g(C) \subseteq \mathbb{Z} \times \{2\}$ 在 K^2 中且 $f_1 f \upharpoonright A = g_1 g \upharpoonright A$. 因此 $(K_0^2, \leq)$ 有聚合性质.

注意到 K^2 没有有穷闭包, 因为假如 $N \in K^2$ 为 $\mathbb{Z} \times \{0\} \cup \mathbb{Z} \times \{1\}$, $A = \{\langle 3, 0 \rangle, \langle 3, 1 \rangle\}$, 则 $A \subseteq N$, 但不可能找到有穷的 $A' \in K^2$ 使得 $A \subseteq A' \leq^2 N$.

不难检验 $(\mathbb{Z}, S)$ 满足兼纳模型定义中的条件 1) 和 2)，因此它是 $(K_0^2, \leq)$ 的兼纳模型. 但 $(\mathbb{Z}, S)$ 不是 ω- 饱和的. 例如，2- 型 $p = \{S^n y \neq x : n < \omega\}$ 是与 $\mathrm{Th}((\mathbb{Z}, S))$ 和谐的，但 $(\mathbb{Z}, S)$ 不认知 p.

§4.2　维　函　数

本节我们引出有穷结构的 "维函数"（dimension function）. 维函数可用来定义上一节我们讨论过的强子模型的概念，而且也可以让我们定义所谓 "自由聚合"（free amalgamation）的概念，更可以考察在前节构造的兼纳模型的理论的稳定性，以后也用维函数来讨论类似兼纳模型的理论的单纯性. 这个理论的基本方法是由 Hrushovski 建立的 [Hr1].

首先引出一个二变元的集合函数 d. 设 $\delta : K_0 \to \mathbb{R}^+$ 为任意函数，它映射 K_0 中的每一个元素到一个非零实数，并且 $\delta(\varnothing) = 0$. 定义二元维函数 $d : K \times K_0 \to \mathbb{R}^+$ 为 $d(N, A) = \inf\{\delta(B) : B \in K_0, A \subseteq B \subseteq N\}$. 通常记 $d(N, A)$ 为 $d_N(A)$. 现在首先来考察一些维函数的一些基本性质.

引理 4.2.1（单调性）　设 $A, B \in K_0, N \in K$. 如果 $A \subseteq B \subseteq N$，则 $d_N(B) \geq d_N(A)$.

证明　直接由维函数 d 的定义可得.

定义 4.2.2　设 $A, B \in K_0$ 且 $A \subseteq N, B \subseteq N$. 定义 $d_N(A/B) = d_N(AB) - d_N(B)$. 这样如果还有 $B \subseteq A$，则 $d_N(A/B) = d_N(A) - d_N(B)$. 注意这里用 AB 来代替 $A \cup B$，下同.

引理 4.2.3　设 $A, B, C \in K_0$ 均为 $N \in K$ 的子结构，则

1) $d_N(A/C) \geq 0$,

2) $d_N(AB/C) = d_N(A/BC) + d_N(B/C)$,

3) 假如 $A \subseteq A'$ 则 $d_N(A'/C) \geq d_N(A/C)$,

4) 对于一切有穷的 A 和任意 $\varepsilon > 0$，存在有穷的 $A_0 \subseteq N$，使得 $\delta(A_0) < d_N(A) + \varepsilon$.

证明　1) 根据单调性和定义 4.2.2, 显然.

2) 根据定义 4.2.2, 显然.

3) 由单调性可得.

4) 根据最大下界 (inferior) 的定义.

现在我们可以将维函数的定义稍加推广.

定义 4.2.4　假定 $A \in K_0$, $B \subseteq N \in K$, 定义

$$d_N(A/B) = \inf\{d_N(A/B_0) : B_0 \subseteq B \text{ 有穷 }\}.$$

下面就用维函数来定义二元关系：强包含 $\leq$.

定义 4.2.5 假定 $A, B \in K_0$, 定义 $A \leq B$ 当且仅当 $A \subseteq B$ 而且对于每一个 $X \subseteq A, d_A(X) = d_B(X)$.

等价地说, 对于 $A, B \in K_0$, $A \leq B$ 当且仅当

$$A \subseteq B \wedge \forall X (A \subseteq X \subseteq B \Rightarrow \delta(X) \geq \delta(A)).$$

定理 4.2.6 上述重新定义的类 $(K_0, \leq)$ 满足前节中的公理 A1~A5.

证明 由 $\leq$ 的新定义容易证实.

现在对于 $A, B \in K$ 我们定义 $A \leq B$(注意 A, B 可能是无穷的) 为 $A \subseteq B$ 且对于所有有穷的 $A' \subseteq A, d_A(A') = d_B(A')$. 所以我们可以将公理 A1~A4 推广一些, 这样就有以下公理:

A1′ 如果 $M \in K$, 则 $M \leq M$.

A2′ 如果 $M \leq N$, 则 $M \subseteq N$.

A3′ 如果 $A, B, C \in K$, 则 $A \leq B \leq C \Rightarrow A \leq C$.

A4′ $A \leq B$ 当且仅当对一切满足 $A \subseteq C \subseteq B$ 的 C 有 $A \leq C$.

A5′ $\varnothing \in K$ 且对于一切 $A \in K$ 有 $\varnothing \leq A$.

回忆在 §4.1 中我们定义了一个类 K 有有穷闭包的概念, 即对于任意 $N \in K$ 和任意有穷的 $A \subseteq N$, 存在有穷的 $B \in K$ 使得 $A \subseteq B \leq N$. 下面要进一步讨论有关闭包的概念.

定义 4.2.7 对于上述有有穷闭包的类, $N \in K$, 对于有穷的 $A \subseteq N, A \subseteq B \leq N$, 满足此条件的最小基数的 B_0 称为 A 在 N 中的闭包, 记为 $B_0 = \mathrm{cl}_N(A)$. 如果不致混淆的话, 可以略去 N 记为 $B_0 = \mathrm{cl}(A)$.

如果在 N 中 $A = \mathrm{cl}_N(A)$ 则称 A 在 N 中是闭的.

定义 4.2.8 称类 $(L, \leq)$ 是 **部分强的** (partially strong), 假如 $A, B, C \in K, A \leq B, C \subseteq B$, 且 $A \cap C$ 是有穷的, 则 $A \cap C \leq C$.

引理 4.2.9 如果类 $(K, \leq)$ 是有有穷闭包的且部分强的, 则对于有有穷的 $A \subseteq N \in K, \mathrm{cl}_N(A)$ 是存在且惟一的.

证明 因为 $(K, \leq)$ 是有穷闭包的, 存在性是显然的. 现在假定 B_1 和 B_2 都是 A 在 N 中的闭包. 假定 $B_1 \neq B_2$, 我们有 $A \subseteq B_1 \leq N, A \subseteq B_2 \leq N$. 由于 $(K, \leq)$ 是部分强的, 就有 $B_1 \cap B_2 \leq B_2$, 因此由传递性, $B_1 \cap B_2 \leq N$, 这和 B_1, B_2 的最小性矛盾.

定义 4.2.10 如果 $A \in K, A \subseteq N \in K$ 可能是无穷的, 定义 A 在 N 中的闭包如下:

$$\mathrm{cl}_N(A) = \cup \{\mathrm{cl}_N(A') : A' \subseteq A \text{是有穷的}\}.$$

定义 4.2.11 记 $\mathrm{tp}_N(A/B)$ 表示在 N 中 A 在 B 上的型.

引理 4.2.12 假定类 $(K, \leq)$ 是有有穷闭包且部分强的, 则下面命题成立: 如果 A 和 A' 有穷, $A \subseteq N \in K$, $A' \subseteq N' \in K$, $B = N \cap N'$, 且 $\mathrm{tp}_N(A/B) = \mathrm{tp}_{N'}(A'/B)$, 则 $\mathrm{cl}_N(AB) \cong \mathrm{cl}_{N'}(A'B)$.

证明 先证明下述断言.

断言 如果 B 是 A 在 $N \in K$ 中的有穷闭包, 则它可被一个 Π_1- 型 $\Gamma_B(\bar{x}, \bar{y})$ 定义.

断言的证明 事实上, B 为 A 在 N 中的闭包当且仅当 $B \leq N$ 而且对于所有的满足 $A \subseteq D \subseteq B$ 的 $D, D \not\leq N$. 但 $B \leq N \Rightarrow N \models \Gamma_B(\bar{a}, \bar{b})$, 这里 $\bar{a}$ 枚举 $A, \bar{a}\bar{b}$ 枚举 B, 而

$$\Gamma_B(\bar{x}, \bar{y}) = \{\forall \bar{z} \neg \delta_C(\bar{x}, \bar{y}, \bar{z}) : B \not\leq C, C \subseteq N\}.$$

注意 $D \not\leq N \Rightarrow D \not\leq B$, 因为 $B \leq N$. 这样对于所有的满足 $A \subseteq D \subset B$ 的 $D, D \not\leq N$ 当且仅当 $N \models \Delta_B(\bar{a}, \bar{b})$, 这里

$$\Delta_B(\bar{a}, \bar{b}) = \bigwedge_{A \subseteq D \subseteq B} \left(\bigvee_{D \subseteq E \subseteq B} \neg \exists \bar{z} \delta_E(\bar{a}, \bar{d}, \bar{z}) \right).$$

因此 B 是 A 的闭包当且仅当

$$N \models \Gamma_B(\bar{a}, \bar{b}) \bigcup \{\Delta_B(\bar{a}, \bar{b})\}.$$

但是

$$N \models \delta_B(\bar{a}, \bar{b}) \Rightarrow N \models \Delta_B(\bar{a}, \bar{b}),$$

所以 B 是 A 在 N 中的闭包当且仅当 $N \models \Gamma_B(\bar{a}, \bar{b}) \bigcup \{\delta_B(\bar{a}, \bar{b})\}$, 这里 $\bar{a}$ 枚举 $A, \bar{a}\bar{b}$ 枚举 B. 因为 $\delta_B(\bar{x})$ 是无量词公式, 断言被证明.

现在来证明这个引理. 假定 Π_1- 型 $p(\bar{x}, \bar{y}, \bar{z})$ 定义 AB 在 N 中的闭包, 而且它在 N 中被 $\bar{a}, \bar{b}, \bar{c}$ 认知, 这里 $\bar{a}, \bar{b}$ 分别枚举 A 和 B. 由假设, 型 $p(\bar{x}, \bar{y}, \bar{z})$ 在 N' 中亦被 $\bar{a}', \bar{b}', \bar{c}'$ 认知. 这里 $\bar{a}'$ 枚举 A'. 这样, $\bar{a}\bar{b}\bar{c} \cong \bar{a}'\bar{b}'\bar{c}'$. 但 $\bar{a}\bar{b}\bar{c}$ 枚举 $\mathrm{cl}_N(AB)$, $\bar{a}'\bar{b}'\bar{c}'$ 枚举 $\mathrm{cl}_{N'}(A'B)$, 所以 $\mathrm{cl}_N(AB) \cong \mathrm{cl}_{N'}(A'B)$. 证毕.

定义 4.2.13 称 $A, B \in K_0$ 在 $N \in K$ 中是在 C 上 d- 独立的, 并记为在 N 中 $A \downarrow_C^d B$, 假如

1) $d_N(A/C) = d_N(A/BC)$,
2) $\mathrm{cl}_N(AC) \cap \mathrm{cl}_N(BC) \subseteq \mathrm{cl}_N(C)$.

对于任意的 $A, B \in K$ 称 A, B 在 C 上 d- 独立, 假如对一切有穷的 $A' \subseteq A$, $B' \subseteq B$ 有 $A' \downarrow_C^d B'$.

下面我们要讨论 $(K, \leq)$ 兼纳模型的理论的稳定性. 首先引出另一组公理.

B1 对于任意的 $N \in K$, 任意有穷的 $A \subseteq N$, 每一个 $X \leq N$, 均有可数的 $X_0 \subseteq X$ 使得 $A \downarrow_{X_0}^d X$.

B2 假定 $N, N' \in K$, 有穷的 $A \subseteq N, A' \subseteq N'$, $N_0 = N \cap N'$, $B \subseteq N_0 \leq N, N'$, 通过 $f : \mathrm{cl}_N(AB) \cong \mathrm{cl}_{N'}(A'B)$. 对于任意满足 $B \subseteq B' \subseteq N_0$ 的 B', 有 $A \downarrow_B^d B'$ 在 N 中成立, $A' \downarrow_B^d B'$ 在 N' 中成立, 则同构 f 可开拓至 $\mathrm{cl}_N(AB')$ 和 $\mathrm{cl}_{N'}(A'B')$ 间的同构 $f' \supset f : \mathrm{cl}_N(AB') \cong_{B'} \mathrm{cl}_{N'}(A'B')$(弱惟一性).

注 弱惟一性的概念是由 Baldwin 和 Shelah 在它们的一篇文章中首先引出的.

注意在下面定理的证明中, 集合 X 被看成无穷的, 因而我们假设是在任意闭集上的聚合性质, 而不是在有穷闭集上的聚合性质.

定理 4.2.14 假定类 $(K, \leq)$ 满足公理 A1'~ A4', A5, B1~B2 而且有聚合性质, 有有穷闭包及是部分强的, M 是 $(K_0, \leq)$ 的兼纳模型, $T = \mathrm{Th}(M)$ 有闭集上的聚合性质, 则 T 是稳定的.

证明 我们首先证明对于 $S \models T, X$ 是 S 的一个初等开拓 N 中的任意闭集, 对于任意的 A, 存在某个可数的 $X_0 \subseteq X$ 使得型 $\mathrm{tp}(A/X)$ 由型 $\mathrm{tp}(A/X_0)$ 决定. 为此只需证明: 假如 $A \downarrow_{X_0}^d X$, 并在 S 的另一初等开拓 N' 中存在 A' 使得 $X \subseteq N'$, $A' \downarrow_{X_0}^d X$, 而且 $A \equiv_{X_0} A'$, 则 $A \equiv_X A'$.

为了简化记号下面用 $\bar{A}$ 代替 $\mathrm{cl}(A)$.

断言 1 $\bar{A}\bar{X} \cong \bar{A}'\bar{X}$.

事实上, 由于 $\mathrm{tp}_N(A/X_0) = \mathrm{tp}_{N'}(A'/X_0)$, 根据引理 4.2.12, $\mathrm{cl}_N(AX_0) \cong \mathrm{cl}_{N'}(A'X_0)$. 又因为 $A \downarrow_{X_0}^d X$, 且 $A' \downarrow_{X_0}^d X$, 由弱惟一性, 我们有 $\bar{A}\bar{X} \cong \bar{A}'\bar{X}$.

断言 2 $A \equiv_X A'$

根据断言 1, 设通过 h 有 $\mathrm{cl}_N(AX) \cong \mathrm{cl}_{N'}(A'X)$, 通过一恒等函数 id 映射 $\mathrm{cl}(AX)$ 到 N 内, 而 h 映射 $\mathrm{cl}(AX)$ 到 N' 内. 因为 T 有在闭集上的聚合性质, 存在 $\bar{M} \models T$ 和初等开拓 $f : N \to \bar{M}, g : N' \to \bar{M}$ 满足 $f \circ id = g \circ h$. 因此

$$\mathrm{tp}_N(\bar{A}/X) = \mathrm{tp}_{\bar{M}}(f(\bar{A})/f(X)) = \mathrm{tp}_{\bar{M}}(gh(\bar{A})/gh(X))$$
$$= \mathrm{tp}_{\bar{M}}(g(\bar{A}')/g(X)) = \mathrm{tp}_{N'}(\bar{A}'/X).$$

这样,

$$\bar{A} \equiv_X \bar{A}',$$

所以

$$A \equiv_X A'.$$

故, 型 $\mathrm{tp}(a/X_0)$ 决定型 $\mathrm{tp}(a/X)$.

现在证明

断言 3 T 是稳定的.

设 S 是 M 的一个初等开拓, $X \subseteq S$ 是闭的, 则对于 $a \in S$ 存在可数集 $X_0 \subseteq X$ 满足 $a \downarrow_{X_0} X$. 由以上的证明, $\mathrm{tp}(a/X_0)$ 决定 $\mathrm{tp}(a/X)$. 这样为了计算在 X 上的型的个数只需计算在 X_0 上的型的个数以及从 X 选取 X_0 的可能数. 由于 X_0 是可数的, 所以

$$|S(X)| \leq 2^{\aleph_0} \cdot |X|^{\aleph_0}.$$

因此 T 是稳定的.

推论 4.2.15 假如类 $(K, \leq)$ 有有穷闭包，满足公理 A1~A5, B1~B2, 有聚合性质，且是部分强的．如果 M 是 $(K, \leq)$ 的兼纳模型，$T = \mathrm{Th}(M)$ 有闭集上的聚合性质．那么，假如 B_1 中的 X_0 可为有穷则 T 是 ω- 稳定的．

证明 根据推论 4.1.15, T 是小的而且 X_0 是有穷的，所以 T 在 X_0 上仅有可数多个可能的 1- 型．这样

$$|S(X)| \leq \aleph_0 \cdot |X|^{<\aleph_0}.$$

因此 T 是 ω- 稳定的．

由于直接证明一个理论有闭集上的聚合性质通常比较困难，因此我们引入另外一个概念：T 是 **满的**(full), 然后证明在一定条件下，T 是满的蕴涵 T 有闭集上的聚合性质．

定义 4.2.16 称 $N \in K$ 在类 K 中是满的，如果对一切有穷的 $A \subseteq N$, 有穷的 B 满足 $A \leq B \in K_0$, 任意的 $C_1, C_2, \cdots, C_n \in K$, 满足 $B \subset C_i$, 但 $B \not\leq C_i$, 且 $A \leq (C_i - B)A$, 则有

$$N \models \forall \bar{x} \exists \bar{y} \bigwedge_i \forall \bar{z} \Phi_{A,B,C_i}(\bar{x}, \bar{y}, \bar{z}),$$

这里

$$\Phi_{A,B,C_i}(\bar{x}, \bar{y}, \bar{z})$$

为

$$\delta_A(\bar{x}) \to (\delta_B(\bar{x}, \bar{y}) \bigwedge \neg \delta_C(\bar{x}, \bar{y}, \bar{z})),$$

且 $\bar{z}$ 枚举 A, $\bar{x}\bar{y}$ 枚举 B, $\bar{x}\bar{y}\bar{z}$ 枚举 C.

引理 4.2.17 在初等等价关系下满的性质可保持．

证明 注意到在上述定义中，N 在 K 中是任意的，当取定 $A \subseteq N$ 后，B_i', C_{ij}' 均在类 K 中而不由 N 决定．因此假如公式 $\Phi_{A,B,C_i}(\bar{x}, \bar{y}, \bar{z})$ 在 N 中被认知，而 $M \equiv N$, 则也在 M 中认知．

定义 4.2.18 称 (A, B) 是 M 中的 **极小对**(minimal pair), 假如 A, B 都是 M 的子集，$A \not\leq B$, 但对于一切满足 $A \subseteq B' \subset B$ 的 B', 均有 $A \leq B'$.

引理 4.2.19 假如类 $(K, \leq)$ 满足公理 **A1** 到 **A5**, 有聚合性质 (AP), 并且它的兼纳模型 M 是满的，则 $T = \mathrm{Th}(M)$ 在有穷闭集上有聚合性质．

证明 根据引理 4.2.17, T 的所有模型都是满的．假定 $A \in K_0$, 设 $\Gamma_A(\bar{x})$ 为型

$$\{\forall \bar{y} \neg \delta_B(\bar{x}, \bar{y}) : A \not\leq B \in K_0\},$$

则由引理 4.1.3, $N \models \Gamma_A(\bar{a}) \Leftrightarrow A \leq N$, 这里 $\bar{a} \in N$ 枚举 A.

现在设 N_1, N_2 是 T 的两个无穷模型，$A \in K_0$, $f : A \to N_1, g : A \to N_2$ 为两个强嵌入，即 $f(A) \leq N_1$, $g(A) \leq N_2$. 将语言 L 扩充，以致于所有 N_1 和 N_2 中的新元素均和 $f(A)$ 以及 $g(A)$ 中的元素有相同的名字．

断言 1 $\mathrm{Diag}_e(N_1) \cup \mathrm{Diag}_{\leq}(N_2)$ 是和谐的, 这里 $\mathrm{Diag}_{\leq}(N_2)$ 是 N_2 的强框图 (strong diagram), 即

$$\mathrm{Diag}_{\leq}(N_2) = \{\forall \bar{y} \neg \delta_C(\bar{b}, \bar{y}) : 有穷的 B \leq N_2, B \subseteq C \in K_0, B \nleq C\},$$

式中 $\bar{b}$ 枚举 B. 而 $\mathrm{Diag}_e(N_1)$ 则是 N_1 的通常的初等框图 (elementary diagram).

我们只需证明对于一切满足 $A \subseteq B_i$ 的 N_2 的有穷子集 $B_1, B_2, \cdots, B_n$ 以及对于一切 i, $B_i \subseteq C_{ij} \in K_0$, (B_i, C_{ij}) 为极小对, 则

$$\mathrm{Diag}_e(N_1) \cup \{\forall \bar{z}_{ij} \neg \delta_{C_{ij}}(g(\bar{a}), \bar{b}_i, \bar{z}_{ij}) : A \subseteq B_i, B_i \subseteq C_{ij} \in K_0, (B_i, C_{ij}) 为极小对\}$$

是和谐的, 这里 $g(\bar{a}), g(\bar{a}\bar{b}_i)$ 和 $g(\bar{a}\bar{b}_i\bar{z}_{ij})$ 分别枚举 $g(A), B_i$ 和 C_{ij}.

现设 $B = \cup_{i \leq n} B_i$ 并考察所有 K_0 中的元素 E_{ijk} 和下述嵌入映射 α_k, β_k, 满足 $\alpha_k : B \to E_{ijk}, \beta_k : C_{ij} \to E_{ijk}, \alpha_k ^- B \cap C_{ij} = \beta_k ^- B \cap C_{ij}$, 而且 E_{ijk} 的域和 $(\alpha_k B) \cup (\beta_k C_{ij})$ 的域是一致的.

设 E_{ijk} 重新命名为 C_i. 这样只需证明

$$N_1 \models \exists \bar{y} \bigwedge_i \forall \bar{z}_i \neg \delta_{C_i}(f(\bar{a}), \bar{y}, \bar{z}_i),$$

这里 $f(\bar{a})$ 枚举 $f(A)$, $f(\bar{a}\bar{y})$ 枚举 $B = \cup B_i$, $\bar{z}_i$ 枚举 $C_i - B$. 设 $D_i = (C_i - B)f(A)$.

首先考察满足 $f(A) \nleq D_i$ 的那些 i. 由于 $f(A) \leq N_1$, 当 $f(\bar{a})$ 枚举 $f(A), \bar{z}_i$ 枚举 $C_i - B$, 就有 $N_1 \models \forall \bar{z}_i \neg \delta_{D_i}(f(\bar{a}), \bar{z}_i)$. 因此对于满足 $N_1 \models \delta_B(f(\bar{a}), \bar{b})$ 的任意的 $\bar{b} \in N_1$, 如果 $\bar{a}$ 枚举 A, $f(\bar{a}\bar{b})$ 枚举 B 且 $f(A) \nleq D$, 则有

$$N_1 \models \bigwedge_i \forall \bar{z}_i \neg \delta_{C_i}(f(\bar{a}), \bar{b}, \bar{z}_i). \qquad (*)$$

现在考察其余的 i, 我们有 $f(A) \leq D_i$. 首先证明对每一个这样的 $i, B \nleq C_i$. 假如不然, 即对某个 $i, B \leq C_i$, 则由于 $(K, \leq)$ 是部分强的, 所以 $C_i \cap B_i \leq C_i$. 假如 $C_i \cap B = B_i$, 则 $B_i \leq C_i$；假如 $C_i \cap B - B_i \neq \varnothing$, 由于 (B_i, C_{ij}) 为最小对, $B_i \leq C_{ij} \cap B$. 所以由传递性, $B_i \leq C_{ij}$. 这样在两种情况下均得出矛盾. 注意到 N_1 是满的, 所以

$$N_1 \models \forall \bar{x} \exists \bar{y} \bigwedge_i \forall \bar{z}_i [\delta_A(\bar{x}) \to \delta_B(\bar{x}, \bar{y}) \wedge \neg \delta_C(\bar{x}, \bar{y}, \bar{z}_i)].$$

这样如果 $\bar{a}$ 枚举 A, 就有 $\bar{b} \in N_1$ 满足 $N_1 \models \delta_B(f(\bar{a}), \bar{b})$, 且有 i 使得 $f(A) \leq D_i$. 这样

$$N_1 \models \bigwedge_i \forall \bar{z}_i \neg \delta_{C_i}(f(\bar{a}), \bar{b}, \bar{z}_i). \qquad (**)$$

联合 $(*)$ 和 $(**)$ 两种情形, 就有

$$N_1 \models \exists \bar{y} \bigwedge_i \forall \bar{z}_i \neg \delta_{C_i}(f(\bar{a}), \bar{y}, \bar{z}_i).$$

断言 2　$\mathrm{Diag}_e(N_1) \cup \mathrm{Diag}_e(N_2)$ 是和谐的.

由断言 1, 可设

$$M_1 \models \mathrm{Diag}_e(N_1) \cup \mathrm{Diag}_{\le}(N_2).$$

这样存在 $f_1 : N_1 \prec M_1$ 以及强映射 $h_1 : N_2 \to M_1$, 满足 $h_1 g^- A = f_1 f^- A$.

由于初等映射也是强映射, 所以 $f_1 f : A \to M_1$ 和 $g : A \to N_2$ 都是强映射. 重复进行在断言 1 的证明中进行的过程以构造 M_2, M_3, 则

$$M_2 \models \mathrm{Diag}_e(N_2) \cup \mathrm{Diag}_{\le}(M_1),$$

$$M_3 \models \mathrm{Diag}_e(M_1) \cup \mathrm{Diag}_{\le}(M_2).$$

继续此过程, 我们将构造一个模型链: $M_1, M_2, \cdots$ 满足对一切 $i \ge 2, f_i : M_{2i-3} \to M_{2i-1}, g_i : M_{2i-2} \to M_{2i}$ 均为初等嵌入, 而 $h_i : M_{i-1} \to M_i$ 为强嵌入, 且

$$N_1 \overset{f_1}{\prec} M_1 \overset{f_2}{\prec} M_3 \overset{f_3}{\prec} \cdots,$$

$$N_2 \overset{g_1}{\prec} M_2 \overset{g_2}{\prec} M_4 \overset{g_3}{\prec} \cdots,$$

$$N_2 \overset{h_1}{\le} M_1 \overset{h_2}{\le} M_2 \overset{h_3}{\le} M_3 \le \cdots.$$

置 $M = \bigcup_{i=2n} M_i = \bigcup_{i=2n+1} M_i$, 此即为所求之模型. 这样,

$$M \models \mathrm{Diag}_e(N_1) \bigcup \mathrm{Diag}_e(N_2).$$

设 $f' = \bigcup_{i<\omega} f_i$, $g' = \bigcup_{i<\omega} g_i$, 则 $f' : N_1 \to M$ 及 $g' : N_2 \to M$ 满足 $f'f = g'g$. 因此 T 在有穷闭集上有聚合性质.

引理 4.2.20　假如 $(K, \le)$ 有有穷闭包, 则在有穷闭集上的聚合蕴涵在无穷闭集上的聚合.

证明　假定 N_1 和 N_2 为 T 的两个无穷模型. $A \in K$ 为无穷模型, $f : A \to N_1, g : A \to N_2$ 为强嵌入. 正如在引理 4.2.19 中的证明一样, 只需证明 $\mathrm{Diag}_e(N_1) \cup \mathrm{Diag}_{\le}(N_2)$ 是和谐的. 但是如果在语句集 $\mathrm{Diag}_{\le}(N_2)$ 中的任何有穷集均在 N_1 中真的话, 则它也是对的. 因为 $(K, \le)$ 是有有穷闭包的, 存在一个有穷闭集包含了所有在这些语句中命名的元素, 而这样一来在有穷闭集上的聚合性质就蕴涵了这些语句在 N_1 中为真.

§4.3　ω-稳定的拟平面

在前面两节我们引入一个结构的类, 并证明了如果它拥有一些特别的性质, 则这个类有它的兼纳模型. 如果它有更多的一些性质, 这个兼纳模型的理论就可

以是稳定的甚至 ω- 稳定的. 在下面几节我们要给出一些具体的例子来证明前面所给出的理论. 本节中先给出一个简单的例子: 这个类的兼纳模型是一个拟平面, 而它的理论是 ω- 稳定的.

在这个例子中, 类 $(K, \leq)$ 中的元素是有穷图 (graph) $G = (V, R)$. 一个图可以看成是一个集合 (顶点集 V) 以及定义其上的一个二元关系 $R.R(x, y)$ 表示顶点是 x 和 y 之间有一条边连接它们. 这个二元关系 R 是对称的, 非自反的, 即是说, 这个图是双向图而不是单向图, 而且不含点到自身的所谓圈 (loop). 现在展开讨论, 首先给出某些定义和记号. 假定 G 是一个有穷图, $|G|$ 表示 G 的顶点个数, $e(G)$ 表示 G 的边的条数. 进一步定义 $x(G) = |G|$, $\delta(G) = |G| - \alpha e(G)$. 这里 α 为一正实数. 在本节我们考察 α 为有理数的情形. 在第五、六节我们讨论 α 为无理数的情形, 不过本节中的许多结果事实上对任意 α 均成立.

设 $v(G) = (x(G), \delta(G))$. 这样每一个有穷图均与一个平面上的点相对应. 定义 K 为这些图的类. 我们将证明它有一个兼纳模型 M, 兼纳模型的理论 $T =$Th(M) 又是 ω- 稳定的. 为了使得兼纳模型是一个拟平面, 我们要对 K 中的图更多的限制. 首先介绍什么是拟平面.

定义 4.3.1 拟平面是一个数学结构 (P, L, I), 这里 P 是点的集合, L 是线的集合, 而 $I \subseteq P \times I$ 为线与点发生的关系. 例如, $(p, l) \in I$ 表示点 p 在线 l 上. 这个结构满足以下两条:

1) 每两条线至多相交有穷多次 (相应地, 每两个点至多位于有穷多条线上);
2) 每一点均有无穷多条线穿过 (相应地, 每一条线上均有无穷多个点).

我们要证实本节中构造的兼纳模型是一个拟平面.

定义 4.3.2 称一个图 **排斥**(omit) 四点环 (cycle) , 如果不包含一个四点环作为它的子图. 如果图的类 K 中的每一个图均不含四点环, 则称 K 排斥四点环.

假定一个图排斥四点环且每一个顶点均有无穷多个相邻的元素, 就可以看作是一个拟平面. 只要将它的每一个元素, 包括点和边, 都看成是这个拟平面中的点和线, 而将此图中的相邻的关系看作是拟平面中点与线之间的关系即可. 我们要求一个比 1) 更强的条件, 即每二条线至多相交一次, 这样, 必须将四点环排斥在类 K 之外.

定义 4.3.3 对于固定的 α, 定义

$$K_\alpha = \{A 是一个图 : 对于一切有穷的 A' \subseteq A, \ 0 \leq \delta(A') \leq x(A'), A 排斥四点环\}.$$

下面要给予强包含关系 $\leq$ 一个在类 $(K_\alpha, \leq)$ 中的解释.

定义 4.3.4 对于有穷的图 A 和任意图 B, $A \leq B$ 当且仅当 $A \subseteq B$, 且对一切满足 $A \subseteq B' \subseteq B$ 的有穷的 B', 有 $\delta(A) \leq \delta(B')$.

现在我们要证实这样定义的类 $(K_\alpha, \leq)$ 满足前面所给出的公理 A1~A5, B1~B2 及其他一些性质.

定理 4.3.5　对于任意的 α, 类 $(K_\alpha, \leq)$ 满足公理 A1,A2,A4,A5.

证明　显然.

记号 4.3.6　对于有穷的 A, B, 记 $\delta(A/B) = \delta(AB) - \delta(B), e(A, B)$ 表示联接 A 中的点与 B 中的点的边的边数.

引理 4.3.7　对于任意有穷的 A 及实数 α, $\leq$ 系由定义 4.3.4 给出, 则下述命题成立.

1) 假定 $A \leq B$ 且 $X \subseteq B$, 则 $(X \cap A) \leq X$;

2) 假如 B 为有穷, 且 $A \leq B \leq C$, 则 $A \leq C$;

3) 假如 B 为有穷, $A \subseteq B$ 且 $(C \cap B) \subseteq A$, 则 $\delta(C/A) \geq \delta(C/B)$.

证明　1) 假若不然, 则有 C 满足 $A \cap X \subseteq C \subseteq X, \delta(C) < \delta(A \cap X)$. 我们断言 $\delta(AC) < \delta(A)$, 这将与假设 $A \leq B$ 矛盾. 注意到 $A - X = A - C$,

$$\delta(A) = |A \cap X| + |A - X| - \alpha[e(A \cap X) + e(A - X) + e(A \cap X, A - X)]$$
$$= |A \cap X| + |A - C| - \alpha[e(A \cap X) + e(A - C) + e(A \cap X, A - C)],$$
$$\delta(AC) = |C| + |A - C| - \alpha[e(C) + e(A - C) + e(C, A - C)].$$

这样,

$$\delta(A) - \delta(AC) \geq \delta(A \cap X) - \delta(C) - \alpha e(A \cap X, A - C) + \alpha e(C, A - C) > 0.$$

2) 设 $A \subseteq D \subseteq C$. 假如 $D \subseteq B$, 则 $\delta(A) \leq \delta(B) \leq \delta(D)$. 假如 $D \not\subseteq B$ 则由 1) $B \cap D \leq D$, 但 $B \cap D \neq D$, 所以 $\delta(D) \geq \delta(B \cap D) \geq \delta(A)$.

3) 事实上, $\delta(CB) - \delta(B) = x(CB) - \alpha e(CB) - x(B) + \alpha e(B)$. 注意到

$$x(CB) - x(B) = x(CA) + x(B - A) - x(A) - x(B - A) = x(CA) - x(A).$$

而且

$$-e(CB) + e(B) = -e(CA) - e(B - A) - e(CA, B - A)$$
$$+ e(A) + e(B - A) + e(A, B - A)$$
$$\leq -e(CA) + e(A).$$

因此

$$\delta(CB) - \delta(B) \leq x(CA) - x(A) - \alpha e(CA) + \alpha e(A) = \delta(CA) - \delta(A).$$

由本引理 2) 可知 $(K_\alpha, \leq)$ 满足公理 A3. 本引理的 1) 证实了 $(K_\alpha, \leq)$ 关于有穷集是部分强的.

定义 4.3.8　称图 A 是离散的 (discrete). 如果它仅含有顶点而无任何边.

下面的引理告诉我们, 由于类 $(K_\alpha, \leq)$ 排斥四点环, 为满足聚合性质, 系数 α 必须有所限制.

引理 4.3.9　类 $(K_\alpha, \leq)$ 有聚合性质 (AP) 当且仅当系数 $\alpha \geq \frac{1}{2}$.

证明 ⇒ 假若不然, 即 $\alpha < \frac{1}{2}$.

考察下面的结构. $A = \{a_1, \cdots, a_{m+1}\}$ 为一离散图. $B_1 = A \cup \{b_1, \cdots, b_m\}$, 其边为 $R(a_i, b_i), i = 1, \cdots, m, R(b_i, b_{i+1}), i = 1, \cdots, m-1$ 以及 $R(b_m, a_{m+1})$. $B_2 = A \cup \{b'_1, \cdots, b'_m\}$, 而边与 B_1 同, 不过多一条边 $R(b'_1, a_2)$.

由于 $\alpha < \frac{1}{2}$, 容易证实 $A \leq B_1$. 下面的断言显示对于足够大的 m, 亦有 $A \leq B_2$.

断言 若 $m \geq \frac{\alpha}{1-2\alpha}$, 则 $A \leq B_2$.

首先证明 $\delta(B_2) - \delta(A) \geq 0$. 事实上, 有以下计算:

$$\begin{aligned}
\delta(B_2) - \delta(A) &= |B_2| - \alpha e(B) - |A| + \alpha e(A) \\
&= |B_2 - A| - \alpha(e(B_2) - e(A)) \\
&= m - \alpha(2m + 1) \\
&= m(1 - 2\alpha) - \alpha \geq 0.
\end{aligned}$$

对于任意的满足 $A \subseteq B' \subseteq B_2$ 的 B', 容易看出 $\delta(B') - \delta(A) \geq 0$. 因此我们有 $A \leq B_2$.

我们将看到虽然 $A \leq B_1$, 且 $A \leq B_2$ 成立, 但假如 K_α 排斥四点环, 则无法固定 A 而将 B_1 映射到 B_2. 换言之, 聚合性质在这种情形并不成立.

由于 K_α 排斥四点环, 为保证聚合性质, 并在映射中固定 a_m, 不得不在此映射下映射 b_m 到 b'_m. 这样也不得不映射 b_{m-1} 到 b'_{m-1}, b_{m-2} 到 b'_{m-2} $\cdots$ 直至映射 b_1 到 b'_1. 但这最后一步是不可能的, 因为 $R(b'_1, a_2)$ 在 B_2 中成立, 但 $R(b_1, a_2)$ 在 B_1 中不成立. 因此聚合性质不真.

从以上的证明中, 不难看出假如 K_α 不排斥四点环, 则为具有聚合性质并不需限制 $\alpha \geq 1/2$. 不过这样一来, 类 $(K_\alpha, \leq)$ 的兼纳模型将不是一个拟平面.

⇐ 为了证明如果 $\alpha \geq \frac{1}{2}$, $(K_\alpha, \leq)$ 有聚合性质, 需先证明一个断言.

断言 假如 $B, C \in K_\alpha, A = B \cap C$ 是有穷的, $A \leq B$ 且 $B \otimes_A C$ 不包含四点环, 则 $B \otimes_A C \in K_\alpha$, 且 $C \leq B \otimes_A C$. 这里 $B \otimes_A C$ 表示 B 和 C 的并, 并且它所有的边都是在 B 和 C 中原有的, B 和 C 之交为 A.

证明 设 $X \subseteq B \otimes_A C$ 有穷, $X \cap B = B_0, X \cap C = C_0, X \cap A = A_0$. 由于 $A, B, C \in K_\alpha$, 所以 $A_0, B_0, C_0 \in K_\alpha$. 需要证明 $X \in K_\alpha$.

显然, $|X| = |B_0| + |C_0| - |A_0|$. 又注意到在 $C_0 - A_0$ 和 $B_0 - A_0$ 之间不存在关系, 所以 $e(A_0, C_0 - A_0) = e(B_0, C_0 - A_0)$. 这样,

$$\begin{aligned}
e(X) &= e(B_0) + e(C_0 - A_0) - e(B_0, C_0 - A_0) \\
&= e(B_0) + e(C_0) - e(A_0) - e(A_0, C_0 - A_0) + e(B_0, C_0 - A_0) \\
&= e(B_0) + e(C_0) - e(A_0).
\end{aligned}$$

由于 δ 是线性的, 故有 $\delta(X) = \delta(B_0) + \delta(C_0) - \delta(A_0)$.

根据 $(K_\alpha, \leq)$ 的部分强的性质, $A \leq B \Rightarrow A_0 \leq B_0$. 因此 $\delta(A_0) \leq \delta(B_0)$, 所以

$$
\begin{aligned}
\delta(X) &= \delta(B_0) + \delta(C_0) - \delta(A_0) \\
&\geq \delta(B_0) + \delta(C_0) - \delta(B_0) = \delta(C_0) \geq 0
\end{aligned} \tag{$*$}
$$

因此 $v(X)$ 是在 x - 轴之上.

另一方面,

$$
\frac{\delta(X)}{x(X)} = \frac{|X| - \alpha e(X)}{|X|} = 1 - \alpha \cdot \frac{e(X)}{|X|} \leq 1.
$$

所以 $v(X)$ 又在直线 $y = x$ 之下. 因此 $X \in K_\alpha$.

由于 $B \otimes_A C$ 不包含四点环, 因此 $B \otimes_A C \in K_\alpha$.

为得到第两个结果, 设 $X \supseteq C$, 则 $C_0 = C$, 由 $(*)$ 就有 $\delta(X) \geq \delta(C)$. 因此 $C \leq B \otimes_A C$. 断言证毕.

注意在上述断言中, 并未引用 $\alpha \geq \frac{1}{2}$ 之条件, 所以此断言实际上对一切实数 α 成立. 另外在上述断言中, 如果再增加一个假设: $A \leq C$, 则显然也有 $B \leq B \otimes_A C$.

现在就来分两种情形证明 $(K_\alpha, \leq)$ 有聚合性质.

情形 I $\alpha > \frac{1}{2}$.

注意到假如 $A \leq B, A \leq C$, 则在 $B - A$ 或 $C - A$ 中的每一点仅能够连接到 A 中的一个点. 这样假如 B 和 C 排斥四点环, 则 $B \otimes_A C$ 亦然.

假如有穷的 $A, B, C \in K_\alpha, A = B \cap C$, $A \leq B$, $A \leq C$. 则由断言知 $B \leq B \otimes_A C$, 及 $C \leq B \otimes_A C$.

情形 II $\alpha = \frac{1}{2}$.

在这种情形下可能会有两点 d_1, d_2 在 A 中, $b \in B - A, c \in C - A$, 且有边 $R(d_1, b), R(d_2, b), R(d_1, c)$ 及 $R(d_2, c)$. 由于 $\delta(Ab) = \delta(A), \delta(Ac) = \delta(A)$, 所以 $A \leq B, A \leq C$ 成立.

现在用归纳法, 即归纳于 $|B - A| + |C - A|$ 上来处理本情形. 设 f 是在 A 上为恒等的映射, 它映射 $b \in B$ 到一个新的点 m, 而 g 也是在 A 上的恒等映射, 不过它映射 $c \in C$ 到 m.

设 $A' = Am$ 且有边 $R(m, d_1)$ 和 $R(m, d_2)$, $B' = (B - \{b\})m$ 且有边 $R(m, d_1)$, $R(m, d_2)$. 对于 $x \in B - \{b\}, R(x, m)$ 成立当且仅当 $R(x, b), C' = (C - \{c\})m$ 且有边 $R(m, d_1), R(m, d_2)$. 对于 $x \in C - \{c\}, R(x, m)$ 当且仅当 $R(x, c)$.

我们断言 $A \leq B \Rightarrow A' \leq B'$ 且 $A \leq C \Rightarrow A' \leq C'$. 事实上, 显然 $\delta(B') = \delta(B), \delta(C') = \delta(C)$, 且 $\delta(A') = \delta(A) + 1 \cdot 1 - \frac{1}{2} \cdot 2 = \delta(A)$(注意 $\alpha = \frac{1}{2}$).

由于 $|B - A| + |C - A|$ 是有穷的, 所以归纳步骤最终将完成. 在这之后, 设 $D = B' \otimes_{A'} C'$. 设 $f' : B' \to D, g' : C' \to D$ 满足 $f' \upharpoonright A' = g' \upharpoonright A'$, 则 $f'f(B) \leq D, g'g(C) \leq D$. 这样就完成了引理的证明.

下面要来证明在 α 为有理数时类 $(K_\alpha, \leq)$ 有有穷闭包.

引理 4.3.10 对于有理数 α, 任意满足 $A \subseteq N \in K_\alpha$ 的任意的 A, 在 N 中有有穷的闭包 $\bar{A}$. 换言之, 如果 α 是有理数, 则 $(K_\alpha, \leq)$ 有有穷闭包.

证明 存在性. 假定 $\alpha = \frac{b}{a}$ 为不可约分数.

注意到 $\{\delta(B) : A \subseteq B \subseteq N, B$ 是有穷的 $\}$ 是非负有理数集, 这些有理数的分母就是 α 的分母 a, 因此在此集合中就有最小值, 比如说 $\delta(B_0)$. 也就是说, 对某个 B_0, B_0 满足 $A \subseteq B_0 \subseteq N$ 且 $\delta(B_0) = \inf\{\delta(B) : A \subseteq B \subseteq N, B$ 有穷 $\}$. 这样的 B_0 如果不只一个, 其中就有一个有最小尺寸, 它就是 A 的闭包. 因为对于有穷的满足 $B_0 \subseteq B \subseteq N$ 的 B, $\delta(B_0) \leq \delta(B)$, 所以根据定义 4.3.4, 有 $B_0 \leq N$, 而且 B_0 是具有此性质的最小的.

惟一性. 设 B_1 和 B_2 均满足以上性质且都具有最小性, 则 $\delta(B_1) = \delta(B_2) = d_M(A)$. 设 $C = B_1 \cap B_2$. 假如 $C = B_1 = B_2$, 则证明完成. 否则的话, 比如说 $C \neq B_1$, 这样由 $\delta(B_1)$ 的最小性, $\delta(B_1/C) = \delta(B_1) - \delta(C) < 0$. 但由引理 4.3.7, $\delta(B_1/B_2) \leq \delta(B_1/C) < 0$, 所以 $\delta(B_1/B_2) < 0$, 即 $\delta(B_1B_2) < \delta(B_2)$. 这与 $\delta(B_2)$ 的最小性矛盾.

这样我们就证明了以下定理.

定理 4.3.11 如果 α 为有理数, $\frac{1}{2} \leq \alpha \leq 1$, 则类 $(K_\alpha, \leq)$ 有兼纳模型.

证明 已经证明这样的类 $(K_\alpha, \leq)$ 满足公理 A1~A5, 且有聚合性质, 因此根据定理 4.1.11 和定理 4.1.12, 它在同构意义上有惟一的兼纳模型 M.

下面来证明这个兼纳模型 M 的理论 $T = \mathrm{Th}(M)$ 是 ω-稳定的. 由于我们在引理 4.3.5 和引理 4.3.7 中证明了 $(K_\alpha, \leq)$ 满足公理 A1~A5 且是部分强的, 在引理 4.3.9 中, 证明了: 若 $\alpha \geq \frac{1}{2}$, 则 $(K_\alpha, \leq)$ 有聚合性质以及在引理 4.3.10 中, 证明了: 当 α 为有理数时有有穷闭包. 这样根据定理 4.2.12 及其推论 4.2.13, 为证明 $(K_\alpha, \leq)$ 的兼纳模型 M 的理论 $T = \mathrm{Th}(M)$ 是 ω-稳定的, 仅需再证明 M 是满的且公理 B1,B2 也是满足的, B1 中的 X_0 为有穷.

引理 4.3.12 假如 $\alpha \geq \frac{1}{2}$ 为有理数, 则对于这样任意的 α, 任意的 $X \leq N$, 存在有穷的 X_0, 满足 $d(a/X) = d(a/X_0)$.

证明 由于 $\delta(A) = |A| - \alpha e(A)$, α 是有理数, 比如说 $\alpha = \frac{b}{c}$, 所以 $\delta(A)$ 是一个分母为 c 的非负有理数. 这样

$$d_N(A) = \inf\{\delta(B) : A \subseteq B \subseteq N\}$$

就是分母为 c 的非负有理数集中的最小元素, 当然也是一个分母为 c 的非负的有理数. 因此 $d_N(a/X') = d_N(aX') - d_N(X')$ 就也是一个分母为 c 的非负有理数. 同样的理由可知

$$d_N(a/X) = \inf\{d_N(a/X') : X' \subseteq X, |X'| < \aleph_0\}$$

就是一个具有分母 c 的非负有理数集的最小元. 因此对于某个有穷的 $X_0 \subseteq X$, 我们有 $d_N(a/X) = d_N(a/X_0)$.

引理 4.3.13　假定 α 是有理数, A 有穷,则 $d(A/B) = d(AB/B) = d(A/\bar{B}) = d(\bar{A}/B)$.

证明　第一个等式是显然的. 对于其余的, 我们有

$$d(A/B) = d(AB) - d(B) = d(AB) - d(\bar{B}) = d(A\bar{B}) - d(\bar{B}) = d(A/\bar{B}),$$
$$d(A/B) = d(AB) - d(B) = d(\bar{A}B) - d(B) = d(\bar{A}/B).$$

这样公理 B1 就被证实. 下面再来证实公理 B2 对于 $(K_\alpha, \leq)$ 亦成立.

引理 4.3.14　假如 α 为有理数, 则弱惟一性公理在 $(K_\alpha, \leq)$ 中成立.

证明　假定 $N, N' \in K_\alpha$, $A \subseteq N, A' \subseteq N', B \subseteq B_1 \subseteq N_1 \cap N_2$, $\mathrm{cl}_N(AB) \cong \mathrm{cl}_{N'}(A'B)$, 在 N 中 $A \downarrow_B B_1$, 在 N' 中 $A' \downarrow_B B_1$, 而且 $N \cap N' \leq N, N'$.

断言　在 $\mathrm{cl}_N(AB) - \mathrm{cl}_N(B)$ 和 $\mathrm{cl}_N(B_1) - \mathrm{cl}_N(B)$ 之间以及在 $\mathrm{cl}_{N'}(A'B) - \mathrm{cl}_{N'}(B)$ 和 $\mathrm{cl}_{N'}(B_1) - \mathrm{cl}_{N'}(B)$ 之间没有边.

断言的证明　在 N 中,

$$\begin{aligned}
\delta(\mathrm{cl}(\,\mathrm{cl}(AB)\bar{B}_1) &= d(\mathrm{cl}(AB)\bar{B}_1) = d(\mathrm{cl}(AB)/\bar{B}_1) + d(\bar{B}_1) \\
&= d(\mathrm{cl}(AB)/B_1) + d(\bar{B}_1) = d(d(AB)/B) + d(\bar{B}_1) \\
&= d(\mathrm{cl}(AB)) + d(B_1) - d(B) \\
&= \delta(\mathrm{cl}(AB)) + \delta(\bar{B}_1) - \delta(\bar{B}) \geq \delta(\mathrm{cl}(AB)\bar{B}_1).
\end{aligned}$$

注意最后一个不等式是因为 $A \downarrow_B B_1 \Rightarrow \mathrm{cl}(AB) \cap \bar{B}_1 \subseteq \bar{B}$. 所以由 $\delta\,(\mathrm{cl}(\mathrm{cl}(AB)B_1))$ 的最小性, 等号成立. 因此 $\mathrm{cl}(AB)\bar{B}_1$ 在 N 中是闭的.

但是, $\delta(\mathrm{cl}(AB)\bar{B}_1) = \delta(\mathrm{cl}(AB)) + \delta(\bar{B}_1) - \delta(\bar{B}) - \alpha e(\bar{B}_1 - \bar{B}, \mathrm{cl}(AB) - \bar{B})$, 因此 $e(B_1' - B_1, A_1 - B_1) = 0$, 亦即 $e(\,\mathrm{cl}(AB) - \bar{B}, \bar{B}_1 - \bar{B}) = 0$.

类似地, 在 N' 中, $\mathrm{cl}(A'B)\bar{B}_1$ 是闭的且 $e(\mathrm{cl}(A'B) - \bar{B}_1, \bar{B}_1 - B) = 0$. 断言成立.

现在注意到 $\mathrm{cl}_N(AB) \cong \mathrm{cl}_N(A'B)$ 而且在 $\mathrm{cl}_N(AB) - \mathrm{cl}_N(B)$ 和 $\mathrm{cl}_N(B_1) - \mathrm{cl}_N(B)$ 之间没有边, 在 $\mathrm{cl}_{N'}(A'B) - \mathrm{cl}_{N'}(B)$ 和 $\mathrm{cl}_{N'}(B_1) - \mathrm{cl}_{N'}(B)$ 之间也没有边, 所以 $\mathrm{cl}_N(AB)\mathrm{cl}_N(B_1) \cong \mathrm{cl}_{N'}(A'B)\mathrm{cl}_{N'}(B_1)$.

因为两边的集都是闭的, 所以 $\mathrm{cl}(AB)\bar{B}_1 = \mathrm{cl}(\,\mathrm{cl}(AB)\bar{B}_1) = \mathrm{cl}(AB_1)$, $\mathrm{cl}(A'B)\bar{B}_1 = \mathrm{cl}(\mathrm{cl}(A'B)\bar{B}_1) = \mathrm{cl}(A'B_1)$. 因此,

$$\mathrm{cl}_N(AB_1) \cong_{B'} \mathrm{cl}_{N'}(A'B_1).$$

下面我们要讨论何时 $(K_\alpha, \leq)$ 的兼纳模型 M 是满的,从而它的理论 $T = \mathrm{Th}(M)$ 是稳定的.

引理 4.3.15　当 $\alpha > \frac{1}{2}$ 时, $(K_\alpha, \leq)$ 的兼纳模型是满的.

证明　由引理 4.3.9 证明中的第二个断言, 假如 A 为有穷, $A \leq B \in K$, $A \subseteq C \in K$, 则 $B \otimes_A C \in K$ 且 $C \leq B \otimes_A C$.　　证毕.

设 $C = \text{cl}_M(A)$, 则有 $C \leq B \otimes_A C = E$. 由于 M 是 $(K_\alpha, \leq)$ 的兼纳模型, $C \leq M$, 所以存在强映射 $\tau : E \to_C M$ 使得 $\tau(E) \leq M$.

假定 C_i 包含 B, 在 K_0 中 $B \not\leq C_i$, 且 $A \leq (C_i - B)A$, 则 $M \models \delta_A(\bar{a}) \wedge \delta_B(\bar{a}, \tau(\bar{b}))$. 我们断言 $M \models \forall \bar{z} \neg \delta_{C_i}(\bar{a}, \tau(\bar{b}), \bar{z})$, 这里 $\bar{b}$ 枚举 B. 假若不然, 设 C_i' 为一反例, 即 $\tau(B) \subseteq C_i' \subseteq M$ 且 $\delta(C_i'/B) < 0$. 注意到 $\tau(E) \leq M$, 所以 $\text{cl}_M(\tau(B)) = \text{cl}_{\tau(E)}(\tau(B))$, 即 $\text{cl}_M(\tau(B)) \subseteq \tau(E)$. 但 $\delta(C_i'/\tau(B)) < 0 \Rightarrow C_i' \subseteq \text{cl}_M(\tau(B))$, 因此 $C_i' \subseteq \tau(E)$. 设 $D_i = C_i' - \tau(B)$, 则 $\delta(D_i/A) = \delta(C_i'/\tau(B))$. 因此 $\delta(D_i/A) < 0$, 这与假设 $A \leq (C_i - B)A$ 矛盾.

这样我们就得到了下面的定理.

定理 4.3.16 假若 $\alpha > \frac{1}{2}$ 为有理数, 则 $(K_\alpha, \leq)$- 兼纳模型 M 的理论 $T = \text{Th}(M)$ 是 ω- 稳定的.

引理 4.3.17 当 $\alpha > \frac{1}{2}$ 为有理数时, $(K_\alpha, \leq)$ 的兼纳模型 M 是 ω- 饱和的.

证明 由引理 4.1.14 即得.

下面我们证明当 $\alpha > \frac{1}{2}$ 时, 兼纳模型是一个拟平面.

引理 4.3.18 假若 $\alpha > \frac{1}{2}$ 为有理数, 则 $(K_\alpha, \leq)$ 的兼纳模型是一个拟平面.

证明 我们已经证明了没有四点环可嵌入 M, 所以只需再证明对于任意自然数 N, $B_N = \{a, b_1, \cdots, b_N\}$ 及其边 $R(a, b_i), i = 1, 2, \cdots, N$ 均可嵌入 M 即可. 事实上, 假若 B_N 可被嵌入 M, 设 $C = ab_{N+1}$ 及边 $R(a, b_{N+1})$, 根据 M 的可聚合性及兼纳性 $B_{N+1} \otimes_a C$ 可被嵌入 M.

我们需要在这里指出 $T = \text{Th}(M)$ 不是 $\aleph_0$- 范畴的, 因为上面已经证明 T 是 ω- 稳定的, M 是拟平面, 而 Cherlin-Harrington-Lachlan 在 [CHL] 中证明了不存在 ω- 稳定的 $\aleph_0$- 范畴的拟平面.

§4.4 ω-稳定的射影平面

在前节我们证明了当 $\alpha > \frac{1}{2}$ 为有理数时, $(K_\alpha, \leq)$ 的兼纳模型是满的, 从而它的理论 $T = \text{Th}(M)$ 是 ω- 稳定的. 那么当 $\alpha = \frac{1}{2}$ 时, 又是怎样呢? 除了没有证明此时兼纳模型 M 是满的以外, 使 $T = \text{Th}(M)$ 为稳定理论的所有其他条件都满足. 在本节, 我们首先指出当 $\alpha = \frac{1}{2}$ 时兼纳模型 M 不是满的, 所以不能用上一节的方法证明它的理论在闭集上是聚合的, 从而是稳定的. 然后, 我们要用另外的方法来证明它的理论 $T = \text{Th}(M)$ 仍是 ω- 稳定的. 最后, 我们指出此时兼纳模型 M 为一射影平面.

引理 4.4.1 当 $\alpha = \frac{1}{2}$ 时, $(K_\alpha, \leq)$ 的兼纳模型 M 在 K_α 中不是满的.

证明 首先注意 "M 是满的" 的一个简单的后承. 在 "M 是满的" 的定义中取 $n = m_1 = 1$, 则对于满足条件 $B \not\leq C$ 和 $A \leq (C - B)A$ 的 $A \leq B \subseteq C$, 对

于任意 $\sigma : A \to M$ 存在 $\tau : B \to M$ 满足 $\sigma \subseteq \tau$ 且有 $\theta : C \to M$ 满足 $\tau \subseteq \theta$.

这样为证明 M 不是满的, 只需证明对于这样的 σ 和 τ, 存在 $\theta \supseteq \tau$ 将 C 映射到 M 内. 设 $A = \{a, b, c, d\}$ 为一离散图, $B = A \cup \{e, f, g\}$ 并有边 $R(a, e), R(b, f), R(c, g), R(d, g), R(e, f)$ 和 $R(f, g)$. 设 $C = B \cup \{h\}$ 有边 $R(a, h)$, $R(d, h)$ 和 $R(e, h)$. 这样 $A \leq B \subseteq C, B \not\leq C$ 且 $A \leq (C - B)A$. 由于这个兼纳模型 M 是关于 $(K, \leq)\omega$- 全的, 所以存在 $a', b', c', d', e', f', g', h' \in M$ 并有边 $R(a', e'), R(b', f'), R(c', g'), R(d', g'), R(e', f'), R(f', g'), R(a', h'), R(d', h')$ 及 $R(e', h')$.

设 $\sigma : A \to M$ 使得 $a \mapsto a', b \mapsto b', c \mapsto c', d \mapsto d'$. 这样, 为避免形成四点环, 任何 $\tau \supseteq \sigma$ 必须映射 g 到 g', f 到 f', e 到 e'. 但设 $\theta \supseteq \tau$ 映射 h 到 h', 则 θ 将 C 嵌入 M. 因此 M 不是满的.

定义 4.4.2　称 A 在 B 中是 n- 强的, 假如对于任何满足 $A \subseteq B' \subseteq B$ 及 $|B' - A| \leq n$ 的 $B', A \leq B'$ 成立, 并记做 $A \leq_n B$.

由此定义, 立即有下面的基本性质:

1) $A \leq B \Leftrightarrow \forall n A \leq_n B$,

2) 假如 $m \geq n$, 则 $A \leq_m B \Rightarrow A \leq_n B$.

现在我们引出 Herwiz 定理 (参见 [He]).

定理 4.4.3　设 M 是 $(K_\alpha, \leq)$ 的兼纳模型, 则 M 是 ω- 饱和的当且仅当下面条件成立:

1) 设 $A, B \in K_0, A \leq B$. 对于一切 $m \in \omega$, 存在 $n \in \omega$ 满足对一切 $C \in K_0$, 假如 $A \leq_n C$, 则有 $D \in K_0$ 及 $f : B \to D, g : C \to D$ 满足 $fB \leq_m D$ 和 $gC \leq D$,

2) K_0 中不存在无穷链, $B_1 \not\leq B_2 \not\leq B_3 \not\leq \cdots$,

3) 对于一切 n, K_0 中在同构意义下仅有有穷多个结构是由 n 个元素生成的.

引理 4.4.4　假定 $\alpha = \frac{1}{2}, A, B \in K_0, A \leq B$. 对任意 $m \in \omega$, 任意 $C \in K_0$, 满足 $A \leq_n C, n = m + |B - A|$, 均存在 $D \in K_0$, 满足 $B \leq_m D$ 及 $C \leq D$.

证明　设 $f : A \to B$ 为强映射, $g : A \to C$ 是 n- 强映射. 我们需找到 $D \in K_0$ 及 $f' : B \to D, g' : C \to D$ 使得 $ff' = gg', f'$ 为 m- 强映射, g' 为强映射. 我们的证明施归纳于 $|B - A|$.

首先假设 $|B - A| = 1$. 假如 $B \otimes_A C$ 没有四点环, 则由引理 4.3.9 证明中的第两个断言及事实 $B \leq_n D$, 有 $C \leq D$, 因为对任意的 $x \in C - A, \delta(x/B) = \delta(x/A)$.

假定 D 中存在四点环, 则有 $b \in B - A, c \in C - A, a, d \in A$ 形成四点环. 将 B 映射到 C 使得 b 映射到 c. 则 C 即为所需的自由聚合.

现在设所需证的结果当 $|B - A| < k$ 时为真, 考察 $|B - A| = k$ 的情形. 由于 $|B - A| = k, n = m + k$. 如果 $B \otimes_A C$ 不含四点环, 则结果成立. 如果不然, 就有 a, b, c, d 如前所述. 设 $A' = A \cup \{b\}$, 考察三个模型: A', B, C.

设 $f_1 : A' \to B$ 为 $f \cup \{\langle b, b \rangle\}$ 及 $g_1 : A' \to C$ 为 $g \cup \{\langle b, c \rangle\}$. 容易发现 f_1 为强嵌入, 而 g_1 为 $(n-1)$- 强嵌入, $|B - A'| = k - 1$. 根据归纳假设, 存在 D, f_1', g_1' 满足 $f_1 f_1' = g_1 g_1'$ 和 $f_1' : B \to D$ 为 $((n-1) - |B - A'|)$- 强嵌入而 $g_1' : C \to D$ 为强嵌入. 注意到 $(n-1) - |B - A'| = (n-1) - (k-1) = n - k = m$, 所以 f_1 为 m- 强嵌入.

定理 4.4.5   当 $\alpha = \frac{1}{2}$ 时, $(K_\alpha, \leq)$ 的兼纳模型 M 的理论 $T = \mathrm{Th}(M)$ 是 ω- 稳定的.

证明   当 $\alpha = \frac{1}{2}$ 时, 定理 4.4.3 的条件 1) 成立. 条件 2) 和 3) 是显然的, 因此 M 是 ω- 饱和的. 这样根据引理 4.1.14, M 是 ω_1 - 全模型, 且 $T = \mathrm{Th}(M)$ 在有穷闭集上有聚合性质. 从而 T 满足它为 ω- 稳定的一切条件.

下面我们来说明这时 $(K_\alpha, \leq)$ 的兼纳模型 M 是一个射影平面. 首先给出射影平面的定义.

定义 4.4.6   射影平面为一数学结构 (P, L, I), 这里 P 为点集, L 为线集, 而 $I \subseteq P \times L$ 为点与线间的关系, 它满足以下两条:

1) 每两条线恰恰交于一点 (对偶地, 每两个点恰恰位于一条线上),

2) 存在四点, 其中任意三点均不在一条线上.

引理 4.4.7   当 $\alpha = \frac{1}{2}$ 时, $(K_\alpha, \leq)$ 的兼纳模型 M 为一射影平面.

证明   为证明两条线恰恰交于一点, (对偶地, 每两个点恰恰位于一条线上), 只需证明假如 $A \subseteq M, a, b \in M$, 而且没有与 a 和 b 均有关系的 $d \in A$ 存在, 则有 $c \in M$, 而且有边 $R(a, c), R(b, c)$, 但在 c 和 A 的元素间没有其他关系. 事实上, 假如 $B = Ac'$ 有关系 $R(a, c')$ 和 $R(b, c')$, 则 $\delta(c'/A) = 1 - \frac{1}{2} \cdot 2 = 0$. 所以 $A \leq B$, 且 B 不能嵌入 M.

为证明存在四点, 其中任三点均不在一条线上, 只需证明八边形可以嵌入 M. 事实上, 假如 A 为八边形, 则 $\delta(A) = 8 - 4\alpha$, 所以 A 可被嵌入 M.   证毕.

§4.5   Hrushovski 的例子

我们在前面指出, 是 Hrushovski 在 1988 年首先用 Jonsson[J] 和 Fraïssé[F] 的聚合方法构造了一个 $(K_0, \leq)$- 兼纳模型, 它的理论是严格稳定的和 $\aleph_0$- 范畴的, 从而否定了 Lachlan 猜想, 并第一次找到了这种理论的例子 (稳定的且 $\aleph_0$- 范畴的). 可以说在本章中其他各节的所有发展都是由他的工作而引伸出来的. 在前几节我们对这种方法已经有了一个初步的了解, 现在我们就来介绍 Hrushovski 的例子[Hr1].

首先要指出的是, 在他的例子中对有穷图的类 K_0 的选择非常巧妙, 也很复杂. 我们就从 K_0 的选择来介绍他的这个工作.

假定 α 是满足 $\frac{1}{2} < \alpha < \frac{2}{3}$ 的无理数. 归纳定义 α 的一个有理数逼近序列

如下： $e_1(\alpha) = 1, x_1(\alpha) = 2$. 假定 $e_n(\alpha), x_n(\alpha)$ 已经定义，设既约分数 $\frac{k_n}{d_n}$ 是 α 的最好的从上方向 α 的有理逼近，这里 $d_n \leq e_n(\alpha)$. 定义 $e_{n+1}(\alpha) = e_n(\alpha) + d_n, x_{n+1}(\alpha) = x_n(\alpha) + k_n$. 称 $\sum\limits_{n=1}^{\infty}(k_n - d_n\alpha)$ 为 α 的指标 (index)．在固定 α 以后，我们可将 $e_n(\alpha), x_n(\alpha)$ 分别简写为 e_n 和 x_n.

下面再定义在平面上的一些点： $a_0 = (0,0), a_n = (x_n, x_n - \alpha e_n)$. 注意到所有截段 $[a_n, a_{n+1}]$ 的斜率都是正的，且随着 n 的增大而减小 (至少不增)．由于截段 $[a_0, a_1]$ 有斜率 $1 - \frac{\alpha}{2}$，因此所有截段的斜率都在 1 和 0 之间．这样所有这些截段 $[a_n, a_{n+1}]$ 的并 L 是在 x 轴的正向和直线 $y = x$ 之间的一条折线.

假定 J 是由 $(1,1)$ 和 $(2, 2-\alpha)$ 生成的格 (lattice)，所以 $(x,y) \in J$ 当且仅当 $x \in \mathbb{Z}, y - x \in \alpha\mathbb{Z}$. H 是在折线 L 之上，直线 $y = x$ 之下的这些格点的集合. 设 $a, b \in \mathbb{R}^2$ 为平面上的点，假如 $a \neq b, \theta(a,b)$ 则表示由 $b - a$ 和 x 轴正向形成的角. 在这些假设之下，就可以第一个引理.

引理 4.5.1 假如 $a, b, c \in H$，而且 $0 \leq \theta(a,b), \theta(a,c) \leq \frac{\pi}{4}$，则 $b - a + c \in H$. 这是 Hrushovski 构造的这个例子中最基本的引理，也是后面 K_0 构造的基础. 它的构思异常巧妙，但证明十分复杂. 后来有不少人包括作者本人都曾经想简化它的构造，可是都没有成功. 由于篇幅的原因，不拟在这里介绍它的细节. 有兴趣的读者可直接看他的原文 [Hr1].

引理 4.5.2 存在实数 $\alpha \in (\frac{1}{2}, \frac{2}{3})$，它有无穷指标.

证明略.

从现在开始，假定 α 有无穷指标.

引理 4.5.3 对于任意整数 N，在直线 $y = N$ 之下的 H 中的点只有有穷多个.

证明 $y_{n+1} - y_n = (x_{n+1} - \alpha e_{n+1}) - (x_n - \alpha e_n) = k_n - \alpha d_n$. 注意到当 $n \to \infty, y_n \to \infty$. 而由引理 4.5.2, $\sum\limits_{n=1}^{\infty}(k_n - \alpha d_n)$ 是发散的，所以 L 与直线 $y = N$ 相交于某点. 而在 L 之上， $y = N$ 之下，且被 $y = x$ 围界的区域是有穷的，从而它只可能包含有穷多个格点.   证毕.

类似于前几节，将一个有穷图 $G = (V, R)$ 看作是带有一个对称，非自反的二元关系 R 的结构. 而子图就是它的一个子集以及限制到这个子集上的关系. 假如 A 是 B_1 和 B_2 的子集，那么 B_1 和 B_2 在 A 上的自由聚合 (free amalgam) $B_1 \otimes_A B_2$ 是 B_1 和 B_2 的并，而它的边只是原来在 B_1 和 B_2 中的那些边.

设 $x(G), e(G)$ 分别是 G 的顶点数和边数. 定义 $y(G) = x(G) - \alpha e(G)$，顶点 $v(G) = (x(G), y(G))$. 设

$$K_0 = \{G \text{为有穷图：一切 } G' \subseteq G, v(G') \in H\}.$$

假如 A 为有穷图，$A \leq B$ 定义为对一切有穷的满足 $A \subseteq B' \subseteq B$ 的 B'，均有 $y(A) \leq y(B')$. 如果 A, A' 为 B 的两个有穷子图，记 $y(A'/A) = y(A' \cup A) - y(A)$.

引理 4.5.4　1) 假如 $A \le B$ 且 $X \subseteq B$, 则 $(X \cap A) \le X$.

2) 假如 $A \subseteq A' \subseteq B, A'$ 有穷且 $X \cap A' \le A$, 则 $y(X/A) \ge y(X/A')$.

3) 假如 A, B 有穷,　$A \le B \le C$, 则 $A \le C$.

这个引理的证明和前几节中有关的证明是一样的.

引理 4.5.5　设 $A, B_1, B_2 \in K_0, A \le B_1, A \le B_2$, 则 $B_1 \otimes_A B_2 \in K$, 而且 $B_i \le B_1 \otimes_A B_2, i = 1, 2$.

证明　设 $X \subseteq B_1 \otimes_A B_2, X_i = X \cap B_i, i = 1, 2, X_0 = X \cap A$.

因为在 $X_1 - X_0$ 的点及 $X_2 - X_0$ 的点之间没有边, 所以容易计算如下:

首先, $v(X) = v(X_1) - v(X_0) + v(X_2)$. 由引理 4.5.4 的 (1), $X_0 \le X_1, X_0 \le X_2$. 这就是说 $y(X_1) \ge y(X_0)$. 显然 $x(X_1) \ge x(X_0)$, 所以 $0 < \theta(v(X_0), v(X_1)) < \frac{\pi}{2}$. 而 X_1 有至少与 X_0 一样多的边, 从而 $\theta(v(X_0), v(X_1)) < \frac{\pi}{4}$. 根据引理 4.5.1, $v(X) \in H$.　证毕.

这样, 注意到 B_1 和 B_2 在 A 上的自由聚合满足引理 4.5.5 所述的性质, 因而聚合性质在 K_0 中成立. 另一方面, 由引理 4.5.3 可知,　$(K_0, \le)$ 有有穷闭包 (参见 §4.3), 因此 $(K_0, \le)$ 有兼纳模型, 也就是 Hrushovski 原文中的下述引理成立.

引理 4.5.6　存在可数图 M 满足以下两条:

1)　M 中的每一个有穷子图均为 K_0 中元素.

2)　假定 $A \le M, A$ 为有穷, 且 $A \le B, B \in K$, 则存在 $B' \le M$ 满足 $B \cong_A B'$.

引理 4.5.7　上述引理中的 M 是惟一的. 就是说如果 $A \le M, A' \le M'$, 且 A 和 A' 为有穷,　A 和 A' 间的任何同构均可开拓至 M 和 M' 间的一个同构. 所以 $T = \mathrm{Th}(M)$ 是 $\aleph_0$- 范畴的.

证明　A 和 A' 间的同构开拓至 M 和 M' 的同构可由标准的 "向前返后证法"(back-and-forth argument), 运用 $f : B \to B'$ 使得 $B \le M, B' \le M'$ 的逐步逼近来构造一个 M 和 M' 间的同构. 为此我们需要证明以下断言.

断言　设 $A \subseteq M$ 为有穷, 则存在有穷的 $B \subseteq M$ 满足 $A \subseteq B$ 且 $B \le M$.

断言的证明　根据引理 4.5.3, 对于满足 $A \subseteq B \subseteq M$ 和 $y(A) \ge y(B)$ 的 B, 仅有有穷多个可能的顶点 $v(B)$. 选取有穷的 $B \subseteq M$, 使得 $A \subseteq B$ 且 $y(B)$ 的值最小. 这样就显然有 $B \le M$.

对于有穷的 $A \subseteq M$, 定义 $d(A) = \inf\{y(B) : A \subseteq B \subseteq M, B \text{ 有穷 }\}$.

引理 4.5.8　对于任意有穷的 $A \subseteq M$, 存在惟一的最小的有穷 $B \subseteq A$ 使得 $y(B) = d(A)$.

证明　由前一引理的证明中可知在上述 $d(A)$ 定义中的最小值 $y(B)$ 可获得. 现在证明它的惟一性. 假定 B_1 和 B_2 是两个候选者, 即 $y(B_1) = y(B_2) = d(A), B_1 \supseteq A$, 而 B_1 没有具备这些性质的真子集. 设 $A' = B_1 \cap B_2$. 假如 $A' = B_1 = B_2$, 则无需证明什么. 假定 $A' \ne B_1$, 则 $y(B_1/A') < 0$ (否则 $y(B_1) \ge$

$y(A')$). 由引理 4.5.4 的 (2), $y(B_1/B_2) < 0$, 所以 $y(B_1 \cup B_2) < y(B_2) = d(A)$, 矛盾.   证毕.

下面我们转而讨论理论 $T = \text{Th}(M)$ 的稳定性. 称上述引理中惟一的 B 为 A 的闭包, 记做 $B = \text{cl}(A)$. 这样 $\text{cl}(A) \subseteq \text{acl}(A)$, 这里 $\text{acl}(A)$ 表示 A 的代数闭包 (参见前面第一章第二节中的定义). 注意到 $\text{cl}(\text{cl}(A)) = \text{cl}(A)$, 而且假如 $A \subseteq B$, 则 $\text{cl}(A) \subseteq \text{cl}(B)$. 对于无穷的 B, 设

$$\text{cl}(B) = \bigcup \{\text{cl}(A) : A \subseteq B, A\text{有穷}\}.$$

当 $\text{cl}(B) = B$ 时称 B 是闭的. 记 $d(A \cup B) - d(B)$ 为 $d(A/B)$. 当 B 可能为无穷时, 定义 $d(A/B) = \inf\{d(A/B') : B' \subseteq B, B' \text{ 有穷 }\}$. 对于有穷的 A_1, A_2, 记 $A_1 \downarrow_B A_2$, 如果

(1) $d(A_1/A_2 \cup B) = d(A_1/B)$,

(2) $\text{cl}(A_1 \cup B) \cap \text{cl}(A_2 \cup B) \subseteq \text{cl}(B)$. 更一般地, $A_1 \downarrow_B A_2$ 当且仅当对一切有穷的 $A_1' \subseteq A_1$ 和 $A_2' \subseteq A_2$, 均有 $A_1' \downarrow_B A_2'$.

引理 4.5.9   设 A 为有穷图.

1) $d(A/B) \geq 0$ 对一切 B 成立,

2) 假如 $B \subseteq B'$ 则 $d(A/B) \geq d(A/B')$,

3) $d(A/B) = d(A/\text{cl}(B)) = d(\text{cl}(A)/B) = d(AB/B)$,

4) 假定 C, B_1 和 B_2 是闭的, $C \subseteq B_1, C \subseteq B_2$, 且 $B_1 \downarrow_C B_2$, 则 $B_1 \cup B_2$ 是闭的.

5)   假定 $A_1 \downarrow_B A_2, B$ 是闭的, 且型 $\text{tp}(A_1/B)$ 和 $\text{tp}(A_2/B)$ 给定, 则型 $\text{tp}(A_1 \cup A_2/B)$ 被惟一决定.

证明   1) 只需考察有穷的 B, 但显然有 $d(AB) \geq d(B)$.

2) 同样, 可以假定 B 和 B' 有穷.

$$d(A/B) = y(\text{cl}(AB)) - y(\text{cl}(B)) = y(\text{cl}(AB)/\text{cl}(B)),$$
$$d(A/B') = y(\text{cl}(AB')/\text{cl}(B')).$$

但由闭包的最小性, 有

(i) $y(\text{cl}(AB')/\text{cl}(AB) \cup \text{cl}(B')) \leq 0$.

又由引理 4.5.4, 有

(ii) $y(\text{cl}(AB)/\text{cl}(B')) \leq y(\text{cl}(AB)/\text{cl}(B))$.

所以用

(iii) $y(\text{cl}(AB')/\text{cl}(B')) = y(\text{cl}(AB')/\text{cl}(AB) \cup \text{cl}(B')) + y(\text{cl}(AB)/\text{cl}(B'))$ 即可得出.

3) 容易得到.

4) 假如 C, B_1, B_2 为有穷, 则显然有:

$$y(\text{cl}(B_1 \cup B_2)) = d(B_1 \cup B_2) = d(B_1/B_2) + d(B_2)$$
$$= d(B_1/C) + d(B_2) = d(B_1) + d(B_2) - d(C)$$
$$= y(B_1) + y(B_2) - y(C) \geq y(B_1 \cup B_2),$$

所以等号必成立. 这就证明了 $B_1 \cup B_2$ 是闭的, 且是 B_1, B_2 在 C 上的自由聚合体.

一般说来, 假如 $B_1 \cup B_2$ 不是闭的, 则有某个有穷的 $B_1' \subseteq B_1, B_2' \subseteq B_2$, 有 $\text{cl}(B_1' \cup B_2') \nsubseteq B_1 \cup B_2$. 我们可以假设 $B_1' \supseteq \text{cl}(B_1' \cup B_2') \cap B_1$, 所 B_1' 是闭的. 设 $V = \text{cl}(B_1' \cup B_2') - (B_1 \cup B_2), y(V/B_1' \cup B_2') = -\varepsilon$, 这里 $\varepsilon > 0$. 记 $x \sim y$ 代替 $|x - y| < \frac{\varepsilon}{3}$. 设 C' 是 C 的有穷闭子集, 满足 $d(B_2'/C') \sim d(B_2'/C), d(B_1'/C') \sim d(B_1'/C)$, 以及 $d(B_1' \cup B_2'/C') \sim d(B_1' \cup B_2'/C)$.

设 $B_i'' = \text{cl}(B_i' \cup C'), i = 1, 2$. 由于 B_1 是闭的, $B_i'' \subseteq B_1$. 在有穷的情形, $B_1'' \cup B_2''$ 是闭的. 现在

$$y(B_2''/C') = d(B_2'/C') \sim d(B_2'/C),$$

$$y(B_1''/C') = d(B_1'/C') \sim d(B_1'/C),$$

$$d(B_1'' \cup B_2''/C') = d(B_1' \cup B_2'/C') \sim d(B_1' \cup B_2'/C) = d(B_1'/C) + d(B_2'/C).$$

所以 $d(B_1'' \cup B_2''/C') > y(B_1''/C') + y(B_2''/C') - \varepsilon$. 但是, 由引理 4.5.4, $y(V/B_1'' \cup B_2'' \cup C') < -\varepsilon$, 而因为 C' 是闭的, $y(V/B_i'') \geq 0$. 这样 $d(B_1'' \cup B_2''/C') \leq y(B_1'' \cup B_2''/C) - \varepsilon$, 矛盾.

5) 可以假设 A_1 和 A_2 是闭的, 所以 $A_1 \cup A_2$ 也是闭的. 因此容易看到 $A_1 \cup A_2$ 在 B 上原子公式的型 $\text{tp}(A_1 \cup A_2/B)$ 被惟一决定. 设 $X \subseteq A_1 \cup A_2$ 是有穷的, 则 $\text{cl}(X) \subseteq A_1 \cup A_2$. 但 $\text{cl}(X)$ 的原子公式的型决定了 $\text{cl}(X)$ 的完全型.

定理 4.5.10 $T = \text{Th}(M)$ 是稳定的.

证明 设 N 是 M 的一个初等开拓, $X \subseteq N, X$ 是闭的. 我们来计算被 N 认知的在 X 上的型的个数. 设 $a \in N$, 由 Löwenheim-Skolem 论证法, 可知存在可数的 $X_0 \subseteq X$ 满足:

1) 对于任意的 $\varepsilon > 0$, 假如 $d(a/X) < \varepsilon$, 则存在有穷的 $X' \subseteq X_0$, 满足 $d(a/X') < \varepsilon$,

2) $\text{cl}(\{a\} \cup X_0) \cap X \subseteq X_0$

所以 $d(a/X_0) = d(a/X)$(因为 $X' \subseteq X_0 \Rightarrow d(a/X_0) \leq d(a/X') < \varepsilon$, 令 $\varepsilon \to 0$ 即得). 根据引理 4.5.9 的 3) 和上述 (2), $a \downarrow_{X_0} X$. 再由该引理的 5), 型 $\text{tp}(a/X)$ 由 $\text{tp}(a/X_0)$ 惟一决定. 而 X 可能有 $|X|^{\aleph_0}$ 个不同的有穷集 X_0. 而在 X_0 上的型的个数为 $|S(X_0)| \leq 2^{\aleph_0}$. 这样在 N 中被认知的 X 上的型的个数最多只有 $2^{\aleph_0} \cdot |X|^{\aleph_0}$. 因此 $T = \text{Th}(M)$ 是稳定的.

定理 4.5.11   本节构造的 $(K_0, \leq)$ 的兼纳模型 M 为一拟平面.

证明   类似于 §4.3 中的证明.

§4.6 有可数闭包类的兼纳模型

在前面几节中的类 $(K, \leq)$ 由于多种不同的原因 (或者因为 α 为有理数, 或者在直线 $y = N$ 之下只有有穷多个图) 都是有有穷闭包的. 本节我们引出一个类 $(K, \leq)$, 它不是有有穷闭包的, 却是有可数闭包的. 我们要证明在这种情况 $(K, \leq)$ 不但有兼纳模型, 而且它的理论也是稳定的.

定义 4.6.1   称类 $(K, \leq)$ 是有可数闭包的, 假如对任意的 $N \in K$, 任意的 $A \subseteq N$, 存在可数的 B 使得 $A \subseteq B \leq N$ 成立.

假定我们构造了一个满足第四章第一到第三节的公理的类, 虽然它是局部可数的而不是有有穷闭包的, 但如果也能证明其兼纳模型 M 的理论 Th(M) 有在闭集上的聚合性质, 则 T 是稳定的结论就仍然成立. 这样我们就需要证明 "它是满的" 这一条件蕴涵在闭集上的聚合性质.

设 $N \in K$ 无穷, $H \subseteq N$ 有穷. 固定 (H, J) 为 K_0 中的一个最小对. 设

$$H_J = \bigcup \{\alpha_i J | \alpha_i : J \to N, \alpha_i J \cong_H J\}.$$

设 $J_i = \alpha_i J$ 且 $T \supset H J_1 \cdots J_k, T - H J_1 \cdots J_k \neq \varnothing$, 且对每一个 $1 \leq i \leq k, (H, J_i)$ 为一最小对. T 不包含在 N 中. 事实上, T 不能包含在 N 中. 更严格的说, 由于 H_J 包含所有 J 在 H 上的同构复制, 假如 $\alpha : H J_1 \cdots J_k \to N$, 则不存在 $\beta : T \to N$ 满足 $\alpha_i \bar{} H J_i = \beta \bar{} H J_i$.

定义 4.6.2   设 $\Phi_T(\bar{h}, \bar{j})$ 为语句 $\delta_{H J_1 \cdots J_K}(\bar{h}, \bar{j}) \wedge \forall \bar{z} \ \neg \delta_T(\bar{h}, \bar{j}, \bar{z})$. N 的强框图 Diag$_{\leq}(N)$ 是所有语句 $\Phi_T(\bar{h}, \bar{j})$ 的集合, 这里 $\bar{h}$ 枚举 H, 而 $\bar{h}\bar{j}$ 枚举 $H J_1 \cdots J_k, H J_1 \cdots J_k$ 随上面描述的最大的嵌入而变化.

引理 4.6.3   假如 $M \models \text{Diag}_{\leq}(N)$, 则 $N \leq M$.

证明   首先我们断言假如 $H \subseteq N, (H, J)$ 是 N 中的最小对, $J' \subseteq M, J' \cong_H J$, 且 $\alpha : J \to H$, 则 $\alpha J \subseteq H_J$.

设 $\beta_1 \cdots \beta_k$ 是所有 J 到 M 内并固定 H 的同构映射, $J_i = \beta_i J$. 为获得矛盾反设存在 $\alpha : J \to M$, 且 αJ 不是 J'_i 中的一个. 设 $T = H J_1 \cdots J_k \alpha J$, 则 $M \models \exists \bar{z} \delta_T(\bar{h}, \bar{j}, \bar{z})$, 这里 $\bar{h}$ 枚举 $H, \bar{h}\bar{j}$ 枚举 $H J_1 \cdots J_k$. 这与 $M \models \text{Diag}_{\leq}(N)$ 矛盾.

这样, 假设 $N \not\leq M$, 则存在 $H \subseteq N$ 满足 $d_N(H) > d_M(H)$. 由 d 的定义, 在 M 中存在一个链 $H = C_0 \subseteq C_1 \subseteq \cdots \subseteq C_k$ 满足 (C_{i-1}, C_i) 均为最小对且 $C_i \subseteq M$, 但 $C_i \not\subseteq N$. 设 C_m 是在 M 中但不在 N 中的最小的一个, 则 (C_{m-1}, C_m) 是满足 $C_{m-1} \subseteq N, C_m \not\subseteq N$, 且 $C_m \subseteq M$ 的最小对.

现在我们转而考察何时 $T =\mathrm{Th}(M)$ 有在闭集上的聚合性质. 首先我们增加一个公理, 称之为逼近公理.

逼近公理 对于任意的 $A, B \in K_0$, 假如 $A \neq B, |A - B| \leq t$, 则 $|d_{AB}(A \cup B) - d_B(B)| \geq \varepsilon_t$, 这里 ε_t 仅与 t 有关且是 t 的减函数.

现在证明下面的引理.

引理 4.6.4 假如类 $(K, \leq)$ 满足公理 A1~A5 和逼近公理, 有聚合性质, 是部分强的, 及有可数闭包的, 它的兼纳模型 M 是满的, 则 $T =\mathrm{Th}(M)$ 有闭集上的聚合性质.

证明 假定 N_1 和 N_2 是 T 的两个无穷模型, A 是 K 中的一个结构, $f : A \to N_1, g : A \to N_2$ 是两个强嵌入, 即 $f(A) \leq N_1, g(A) \leq N_2$.

断言 1 $\mathrm{Diag}_e(N_1) \cup \mathrm{Diag}_\leq(N_2)$ 是和谐的.

设 $\Phi_{T_1}, \cdots, \Phi_{T_n}$ 是 $\mathrm{Diag}_\leq(N_2)$ 中的语句集, 相应于 N_2 的有穷子集 $H_1, \cdots, H_n$, 以及最小对 $(H_i, J_i), 1 \leq i \leq n$. 设 $B = \cup J_{ij}$, 这里, $J_{ij}(1 \leq j \leq l_i)$ 是 N_2 中的最多可能的 l_i 个子集 K, 满足 $(H_i, K) \cong (H_i, J_i)$.

我们需要证明

$$\mathrm{Diag}_e(N_1) \cup \{\delta_B(\bar{h}, \bar{j}) \wedge \bigwedge_{i \leq n} \forall \bar{z}_i \neg \delta_{T_i}(\bar{h}, \bar{j}, \bar{z}_i)\} \qquad (*)$$

是和谐的, 这里 $\bar{h}$ 枚举 $H_i, \bar{h}\bar{j}$ 枚举 B.

设 $A_0 = B \cap A, t = \max\{|J_{ij}| : 1 \leq i \leq n, 1 \leq j \leq i_l\}$, 则我们有逼进公理中的 ε_t. 注意到 $d_A(A_0) = \inf\{d_C(C) : A_0 \subseteq C \subseteq A, C \text{ 有穷 }\}$, 所以存在 A_1 满足 $A_0 \subseteq A_1 \subseteq A$ 和 $d_{A_1}(A_1) < d_A(A_0) + \varepsilon_t$. 设 $\bar{a}_1$ 枚举 A_1.

设 $B_1 = B \cup A_1$. 显然, 由于 K 是部分强的, 我们有 $A_1 \leq B_1$. 将 "是满的" 的定义, 应用于 $A_1 \leq B_1$, 对满足 $B_1 \not\leq B_1 C_k, A_1 \leq A_1(C_k - B_1)$ 的任意有穷序列 $C_1, \cdots, C_m$, 由于 N_1 是满的,

$$N_1 \models \exists \bar{y} \delta_B(\bar{a}, \bar{y}) \wedge \bigwedge_k \forall \bar{z}_k \neg \delta_{C_k}(\bar{a}, \bar{y}, \bar{z}_k).$$

应用此点到所有枚举的基数小于 t 且满足这些条件的结构 $C_1, \cdots, C_m$. 选取 $\bar{b}'$ 作为 $\bar{y}$ 的证据. 特别地, $N_1 \models \delta_{B_1}(\bar{a}_1, \bar{b}')$. 于是存在一个同构 $\alpha : B_1 \to_{A_1} B_1'$, 这里 $\bar{b}'$ 枚举 B_1'.

现在来证明 $(*)$. 假如不真, 就有某个 $C_k \subseteq N_1$, 满足对某个 $(H_i, J_{ij}), \alpha H_i \subseteq B_1'$, 且对某个 $j, (\alpha H_i, C_k) \cong (H_i, J_{ij})$, 但对任意 $i, j, C_k \neq \alpha J_{ij}$. 显然, 因为 $B_1' \cong B_1$, 所以 $C_k \not\subseteq B_1'$.

断言 1.1 $A_1 \leq A_1(C_k - B_1')$.

假若不真, 即 $A_1 \not\leq A_1 \leq (C_k - B_1')$. 设 $A_1(C_k - B_1') = D$, 则 $d_{A_1}(A_1) > d_D(D)$, 即 $d_D(D) - d_{A_1}(A_1) < 0$. 注意 D 包含 A_1, 所以根据逼近公理, $d_D(D) -$

$d_{A_1}(A_1) < -\varepsilon_t$, 因为 $|D - A_1| = |C_k - B_1'| \leq |C_k| \leq t$. 这样, 就有

$$d_{N_1}(A_0) \leq d_D(D) = d_{A_1}(A_1) + (d_D(D) - d_{A_1}(A_1)) < (d_A(A_0) + \varepsilon_t) + (-\varepsilon_t) = d_A(A_0),$$

这与 $A \leq N_1$ 矛盾.

断言 1.2 $B_1' \not\leq B_1' C_k$.

注意 $(\alpha H_i, C_k)$ 为最小对, 且 $C_k \not\subseteq B_1'$, 所以 $\alpha H_i \leq (B_1' \cap C_k)$. 假如 $B_1' \leq B_1' C_k$, 则由于 K 是部分强的, 所以 $B_1' \cap C_k \leq C_k$. 再由传递性, 就有 $\alpha H_i \leq C_k$, 矛盾.

这样断言 1.1 和断言 1.2 成立. 根据 $\bar{b}'$ 的选择, 有

$$N_1 \models \delta_{B_1}(\bar{a}, \bar{b}') \wedge \bigwedge_k \forall \bar{z}_k \neg \delta_{C_k}(\bar{a}, \bar{b}', \bar{z}_k).$$

注意 $|C_k| < t$, 所以 C_k 必定是被禁止的结构之一, 即是说,

$$N_1 \models \forall \bar{z}_k \neg \delta_{C_k}(\bar{a}_1, \bar{b}', \bar{z}_k).$$

这样 $(*)$ 被证明.

断言 2 $\mathrm{Diag}_e(N_1) \cup \mathrm{Diag}_e(N_2)$ 是和谐的.

它的证明与引理 4.2.19 的断言 2 的证明是一样的. 这样我们就完成了引理 4.6.4 的证明.

下面我们来构造一个满足以上要求的类 $(K, \leq)$.

假定 $y(G) = |G| - \alpha e(G)$, 这里 α 是在 $1/2$ 和 1 之间的无理数. 定义 $\leq$ 如前, 则公理 A1~A5 成立. 现在我们要证实以下性质:

对于 $N \in K$, 有穷的 $A \subseteq N$, 存在最小的惟一可数的 B 满足 $A \subseteq B \leq N$, 这样 $(K_\alpha, \leq)$ 是有可数闭包的.

回忆对有穷的 A,

$$d_N(A) = \inf\{y(B) : A \subseteq B \subseteq N, B\text{有穷}\}.$$

现在对有穷的 $A \in N$, 设

$$\mathfrak{I}_0(A) = \{B : A \subseteq B \subseteq N, \text{且}(A, B)\text{为最小对}\}.$$

对于每一个 $n \in \omega$, 设

$$\mathfrak{I}_{n+1}(A)\{B \subseteq N, \text{存在}A' \in \mathfrak{I}_n(A)\text{且}(A', B)\text{为最小对}\}.$$

设 $\mathfrak{I}(A) = \cup_{n \in \omega} \mathfrak{I}_n(A)$.

引理 4.6.5   对于无理数 α, 以及有穷的 $A \in K_\alpha, C = \mathfrak{I}(A)$ 是 A 在 N 中的闭包且 $|C| = \aleph_0$.

证明 为断言 C 是 A 在 N 中的闭包, 需要证实:

$$d_C(A') = d_N(A) \qquad (*)$$

对一切有穷的 $A' \subseteq C$ 成立.

首先证明以下断言.

断言 设 $N \subseteq M, A$ 是 N 的有穷子集. 假如 $d_M(A) < d_N(A)$, 则存在 M 子集的有穷序列 $A = A_0 \subseteq A_1 \subseteq \cdots \subseteq A_n$ 满足 $d_M(A) \leq y(A_n) < d_N(A)$, 且 (A_{n-1}, A_n) 是 M 中的最小对, $1 \leq i \leq n$.

断言的证明 因为 $d_M(A) < d_N(A)$, 存在有穷的 L 满足 $A \subseteq L \subseteq M$ 且 $d_M(A) \leq y(L) < d_N(A)$.

这样, 就存在 A_1 使得 $A \subseteq A_1 \subseteq L, (A, A_1)$ 是最小对. 假如 $y(A_1) \leq y(L)$, 则取 $n = 1$ 就完成了证明. 否则 $y(L) < y(A_1) < y(A)$.

假定有 $y(L) < y(A_{n-1}) < y(A_{n-2})$, 则存在 A_n 满足 $A_{n-1} \subset A_n \subseteq L, (A_{n-1}, A_n)$ 为最小对. 假如 $y(A_n) \leq y(L)$, 证明完成. 否则, $y(L) < y(A_n) < y(A_{n-1})$. 因为 L 是有穷的, 在有穷步以后, 序列的构造就会完成.

现在用断言来证明 $(*)$. 显然, $d_N(A') \leq d_C(A')$ 对一切有穷的 $A' \subseteq C$ 成立. 我们证明这个关系式中的不等号是不可能的. 事实上, 如果不等号成立, 即 $d_N(A') < d_C(A')$, 那么由上述断言, 存在 $A_n \subseteq N$ 满足 $d_N(A) \leq y(A_n) < d_C(A), A = A_0 \subseteq A_1 \subseteq \cdots \subseteq A_n$, 且 (A_{i-1}, A_i) 为最小对. 由于 $y(A_n) < d_C(A)$, 所以 A_n 不包含在 C 中. 但根据 C 的定义, $A_n \subseteq C$, 矛盾.

C 的惟一性由 C 的构造是显然的.

引理 4.6.6 $C = \cup \Im(A)$ 是可数的.

证明 首先注意到假如 (A, B) 为极小对, 则对于任意的 $C \supseteq A, B \neq C$, 我们有 $y(B/C) \leq y(B/A)$. 由于 (A, B) 是极小对, 所以 $y(B/B \cap C) \leq y(B/A)$. 但根据引理 4.3.7, $y(B/C) \leq y(B/B \cap C)$.

其次, 由于 α 是无理数, $y(B_i) = y(B) \Rightarrow x(B_i) = x(B)$. 这样为证明 C 是可数的, 只需证明对每一个 $A' \in \Im(A)$, 仅有有穷多个 $B_i \in \Im(A)$, 比如说 $B_1, \cdots, B_k$, 满足对每一个 $i, (A', B_i)$ 是极小对, 且 $B_i \cong B_j$ 对一切 $i \geq 1, j \leq k$ 成立. 但这只需证明仅存在有穷多个 $B_i \in \Im(A)$, 满足 $y(B_i) = y(B_j)$ 且 (A', B_i) 是极小对, $i \geq 1, j \leq k$.

断言 对任意 $A' \in \Im(A)$, 仅存在有穷多个 $B_i \in \Im(A)$, 满足 $y(B_i) = y(B_j)$, 且对一切 $i, (A', B_i)$ 是极小对.

首先我们证明假若 $B_1, B_2, \cdots$ 是 $\Im(A)$ 中满足 $y(B_i) = y(B_j)$ 且 (A', B_i) 为极小对的集合, 就会有

$$y(A') > y(B_1) > y(B_1 B_2) > y(B_1 B_2 B_3) > \cdots \qquad (*)$$

我们并且要证明上述链有一极大长度 $N \in \omega$.

事实上, 由于 (A', B_1) 为极小对, $y(A') > y(B_1)$. 假设已经证明

$$y(A') > y(B_1) > \cdots > y\Big(\bigcup_{i<n} B_i \Big).$$

现在,

$$y\Big(\bigcup_{i \leq n} B_i \Big) - y\Big(\bigcup_{i<n} B_i \Big) = y\Big(B_n / \bigcup_{i<n} B_i \Big) \leq y(B_n/A') < 0.$$

上面最后一个不等式是根据证明中的第一段. 这样 $(*)$ 成立.

其次我们要估计差

$$y\Big(\bigcup_{i<N} B_i \Big) - y\Big(\bigcup_{i \leq n} B_i \Big).$$

注意到 $|B_i|$ 是固定的整数, 设

$$\Delta x_n = \Big| \bigcup_{i \leq n} B_i \Big| - \Big| \bigcup_{i<n} B_i \Big|,$$

则对一切 $n, \Delta x_n \leq |B_i|$. 设 $\Delta e_n = e(\bigcup_{i \leq n} B_i) - e(\bigcup_{i<n} B_i)$.

设 $\varepsilon = \inf\{\alpha k - l > 0 : l \leq |B_i|, k, l \in \omega\}$. 显然, ε 是仅由 B_i 的基数决定的正数. 因此, $y\Big(\bigcup_{i<n} B_i \Big) - y\Big(\bigcup_{i \leq n} B_i \Big) = -\Delta x_n + \alpha \Delta e_n \geq \varepsilon$. 这样在 $(*)$ 中每一个不等式的减少均大于 ε. 因此 $(*)$ 的最大长度 $N \leq \frac{y(B_i)}{\varepsilon}$.

这样我们就证明了对于无理数 α, A 在 $N \in K_\alpha$ 中的闭包是可数的.

推论 4.6.7　$\mathrm{cl}_N(A) \subseteq \mathrm{acl}_N(A)$ 对一切有穷的 $A \subseteq N$ 成立.

下面我们来证明 $(K_\alpha, \leq)$ 是部分强的.

引理 4.6.8　对于任意的 α, 类 $(K_\alpha, \leq)$ 是部分强的.

证明　设 $A \leq B, C \subseteq B, A_0 = A \cap C$ 为有穷, 我们希望有 $A_0 \leq C$. 这只需证明对一切有穷的满足 $A_0 \subseteq D \subseteq C$ 的 D, 有 $y(A_0) \leq y(D)$. 假设不然, 存在 D 满足 $A_0 \subseteq D \subset C, y(D) < y(A_0)$. 设 $y(A_0) = y(D) + \varepsilon$, 这里 $\varepsilon > 0$, 依赖于 D 和 A_0. 我们断言对满足 $A_0 \subseteq A' \subseteq A$ 的任意有穷的 $A', y(A') > y(A'D) + \varepsilon$. 这样, $d_A(A_0) \geq d_{AD}(D) + \varepsilon$. 但 $d_{AD}(D) \geq d_{AD}(A_0)$, 所以 $d_A(A_0) \geq d_{AD}(A_0) + \varepsilon$.

因此 $A \not\leq AD$, 这与 $A \leq B$ 矛盾.

事实上, 由计算可知

$$y(A') = y(A_0) + y(A' - A_0) - \alpha e(A_0, A' - A_0),$$

$$y(A'D) = y(D) + y(A' - A_0) - \alpha e(D, A' - A_0).$$

因此

$$y(A') - y(A'D) = y(A_0) - y(D) - \alpha e(A_0, A' - A_0) + \alpha e(D, A' - A_0) \geq y(A_0) - y(D) = \varepsilon,$$

也就是

$$y(A') \geq y(A'D) + \varepsilon.$$

下面的引理表示逼近公理在 $(K_\alpha, \leq)$ 中成立.

引理 4.6.9 对于在 $1/2$ 和 1 之间固定的 α, 假如 A 和 B 是 K_α 中的两个不同的有穷结构, 而且 $|A - B| < t$, 则 $|y(AB) - y(B)| \leq \varepsilon_t$, 这里 ε_t 仅依赖于 t.

证明 事实上, 类似于引理 4.6.5 中断言的证明, 设

$$\varepsilon_t = \inf\{|l - \alpha k| > 0 : l \leq k, k, l \in \omega\}.$$

这样, $y(AB) - y(B) = |A - B| - \alpha e(A - B) - \alpha e(B, A - B)$. 因为 $|A - B| \leq t$, 所以 $|y(AB) - y(B)| \geq \varepsilon_t$. 至于 ε_t 是递减的则是显然的.

以下我们要证实假如 M 是 $(K_\alpha, \leq)$ 的兼纳模型, 则 $T = \mathrm{Th}(M)$ 是稳定的. 如此我们需要证明对于无理数 α, 公理 B1, B2 对于 $(K_\alpha, \leq)$ 成立.

关于公理 B1, 注意到在 §4.3 中我们假定 α 为有理数从而对于任意的 a, 任意的 X 可找到有穷的 $X_0 \subseteq X$, 满足 $d_N(a/X_0) = d_N(a/X)$. 对于无理数 α, 我们找不到这样的有穷的 X_0, 不过可以找到可数的 $X_0 \subseteq X$ 满足同样的性质. 以下是关于这一点的证明.

引理 4.6.10 对于任意的 α 对于类 $(K_\alpha, \leq)$ 下面的命题成立.

1) 假如 $A \subseteq B \leq N \in K_\alpha$, 则 $d_N(A) \leq d_N(B)$,

2) $d(A/B) \geq 0$,

3) 假如 $B \subseteq C$, 则 $d(A/C) \leq d(A/B)$.

证明 1) 注意到对于任意 $N \in K_\alpha$,

$$d_N(A) = \inf\{y(C) : A \subseteq C \subseteq N, C \text{有穷}\},$$

$$d_N(B) = \inf\{y(C) : B \subseteq C \subseteq N, C \text{有穷}\}.$$

设 $E = \{C : A \subseteq C \subseteq N, C \text{ 有穷 }\}$, 及 $F = \{C : B \subseteq C \subseteq N, C \text{ 有穷 }\}$, 则 $E \supseteq F$, 所以 $d_N(A) \leq d_N(B)$.

2) 因为 $d(AB) \geq d(A)$.

3) 因为证明比较复杂, 欲知详情的读者请参阅 [BS].

引理 4.6.11 对于固定的无理数 α, 对一切 a, 一切 $X \leq N \in K_\alpha$, 存在可数的 $X_0 \subseteq X$, 满足 $a \downarrow_{X_0} X$.

证明 我们将构造一个链 $\langle X_i : 0 < i < \omega \rangle$, 它的并就是 X_0.

假定有穷集 $X_1, \cdots, X_n$ 给定. 注意到假如 $d(a/X) < \frac{1}{n+1}$, 则存在有穷的 $X_{n+1} \subseteq X_n$, 满足 $d(a/X_{n+1}) < \frac{1}{n+1}$ 且 $\mathrm{cl}(aX_n) \cap X \subseteq \mathrm{cl}(X_{n+1})$.

设 $X_0 = \cup_{0 < i < \omega} X_i$, 则由先前的引理, $d(a/X) \leq d(a/X_0) \leq d(a/X_n) < \frac{1}{n}$.

设 $n \to \infty$, 则上式中的等号成立. 所以

$$d(a/X) = d(a/X_0).$$

另外还需证明 $\mathrm{cl}(aX_0) \cap \mathrm{cl}(X) \subseteq \mathrm{cl}(X_0)$. 但这是明显的, 因为

$$b \in \mathrm{cl}(aX_0) \Rightarrow 存在 n, 使得 b \in \mathrm{cl}(aX_n) \Rightarrow b \in \mathrm{cl}(X_{n+1}) \Rightarrow b \in \mathrm{cl}(X_0).$$

因此有 $a \downarrow_{X_0} X$.

引理 4.6.12　对于无理数 α, 假如 A 和 A' 是有穷的, $A \subseteq N \in K_\alpha, A' \subseteq N' \in K_\alpha, B \subseteq N \cap N'$, 且 $\mathrm{tp}_N(A/B) = \mathrm{tp}_{N'}(A'/B)$, 则 $\mathrm{cl}_N(AB) \cong \mathrm{cl}_{N'}(A'B)$.

证明　只需证明对于有穷的 $A \subseteq N$ 和有穷的 $A' \subseteq N'$, $A \equiv A' \Rightarrow \mathrm{cl}_N(A) \cong \mathrm{cl}_{N'}(A')$. 首先证明下述断言.

断言　对于有穷的 $B \subseteq N, B' \subseteq N'$, 假如 $B \equiv B'$, 则 $\mathrm{acl}_N(B) \cong \mathrm{acl}_{N'}(B')$.

断言的证明　设 $b_0, b_1, \cdots$ 枚举 $\mathrm{acl}_N(B), b'_0, b'_1, \cdots$ 枚举 $\mathrm{acl}_{N'}(B')$. 定义 $f: \mathrm{acl}_N(B) \to \mathrm{acl}_{N'}(B')$, 然后证明它是初等映射.

第 0 步　f_0 是给定的 B 和 B' 之间的初等映射.

第 2n+1 步　假定 $f_{2n}: C_{2n} \to C'_{2n}$ 已经给定. 设 i 是最小的满足 $b_i \notin C_{2n}$. 对于某个公式 $\varphi(x, \bar{y})$ 及 $\bar{c} \in C_{2n}, N \models \varphi(b_i, \bar{c}) \wedge \exists! x \varphi(x, \bar{c})$. 所以公式 $\varphi(x, \bar{c})$ 生成型 $\mathrm{tp}_N(b_i/C_{2n})$. 因为 $B \equiv B'$, 我们可以选取 $b'_i \in N'$, 使得 $N' \models \varphi(b'_i, f_{2n}(\bar{c}))$. 由于 f_{2n} 是一个初等映射, $\varphi(x, f_{2n}(\bar{c}))$ 和 $\varphi(x, \bar{c})$ 生成同样的型. 所以 $f_{2n+1} = f_{2n} \cup \{\langle b_i, b'_i \rangle\}$ 即为所求.

第 2n+2 步　类似.

设 $f = \cup_{i < \omega} f_i$, 则 f 为 $\mathrm{acl}_N(B)$ 和 $\mathrm{acl}_{N'}(B')$ 之间的初等同构.　断言已被证明. 假如将映射 f 限制到集合 $\Im(B)$ 上, 则这个限制后的映射就是 $\mathrm{cl}_N(B)$ 和 $\mathrm{cl}_{N'}(B')$ 之间的同构.

为了完成当 α 为无理数时 $T = \mathrm{Th}(M)$ 稳定性的证明, 我们还需证实公理 B2. 它的证明也可在 [BS] 中找到, 这里就不叙述了.

这样, 对于无理数 $\alpha, (K_\alpha, \leq)$ 满足公理集 A1~A5, B1, B2 并且是部分强的, 又满足逼近公理. 当 $\frac{1}{2} < \alpha < 1$ 时, $(K_\alpha, \leq)$ 满足聚合性质且是满的, 因此存在闭集上的聚合性质, 所以根据定理 4.2.14, T 是稳定的.

定理 4.6.13　存在 $2^{\aleph_0}$ 个稳定的但不是超稳定的拟平面, 它们的理论不是 $\aleph_0$- 范畴的.

§4.7　超单纯的拟平面

在本节中我们要讨论一个由自由聚合 (free amalgamation) 而构成的兼纳模型, 它的理论是超单纯的. 我们的构造方法与前几节中构造 ω- 稳定的和稳定的兼纳模型很相似. 因此, 凡是这些地方我们就只给出结论而略去证明.

我们要从直接定义一个图的类 K_α 和在图上的一个严格强包含包含关系 $<$ 开始.

与前面一样, 假定 G 是一个没有圈 (loop) 的有穷双向图 (即满足对称性和非自反性). $|G|$ 表示图 G 中的顶点数, $e(G)$ 表示图 G 中的边数, $e(A, B)$ 表示从 A 中的顶点到 B 中顶点之间的边数. $\mathcal{G}$ 表示所有这样的有穷图的类.

定义 4.7.1 维函数 $\delta : \mathcal{G} \to \mathbb{R}^+$ 由下式定义

$$\delta(G) = |G| - \alpha e(G),$$

这里 α 是满足 $0 \le \alpha \le 1$ 的实数.

定义 4.7.2 $K_\alpha = \{G \in \mathcal{G} | G$ 排斥四点环且对于 $G' \subseteq G, G' \ne \phi,$ 则有 $0 < \delta(G') \le |G'|\}$.

命题 4.7.3 K_α 关于子图是封闭的, 即如果 $G \in K_\alpha$ 且 $G_0 \subseteq G$, 则 $G_0 \in K_\alpha$.

定义 4.7.4 对于 $A, B \in \mathcal{G}$, 假如 $A \subseteq B$ 且对于一切满足 $A \subseteq B' \subset B$ 的 B', 有 $\delta(A) < \delta(B')$, 则定义 $A < B$. 在这种情况下称 A 是 B 的一个严格强子集, 也称 B 严格强包含 A.

注意在这个定义中, 不等式为严格不等式 $<$, 包含也是真包含 $\subset$, 这与前几节明显不一样.

命题 4.7.5 1) $\phi \in K_\alpha$,

2) 对于任意 $M \in K_\alpha$, 有 $\phi < M$,

3) 对于任意的 $A \in K_\alpha, A < B$ 当且仅当对一切满足 $A \subset C \subseteq B$ 的 $C \in K_\alpha$, 有 $\delta(A) < \delta(C)$.

4) $A < B$ 且 $B < C$ 则 $A < C$,

5) 对于 $A \in K_\alpha$, 如果 $A < B$ 且 $X \subseteq B$, 则 $A \cap X < X$.

证明 前四条都是明显的, (5) 的证明则类似于引理 4.3.7 的证明, 这里留作练习.

定义 4.7.6 类 $(L, <)$ 称做有关于 $<$ 的聚合性质 (AP), 如果对于任意的 $A, B, C \in L$, 有严格强的映射 f_0 和 g_0 分别映射 A 到 B 和 C 内, 则存在 $D \in L$ 和严格强的映射 f_1 和 g_1, 分别映射 B 和 C 到 D 中, 且满足 $f_1 f_0 = g_1 g_0$.

引理 1.7.7 类 $(K_\alpha, <)$ 有聚合性质 (AP) 当且仅当 $\alpha \ge \frac{1}{2}$.

这个引理的证明是与引理 4.3.9 的证明类似, 因此略去.

定义 4.7.8 称 M 是类 $(K_\alpha, <)$ 的兼纳模型, 如果下面两条件满足:

1) 对于任意的 $A \in K_\alpha$, 如果 $A < M$ 且有 $B \in K_\alpha$ 满足 $A < B$, 则有 $B' < M$ 使得 $B \cong_A B'$.

2) 在 K_α 中存在图的严格强的无穷链 $A_0 < A_1 < A_2 < \cdots$ (对于一切 $i \in \omega, A_i \in K_\alpha$) 满足 M 是该链的并 $M = \bigcup_{i \in \omega} A_i$.

定义 4.7.9 假若对一切 $A \in K_\alpha$, 存在 $N \in K_\alpha$, 使得 $A \subseteq N < M$, 这里 M 是类 $(K_\alpha, <)$ 的兼纳模型, 则称 $(K_\alpha, <)$ 是有有穷闭包的.

在这个定义中，具有这样的性质的最小的 N, 称做 A 在类 $(K_\alpha, <)$ 中的闭包，并记做 $\mathrm{cl}_{K_\alpha}(A) = N$. 如果 $\mathrm{cl}_{K_\alpha}(A) = A$, 则称 A 在类 $(K_\alpha, <)$ 中是闭的. 在不会引起混淆的情况下，可略去下标 K_α, 记为 $\mathrm{cl}(A)$ 或 $\bar{A}$.

引理 4.7.10　对于任意的 $A \in K_\alpha$, 在 $(K_\alpha, <)$ 中的闭包是惟一的.

这个引理的证明也是和引理 4.2.7 的证明一样，故略去.

引理 4.7.11　假若 α 为有理数，则 $(K_\alpha, <)$ 是有有穷闭包的.

证明　设 $\alpha = \frac{b}{a}$ 为不可约分数. 注意到对于 $A \in K_\alpha, \{\delta(B) : A \subset B \in K_\alpha\}$ 是非负有理数集，其中每一有理数均有分母 a. 因此这个集合有最小元，比如说 $\delta(B_0)$, 即我们有 $\delta(B_0) = \inf\{\delta(B) : A \subset B \in K_\alpha\}$, 而且 $B_0 \in K_\alpha$ 为有穷图. 假如 B_0 不是惟一的，则取具有最小 $|B_0|$ 者. 而且容易证明，这个尺寸最小者是惟一的. 这样这个 B_0 就是 A 的闭包.

引理 4.7.12　假如类 $(K_\alpha, <)$ 具有自由聚合性质和有有穷闭包. 则 $(K_\alpha, <)$ 有兼纳模型.

证明　类似于引理 4.1.11 的证明.

这样我们就有下面的定理.

定理 4.7.13　假如 $\frac{1}{2} \le \alpha \le 1$ 为有理数，则 $(K_\alpha, <)$ 有可数兼纳模型 M.

类似于本章 §4.2 和 §4.3, 我们要讨论兼纳模型 M 的理论 $T = \mathrm{Th}(M)$ 的单纯性. 首先我们将类 K_α 扩充.

定义 4.7.14　$K = \{G$ 为一图 如果 $A \subseteq G$, 且 A 有穷, 则 $A \in K_\alpha\}$.

注意上述定义中的 G 可以是一个无穷图，不过它的一切有穷子图均为 K_α 中的元素. 显然 $K_\alpha \subset K$, 即 K_α 是 K 的真子类.

定义 4.7.15　对于 $A \in K$, 定义它在 K 中的闭包为

$$\mathrm{cl}_K(A) = \bigcup\{\mathrm{cl}_{K_\alpha}(A') : A' \subseteq A, A' \in K_\alpha\}.$$

当不致引起混淆时, $\mathrm{cl}_K(A)$ 可略去脚标 K, 简记为 $\mathrm{cl}(A)$ 或者 $\bar{A}$.

定义 4.7.16　对于固定的 α, 设

$$d_{K_\alpha}(A) = \inf\{\delta(B) : A \subseteq B \in K_\alpha\}.$$

同样地，在不致引起混淆的情形，我们略去脚标，简记 $d_{K_\alpha}(A)$ 为 $d(A)$.

命题 4.7.17　1)　$d(A) = d(\mathrm{cl}(A)) = \delta(\mathrm{cl}(A))$,

2)　$A \subseteq B \Rightarrow d(A) \le d(B)$.

定义 4.7.18　对于 $A, B \in K_\alpha$, 记 $d(A/B) = d(AB) - d(B)$. 对于 $A \in K_\alpha, B \in K$, 定义

$$d(A/B) = \inf\{d(A/B_0) : B_0 \subseteq B, B \in K_\alpha\}.$$

引理 4.7.19　假若 α 为有理数, $(K_\alpha, <)$ 的兼纳模型为 M, 则对于任意 a, 任意 $X < M$, 存在有穷的 $X_0 \subseteq X$ 使得 $d(a/X) = d(a/X_0)$.

证明 对于 $A \in K_\alpha$, 由于 α 为一固定的有理数, 比如说 $\alpha = \frac{b}{c}$ 为一既约分数. 注意到 $|A|, e(A)$ 均为整数, 因此 $\delta(A) = |A| - \alpha e(A)$ 为非负有理数, 而分母就是 c. 这样,

$$d(a/X) = \inf\{d(a/X') : X' \subseteq X, |X'| < \aleph_0\}$$

是分母均为 c 的非负有理数集的最小元, 比如说 $d(a/X_0)$. 这样

$$d(a/X) = d(a/X_0).$$

引理 4.7.20 设 B 是 $(K_\alpha, <)$ 的兼纳模型 M 的闭子集. 对于任意的 b_1, b_2, 设 $B_1 = \mathrm{cl}_{K_\alpha}(B \cup \{b_1\}), B_2 = \mathrm{cl}_{K_\alpha}(B \cup \{b_2\})$. 那么, 如果 $d(b_1/B_2) = d(b_1/B)$ 则 B_1 和 B_2 有在 B 上的自由聚合 $B_1 \otimes_B B_2$.

证明 设 $d(b_1/B_2) = d(b_1/B), B_3 = \mathrm{cl}_{K_\alpha}(B_2 b_1)$, 则

$$\begin{aligned}
d(b_1/B_2) &= \delta(B_3) - \delta(B_2) = |B_3 - B_2| - \alpha e(B_3) + \alpha e(B_2) \\
&= |B_3 - B_2| - \alpha e(B_3 - B_2) - \alpha e(B_2, B_3 - B_2). \\
d(b_1/B) &= \delta(B_1) - \delta(B) = |B_1 - B| - \alpha e(B) - \alpha e(B, B_1 - B) \\
&\quad - \alpha e(B_1 - B) + \alpha e(B) \\
&= |B_1 - B| - \alpha e(B, B_1 - B) - \alpha e(B_1 - B).
\end{aligned}$$

注意到 α 可以是在 $1/2$ 和 1 之间的任意实数, 因此如果 $d(b_1/B_2) = d(b_1/B)$, 必定有 $|B_3 - B_2| = |B_1 - B|$. 这样 B_3 中的顶点与 $B_1 \cup B_2$ 中的顶点是一样的. 所以我们还有 $e(B_3 - B_2) = e(B_1 - B)$. 那么由 $d(b_1/B_2) = d(b_1/B)$ 最后就可以得出 $e(B_2, B_3 - B_2) = e(B, B_1 - B)$. 于是在 B_2 和 $B_3 = \mathrm{cl}(B_2 b_1)$ 之间的边就是那些已经在 B_1 中的边. 因此 B_1 和 B_2 有自由聚合 $B_1 \otimes_B B_2$.

引理 4.7.21 假若 $d(b/B) = d(b/B_0), B_0 \subseteq B$ 有穷, $\psi(\bar{x}) \in \mathcal{L}, b \in B - B_0$, 满足 $B_0 \models \psi, \varphi(\bar{x}, b) \in \mathcal{L}_b$, 满足 $\varphi(\bar{a}, b)$ 是描述 $cl(B_0 \cup \{b\}) - B_0$ 的原子语句的合取式, 则 $\varphi(\bar{x}, b)$ 不在 B_0 上叉, 这里 $\bar{a}$ 枚举 B_0.

证明 假如 B 有穷则可取 $B_0 = B$. 假如 B 无穷, 则由假设可知 $B - B_0$ 无穷. 现在反设 $\varphi(\bar{x}, b)$ 在 B_0 上叉, 则存在序列 $\langle b_i | i \in \omega \rangle$ 满足对每一个 $i \in \omega$, $\mathrm{tp}(b/\bar{a}) = \mathrm{tp}(b_i/\bar{a})$, 而且对某自然数 $k, \psi \cup \{\varphi(\bar{x}, b_i) | i \in \omega\}$ 是 k- 不谐的.

注意到 $d(b/B) \leq d(b/B_0 b_1) \leq d(b/B_0) = d(b/B)$, 所以 $d(b/B_0 b_1) = d(b/B_0)$. 这样根据前一引理可知 $B_0 b_1$ 和 $B_0 b$ 可有在 B_0 上的自由聚合. 这样 $\models \varphi(\bar{a}, b) \leftrightarrow \varphi(\bar{a}, b_1)$, 因此 $\mathrm{tp}(b/\bar{a}) = \mathrm{tp}(b_1/\bar{a})$. 继续此一过程, 最后 $b_1, b_2, \cdots$ 满足对每一 $i \in \omega$, $\mathrm{tp}(b/\bar{a}) = \mathrm{tp}(b_i/\bar{a})$, 而且

$$\psi \bigcup \{\varphi(\bar{x}, b_i) : i \in \omega\}$$

是和谐的, 与假设矛盾. 证毕.

定理 4.7.22　当 $\frac{1}{2} \leq \alpha \leq 1$ 为有理数时 $(K_\alpha, <)$ 的兼纳模型 M 的理论 $T = \mathrm{Th}(M)$ 是超单纯的.

证明　根据引理 4.5.19, 对于任意的 α, 任意 $X < M$, 存在有穷的 $X_0 \subseteq X$ 使得 $d(a/X) = d(a/X_0)$. 再由引理 4.5.21, 存在 $\mathcal{L}$ 中的公式 $\varphi(\bar{x}, b)$ 不在 X_0 上分叉, 即分叉满足局部特征性, 因此 $T = \mathrm{Th}(M)$ 是超单纯的理论.

定理 4.7.23　$(K_\alpha, <)$ 的兼纳模型 M 当 $\frac{1}{2} < \alpha \leq 1$ 时为一拟平面, 当 $\alpha = \frac{1}{2}$ 时为一射影平面.

证明　它的证明与 §4.3、§4.4 类似.

【历史的附注】　本章 §4.1~§4.4 及 §4.6 取材于 Shi 的博士论文 [S] 以及 [BS], §4.5 取材于 Hrnshorski 的论文 [Hr1], §4.7 取材于 Shen 和 Shi 的论文 [SS]. 用聚合的方法来构造兼纳模型可以追溯到 Jonsson 和 Fraïssé 在 1970 年代的工作, 以后 W. Glassmine, W. Henson 和 A. Ehrenfeucht 等用这个方法来构造范畴理论, 可数齐数关系的理论等等. 至今这种聚合方法仍是构造模型的有力工具, 被广泛地应用着. 1988 年 Hrushvski 用一个十分精巧的方法选取了一个有穷结构的类 $(K, \leq)$, 它的兼纳模型的理论是 $\aleph_0$- 范畴的和稳定的. 这是此类理论的第一个例子, 它也否定了著名的 Lachlan 猜想. 以后 Shi 在他的博士论文以及 Shi 和 Baldwin 的论文 [BS] 中比较系统地研究了这种方法. 另外, W. Herwig[H]; J. Goode[G], 和 F. Wagner[W1] 等人也对 Hrushovski 的方法进行了探讨. 当 1996 年以后 Kim 和 Pillay 关于单纯理论的研究发表以后, Hrnshovski 写了 [Hr2], V. Verkovski 和 I. Yoneda 也完成了进一步的研究. M. Pourmahdian 在他的博士论文中对单纯兼纳结构做了较系统的研究. Shen 和 Shi 也构造出超单纯的拟平面 [SS].

第五章 模型论在图论中的应用

在第一章我们指出一个图 $G = \langle V, R \rangle$ 是一个包含一个二元关系 R 的数学结构，其中 V 是该图的顶点集. 对于 $x, y \in V, R(x, y)$ 解释为存在一边联结 x 和 y. 如果 $\mathcal{G}$ 是具有某种共同性质的一些图的类，那么在 $\mathcal{G}$ 中是否存在一个成员 (及所谓 $\mathcal{G}$- 全图)，使得 $\mathcal{G}$ 中的其他成员都可以同构地嵌入到这个成员中去，是人们长期以来研究的一个问题. 在本章中，我们试图用数理逻辑中模型论的方法来讨论这个问题，揭示这个问题实际上可归约于模型论中所研究的许多概念，诸如 $\aleph_0$-范畴性，存在型及代数闭包的基本有穷性等等. 另外，在一个图的类中是否存在一个全图的问题还可以推广至在一个特定的结构的类中是否存在一个所谓全结构的问题，即所有这个类中的结构均可同构地嵌入到它的一个成员中. 在 §5.5 我们要讨论这个问题.

§5.1 全图的问题

假定 $\mathcal{G}$ 是具有某个共同性质的图的类. 我们称 $G_0 \in \mathcal{G}$ 是 $\mathcal{G}$ 的全图 (universal graph)，假如 $\mathcal{G}$ 中的每一个图都可以作为一个子图 (induced subgraph) 同构地嵌入 G_0. R. Rado[Ra] 首先指出如果将所有的可数图作为一类，那么这个类中存在一个全图. 许多类似的问题都已被考察过，特别是一些不包含特定子图的图的类，已经被许多作者研究过，他们的结果可以在图论的有关期刊中找到. 例如，设 $\mathcal{C}$ 是给定的有穷多个有穷连接图的集合，我们考察排斥 (omit) $\mathcal{C}$ 的所有可数图 (即不包含 $\mathcal{C}$ 中元素为其子图的可数图) 的类 $\mathcal{G}_\mathcal{C}$，是否存在一个全图. 这个问题的答案显然完全由集合 $\mathcal{C}$ 决定. 有兴趣的读者可参考文献 [ChK, CS1, CS2, CST] 等.

不过，对于 $\mathcal{C} = \{C\}$，即只排斥一个图 C 的可数图的类，至今发现只有少数情形存在一个全图. 对于 $\mathcal{C}$ 包含多于一个被排斥图的情形，我们已知如果 $\mathcal{C}$ 是由长度有某个固定上限的奇数环 (cycle) 所组成 (即对于 $n \leq N, \mathcal{C}$ 包含所有 C_{2n+1} 环)，则存在一个该类的全图. 事实上我们存在有下面的结果 (参见 [CS1]).

定理 5.1.1 设 $\mathcal{C}$ 是环的有穷集，则存在排斥 $\mathcal{C}$ 的可数全图当且仅当 $\mathcal{C} = \{C_3, C_5, \cdots, C_{2k+1}\}$，这里 k 是某个自然数.

§5.2 存在完全形无 $\mathcal{C}$- 图

定义 5.2.1 设 $\mathcal{C}$ 是有穷图的集合.

1) 称图 G 排斥 $\mathcal{C}$(omit $\mathcal{C}$) 或称 G 是无 $\mathcal{C}$ 图 ($\mathcal{C}$-free)，假如没有 G 的子图 (induced subgraph) 同构到 $\mathcal{C}$ 中的任何图.

2) $\mathcal{G}_\mathcal{C}$ 是所有排斥 $\mathcal{C}$ 的可数图的类.

3) 称图 $G \in \mathcal{G}_C$ 是 $\mathcal{G}_C$ 的全图, 假如 $\mathcal{G}_C$ 中的每一个图都可以作为一个子图 (induced subgraph) 同构地嵌入 G.

定义 5.2.2 设 C 是有穷图的集合, G, H 是两个图.

1) 设 $G \subseteq H$. 称 G 在 H 中是 **存在完全的**(existentially complete), 假如每一个定义在 G 中的存在语句 (existentially statement)φ, 如在 H 真则在 G 中亦真. 等价地说, 如果 $A \subseteq B$ 分别是 G 和 H 的有穷子图 (induced subgraph), 则存在映射 $f : B \to G$ 将 B 同构地映射到 G 的一个子图并满足 f^-A 是一个恒等映射.

2) 称 $G \in \mathcal{G}_C$ 是关于 $\mathcal{G}_C$**存在完全的**, 如果 G 对于每一个满足 $G \subseteq H \in \mathcal{G}_C$ 的 H 都是存在完全的.

3) $\mathcal{E}_C$ 是 $\mathcal{G}_C$ 中所有存在完全图的类.

4) T_C^* 是 $\mathcal{E}_C$ 的理论, 即 $T_C^* = \mathrm{Th}\,(\mathcal{E}_C)$.

5) T_C 是 $\mathcal{G}_C$ 的理论, 即 $T_C = \mathrm{Th}(\mathcal{G}_C)$.

例子 5.2.3 1) 假如 $C = \phi$, 则 $\mathcal{G}_C$ 是所有可数图的类; 在同构的意义上, $\mathcal{E}_C$ 仅包含一个元素随机可数图 G_∞[Ra]. T_C 是这些可数图的理论, 而 T_C^* 是 G_∞ 的理论.

2) 假如 $C = \{K_3\}$, 即 C 中只有一个元素: 三角形, 则 $\mathcal{G}_C$ 是不含三角形的所有可数图的类. $\mathcal{E}_C$ 在同构意义上只包含一个元素, 称做无三角形的兼纳图 G_3. T_C 是无三角形的图的理论, T_C^* 是 G_3 的理论.

3) 假如 $C = \{K_2 + K_2\}$, 即两个 K_2 的不相连的图, 则 $\mathcal{E}_C$ 在同构意义上包含两个元素: 一个是三角形 K_3, 一个是无穷度的星形图 S_∞(即无穷多个顶点连接到一个固定点的图). 因为 K_3 和 S_∞ 有不同的理论, T_C^* 是不完全的理论.

4) 假如 $C = \{S_3\}$, 这里 S_3 是有三度的星形图, 共有四个顶点. 则 T_C 是顶点度数 (vertex degree) 至多为 2 的图 G 的理论, 而 T_C^* 是包含无穷多个环 $C_n(n \geq 3)$ 的图的理论. T_C^* 在同构意义下有可数多个数模型, 并由其中连通图的个数决定它的特征.

下面的例子中 C 包含有无穷多个被排斥的图.

5) 假如 $C = \{C_n : n \geq 3\}$, 即所有环的类, 则 $\mathcal{G}_C$ 是可数森林 (countable forests) 的类, 而 $\mathcal{E}_C$ 在同构意义下仅包含惟一的一个可数无穷分叉树 T_∞. T_C^* 的模型则是那些由 T_∞ 的不相连的并组成的图.

下面的例子具有有趣的性质.

6) 假如 $C = \{K_3, K_2 + K_2\}$, 则 T_C 有 **聚合嵌入性质**(joint embedding property).

由上面的例子 5) 可以看出, 如果 C 包含有无穷多个被排斥图, 则 T_C^* 的模型并不一定与 $\mathcal{E}_C$ 相同. 不过, 对于有穷的 C, 我们有下面的定理.

定理 5.2.4 设 C 是有穷多个有穷图的集合, 则

1) $\mathcal{E}_C$ 是 T_C^* 的可数模型的类.

2) 假如 $C \in \mathcal{E}$ 是连通图, 则 T_C^* 是完全的.

为了证明这个定理, 需要先引出两个引理. 首先回忆所谓一个无量词公式, 称为合取式, 就是某些原子公式及其否定的合取, 而所谓 **主存在型公式** (primitive existential formula) 就是形如 $\exists \bar{x} \varphi(\bar{x})$ 的公式, 其中 $\varphi(\bar{x})$ 是无量词的合取式. 下面我们用 $T_C \vdash \varphi$ 表示每一个无 $\mathcal{C}$ 的图均满足 $\forall \bar{x} \varphi(\bar{x})$, 即 $\varphi(\bar{x})$ 在这些图中均真.

引理 5.2.5 假定 $\mathcal{C}$ 是被排斥图的有穷集. 对于每一个 $n \geq 0$, 存在自然数 b_n, 使得对任意两个主存在型公式 φ, ψ, 如果满足下列三条件

(i) φ 包含至多 n 个存在量词,

(ii) $T_C \vdash \neg(\varphi \wedge \psi)$,

(iii) 对每一个出现在 ψ 中的一对变元 y_1, y_2, 如至少其中之一被量词约束, 语句 $y_1 \neq y_2$ 则作为合取式出现在 ψ 中, 则存在 ψ 的子公式 ψ_1 满足下列两条:

1) ψ_1 至多包含 b_n 个存在量词,

2) $T_C \vdash \neg(\varphi \wedge \psi_1)$.

下面的引理本质上说是引理 5.2.5 的推论.

引理 5.2.6 设 $\varphi(\bar{x})$ 是全称形公式 (即只有全称量词在公式最前面), 则存在型公式 $\psi(\bar{x})$ 满足

$$T_C \vdash \forall \bar{x}[\varphi(\bar{x}) \leftrightarrow \psi(\bar{x})].$$

我们首先用这两个引理来证明定理 5.2.4, 然后再来逐个证明上面的两个引理.

定理 5.2.4 的证明 由引理 5.2.6, 假定 T_C 成立, 则每一个全称形公式都等价到一个存在型公式. 这样根据 [CK] 中的定理 3.5.1, 这个断言是等价到定理 5.2.4 中的 1). 而 2) 可由 1) 推出. 这是因为根据 Robinson 判定法, 参看 [HW], Theorem 2.2., 1) 提供了理论 T_C^* 是否是模型完全的一个判断法. 而对于这样的理论, 完全性等价于 "聚合嵌入性质"; 一个理论的任意两个模型可作为子图包含在第三个之中, 参看 [HW], proposition 2.8.

定理 5.2.4 的推论 设 $\mathcal{C}$ 是有穷图的有穷集, 则 T_C^* 是模型完全的, 并且是 T_C 的模型的完全化 (model companion).

引理 5.2.5 的证明 我们施归纳于 n, 即 $\varphi(\bar{x})$ 的量词约束变元的个数. 设 $k = \max\{|C| : C \in \mathcal{C}\}$.

假如 $n = 0$, 则 $\varphi(\bar{x})$ 中无量词, 可取 $b_0 = k$. 假定 $T_C \models \neg(\varphi \wedge \psi)$, 我们有 $\psi = \exists \bar{y} \psi_0(\bar{x}, \bar{y}), \psi_0$ 或者明显与 φ 矛盾或者是说 $\bar{x}, \bar{y}$ 中的 k 个顶点的某个子集上的子图包含了一个被排斥图. 对于前者, ψ 可被一个不含量词的公式代替. 而后者的情形, 它可被至多含 k 个量词约束变元的公式代替.

在归纳步, 设 $\varphi =$ "$\exists\bar{y}\varphi_0(\bar{x},\bar{y})$" 有 $n+1$ 个量词约束变元, 以及 $\psi = $"$\exists\bar{y}'\psi_0(\bar{x},$ $\bar{y}')$". 假定 A 和 B 分别是由 φ_0 和 ψ_0 描述的在顶点 $\bar{x},\bar{y}$ 和 $\bar{x},\bar{y}'$ 上的两个图, 即是说, A 和 B 中的边是由 φ_0 和 ψ_0 给定. 因为 $T_C \models \neg(\varphi \wedge \psi)$, A 和 B 在 $\bar{x}$ 上的共同部分包含一个被排斥图 $C \in \mathcal{C}$. 对每一个 $C \cap \bar{y}$ 中的变元 y_i 和 $C \cap \bar{y}'$ 中的变元 y_j' 引出了一个新的变元 x_{ij}, 并设 $\varphi_0^*(\bar{x},x_{ij},\hat{y})$ 和 $\psi_0^*(\bar{x},x_{ij},\hat{y}')$ 是在 φ_0 中用 x_{ij} 代替 y_i, 在 ψ_0 中用 x_{ij} 代替 y_j' 所得. 这样 $\hat{y}$ 和 $\hat{y}'$ 就是在 $\bar{y}$ 和 $\bar{y}'$ 中去掉 y_i 或 y_j' 所得. 将 $\bar{x},x_{ij}$ 写成 $\hat{x}$.

设 $\varphi^* = \exists\hat{y}\varphi_0^*(\hat{x},\hat{y}), \psi^* = \exists\hat{y}'\psi_0^*(\hat{x},\hat{y}')$. 因为 $T_C \cup \{\varphi^*, \psi^*\}$ 的任何模型都产生了 $T_C \cup \{\varphi, \psi\}$ 的一个模型, 而变元 y_i, y_j' 的所在公式可被变元 x_{ij} 认知, 因此 φ^* 有 n 个量词约束变元, 且 $T_C \models \neg(\varphi^* \wedge \psi^*)$.

由归纳假设, 对 i 和 j 的每一选取, ψ^* 包含一个至多有 b_n 个变元的子公式 ψ_{ij}^*, 所以 $T_C \models \neg(\varphi^* \wedge \psi_{ij}^*)$.

设 $\bar{y}'' \subseteq \bar{y}'$ 是由 $C \cap \bar{y}'$ 及所有 ψ_{ij}^* 中的至多 $k + k^2 b_n$ 个变元的集合, ψ_1 是 ψ 被限制到 $\bar{y}''$ 的结果. 则我们断言

$$T_C \models \neg(\varphi \wedge \psi_1). \tag{$*$}$$

所以我们可以取 $b_{n+1} = k + k^2 b_n$.

为证明 $(*)$, 考虑 $\varphi \wedge \psi_1$ 的任意模型 μ. C 嵌入到在 $\bar{x},\bar{y}$ 和 $\bar{x},\bar{y}'$ 的子图 A 和 B 的在 $\bar{x}$ 上的自由并, 因此假如 μ 排斥 $\mathcal{C}$, 必有某个 $x_i = y_j$, $x_i, y_j \in C$. 这恰恰是由 ψ_{ij}^* 所推出的.　　证毕.

引理 5.2.6 的证明　我们要引用 [HW] 中的命题 1.6(iii). 设 Φ 是所有满足

$$T_C \vdash \forall\bar{x}[\varphi'(\bar{x}) \to \varphi(\bar{x})]$$

的存在型公式 $\varphi'(\bar{x})$ 的集合. 则对于 $G \in \mathcal{E}_C, \bar{u} \in G$, 我们有

$$G \models \varphi(\bar{u}) \leftrightarrow G \models \varphi'(\bar{u}).$$

对某个 $\varphi' \in \Phi$ 成立. 换言之,

$$G \models \forall\bar{x}[\varphi(\bar{x}) \leftrightarrow \bigvee_\Phi \varphi'(\bar{x})]. \tag{$*$}$$

注意到上式中右边的析取式是无穷的, 不过应用引理 5.2.5, 可以有它的有穷子集 Φ' 来代替 Φ, 而有类似于 $(*)$ 的式子亦成立. 这样, 如考虑 $\psi = \bigvee_{\Phi'} \varphi'$, 则断言成立.

注意到任何存在型公式都是等价到某些主存在型公式的析取, 所以我们取 Φ 由主存在型公式构成. 类似地, 全称型公式 φ 等价到某些主存在型公式的否定的合取, 所以只需处理 $\varphi = \neg\varphi_1, \varphi_1$ 为主存在型公式的情形即可. 最后, 我们假定

对每一个 $\varphi' \in \Phi$ 和每一个出现在 φ' 中的存在量词约束变元 y_i, y_j, 如果 $i \neq j$, 则 $y_i \neq y_j$. 的确, 如果 $\varphi' = \exists \bar{y} \varphi_0'(\bar{x}, \bar{y})$, 则

$$\varphi' \leftrightarrow \exists \bar{y}(\varphi_0' \wedge y_i = y_j) \vee \exists \bar{y}(\varphi_0' \wedge y_i \neq y_j).$$

所以如有必要, 可以用上式右边的两个析取式来代替 φ', 这矛盾于第一个析取中的变元.

在此准备之后, 引用引理 5.2.5, Φ 由公式 φ' 组成, 而 φ 中含有 n 个量词. 这样假如 $\Phi' \subseteq \Phi$ 系由至多含有 b_n 个变元的主存在型公式 φ' 组成, 它满足

$$T_C \models \neg(\varphi_1 \wedge \varphi'),$$

则

$$T_C \models \forall \bar{x}[\varphi(\bar{x}) \leftrightarrow \bigvee_{\Phi'} \varphi'(\bar{x})].$$

证毕.

§5.3 全图和存在型

本节要给出一个在 $\mathcal{G}_C$ 类中存在全图的判定法, 这里 C 是有穷连通图的一个有穷集. 我们要证明当 $\mathcal{G}_C$ 中存在一个全图时, $\mathcal{E}_C$ 中就存在一个 "$\aleph_0$- 饱和的" 图 (模型). 我们也要阐明这个问题与模型论的概念 "代数闭包"(algebraic closure) 之间的关系.

定义 5.3.1 设 C 是有穷被排斥子图的类.

1) 在图 $G \in \mathcal{E}_C$ 中一个有穷序列 $\bar{a} = a_1, \cdots, a_n$ 的存在型 (existential type) $\mathrm{tp}_G(\bar{a})$ 是满足 $G \models \varphi(\bar{a})$ 的存在型公式 $\varphi(\bar{x})$ 的集合. 所有 $G \in \mathcal{E}_C$ 中序列 $\bar{a} = a_1, \cdots, a_n$ 的存在型 $\mathrm{tp}(\bar{a})$ 的集合是一个 Stone 空间 $S_n(T_C^*)$.

2) $G \in \mathcal{E}_C$ 称做 $\aleph_0$-饱和的, 假如对一切 n, 一切 $\bar{a} \in G, |\bar{a}| = n$, 所有在 $S_n(T_C^*)$ 中的 $(n+1)$-型在限制到前 n 个变元以后是 $\mathrm{tp}_G(\bar{a})$, 则存在 $v \in V(G)$ 使得 $\mathrm{tp}_G(\bar{a}, v)$ 就是该型.

例子 5.3.2 设 $C = \{S_3\}$. $G \in \mathcal{E}_C$ 元素 a 的型就是描述 G 中它所连接的那部分的同构型. 特别地, 假如 $a_1, \cdots, a_n$ 位于不同的双向无穷路径 (path) 上, $\aleph_0$- 饱和性产生位于另一个同构到这样的路径上的元素 a_{n+1}. 这样, $\aleph_0$- 饱和模型是 $\mathcal{E}_C$ 中最大的模型.

定理 5.3.3 设 C 是被排斥连通子图的有穷集, 则下面诸命题等价:

1) 在 $\mathcal{G}_C$ 中存在一个全图,

2) 在 $\mathcal{E}_C$ 中存在一个全图,

3) 在同构意义下, $\mathcal{E}_C$ 包含一个惟一的 $\aleph_0$- 饱和图 (模型),

4)　对一切 $n, |S_n(T_C^*)| \leq \aleph_0$.

证明　这是模型论一般原理 (见 [CK], 第 2.3 节) 的特殊情形. 这里仅给出扼要的证明.

1) $\Leftrightarrow$ 2) 立即可得, 因为我们注意到任意的 $G \in \mathcal{G}_C$ 可嵌入一个 $G^* \in \mathcal{E}_C$.

2) $\Rightarrow$ 4) 回忆 $\mathcal{E}_C$ 是 T_C^* 的所有可数模型的类. 设 $G \in \mathcal{E}_C$ 是全图. 由于 G 是可数的, 型的集合 $\{\mathrm{tp}_G(\bar{a}) : \bar{a} = a_1, \cdots, a_n \in G\}$ 也是可数的. 任何在 $G' \in \mathcal{E}_C$ 中被认知的型 $\mathrm{tp}_{G'}(\bar{a})$ 在 G 中也将被认知, 这是因为可以取 G' 作为 G 的一个子图 (G 为全图), 而由存在完全性, $\mathrm{tp}_G(\bar{a}) = \mathrm{tp}_{G'}(\bar{a})$.

4) $\Rightarrow$ 3) 如果对一切 $n, S_n(T_C^*)$ 都是可数的, 可用在 $\mathcal{E}_C$ 中模型的上升可数链的极限作为一个可数饱和模型 (见 [CK], 定理 2.3.7). 惟一性可由 T_e^* 的完全性得到.

3) $\Rightarrow$ 2) 任何饱和模型都是一个全模型.

定义 5.3.4　设 $\mathcal{C}$ 是被排斥子图的集合, $G \in \mathcal{E}_C, A \subseteq G, a \in G$. 称 a 是在 **G中A上代数的**, 如果有一个存在型的公式 $\varphi(x, \bar{a}), a \in A$ 并满足它在 G 中的解集 $\{a' \in G : \models \varphi(a', \bar{a})\}$ 是有穷的且包含 a. 我们用记号 $\mathrm{acl}_G(A)$ (**代数闭包**) 表示所有在 A 上代数的元素 $a \in G$ 的集合. 如果 $\mathrm{acl}_G(A) = A$ 则称 A 在 G 中是 **代数闭的**(algebraically closed).

定理 5.3.5　设 $\mathcal{C}$ 是有穷连通图的有穷集, 则下面诸命题等价:

1)　T_C^* 是 $\aleph_0$-范畴的,

2)　对每一个 $n, |S_n(T_C^*)| < \aleph_0$,

3)　如果 $A \subseteq M \models T_C^*$ 是有穷的, 则 $\mathrm{acl}_G(A)$ 也是有穷的.

上述这些条件可推出以下结论:

4)　$\mathcal{G}_C$ 包含一个可数全图.

证明　根据定理 5.2.4, T_C^* 是完全的, 因此由定理 1.6.12, 1) 和 2) 是等价的. 1) 推出 4) 和 2) 推出 3) 都可直接得出. 因此我们仅需要证明 3) 蕴涵 2) 和 4) 蕴涵 3)

4) $\Rightarrow$ 3) 设 $G \in \mathcal{E}_C$ 是全图, 则对任何 $G' \in \mathcal{E}_C$ 和任意有穷的 $A \subseteq G', G'$ 到 G 的嵌入 f 给出一个 $G'^{\frown}\mathrm{acl}_{G'}(A)$ 和 $G^{\frown}\mathrm{acl}_G(f(A))$ 之间的同构. 根据存在完全性, $\mathrm{acl}_G(f(A)) = f(\mathrm{acl}_{G'}(A))$.

为了证明 3)$\Rightarrow$ 2), 我们需要一些技术性的定义和引理.

定义 5.3.6　设 G 是一个图, $A \subseteq G$. 定义
$\mathrm{tp}_n^G(A) = \{\varphi(\bar{a}) | \varphi$ 是存在公式, 至多有 n 个量词约束变元, $\bar{a} \in A, G \models \varphi(\bar{a})\}$.
有时我们也把 $\mathrm{tp}_n^G(A)$ 简写为 $\mathrm{tp}_n(A)$.

命题 5.3.7 (Park 定理, 引自 [Ba])　设 A 在 B 上是代数闭的, 则存在 $C \succ B$ 且 $B' \cong_A B$ 满足 $B' \prec C$ 和 $A = B \cap B'$.

引理 5.3.8　设 $\mathcal{C}$ 是有穷图的有穷集合, $A \subseteq G \in \mathcal{E}_C, A$ 有穷且是代数闭

的, 则对于 $n = \max\{|C| : C \in \mathcal{C}\}$, 集合 $\mathrm{tp}_n^G(A)$ 决定型 $\mathrm{tp}(A)$.

证明 将 A 重新写作一个有穷序列 $\bar{a}$. 设 $e(\bar{a})$ 是存在公式. 我们断言 $G \models e(\bar{a})$ 当且仅当下述理论 T_e 是和谐的:

$$T_e = \text{“}A\text{是代数闭的”} \cup T_C \cup \mathrm{tp}_n^G(\bar{a}) \cup \{e(\bar{a})\} \qquad (T_e)$$

注意 T_e 是一阶理论, 因为可以找到 "A 是代数闭的" 的公理表达式. 假如 $G \models e(\bar{a})$, 则 T_e 在 G 中成立, 因为 T_e 是和谐的.

设 $e(\bar{a}) = \exists \bar{y} e_0(\bar{a}, \bar{y})$, e_0 无量词. 我们可以假设 e 是主存在型的, 即 e_0 是原子公式及其否定的合取. 在 G_1 中选取 $\bar{b}$ 使得 $e_0(\bar{a}, \bar{b})$ 成立. 我们可以假设 $\bar{b} \cap A = \varnothing$, 如需要的话可以调整 e_0. 将 $\bar{a}\bar{b}$ 的复制 $\bar{a}\bar{b}'$ 和 G 形成在 $\bar{a}$ 上的自由聚合 $G' = G \cup \bar{b}'$, 就是说 G' 中的边或者在 G 中或者在 $\bar{a}\bar{b}'$ 中. 注意到 G 和 G_1 在 $\bar{a}$ 上一致, 因为描述在 $\bar{a}$ 上的子图 (induced subgraph) 的公式包含在型 $\mathrm{tp}_n(\bar{a})$ 中.

如果 $G' \in \mathcal{G}_C$ 则由于 $G \subseteq G'$, $G \in \mathcal{E}_C$ 以及 $G' \models e(\bar{a})$, 可知如断言所述 $e(\bar{a})$ 亦在 G 中成立. 现在假定 $G' \notin \mathcal{G}_C$, 我们将证明 $G_1 \notin \mathcal{G}_C$, 这将与关于 G_1 的假设矛盾.

这样, 某个 $C \in \mathcal{C}$ 可嵌入 G' 中, 我们可以取 $C \subseteq G'$. 设 $\bar{c}_0' = C - (A \cup \bar{b}') \subseteq G$, $\varphi_0(\bar{a}, \bar{c}_0')$ 特征了在 $\bar{a}, \bar{c}_0'$ 上的子图的同构型, 它是无量词公式的合取式. 这样存在型公式

$$\varphi(\bar{x}) = \exists \bar{y} \varphi_0(\bar{a}, \bar{y})$$

属于型 $\mathrm{tp}_n^G(A)$. 因此有 G_1 中的 $\bar{c}_0$ 满足 $\varphi_0(\bar{a}, \bar{c}_0)$.

由于 $\bar{c}_0 \cap A = \varnothing$, A 在 G_1 上是代数闭的, 重复运用命题 5.3.7, 对于任意的 k, 可以找到 G_1 中互不相交的序列 $\bar{c}_0^{(1)}, \cdots, \bar{c}_0^{(k)}$ 使得在 $\bar{a}\bar{c}_0^{(i)}$ 上的子图以其自然顺序分别同构于 $\bar{a}\bar{c}_0$.

选取 $k > |\bar{b}|$, 则对于某个 $i, \bar{c}_0^{(i)} \cap \bar{b} = \varnothing$. 这样在 $\bar{a}$ 上的 $\bar{a}\bar{c}_0$ 和 $\bar{a}\bar{b}$ 的自由聚合就可以嵌入到 $\bar{a}\bar{b}\bar{c}_0^{(i)}$ 上的图中. 但这个自由聚合亦同构 G' 中在 $\bar{a}\bar{b}\bar{c}_0'$ 上的子图, 而这个子图就是 C. 这样 C 嵌入 G, 矛盾.

现在我们就来证明定理 5.3.5 的最后部分.

定理 5.3.5 中的 3) $\Rightarrow$ 2) 假定 3). 固定 n, 对于 $A \subseteq G \in \mathcal{E}_C, |A| = n$. 根据先前的引理, 存在 $N = \max\{|C| : C \in \mathcal{C}\}$, 使得 $\mathrm{tp}_N(\bar{A})$ 决定 $\mathrm{tp}(\bar{A})$, 这里 $\bar{A}$ 是 A 的代数闭包. 注意到只有有穷多个 $\mathrm{tp}_N(\bar{A})$ 的可能性. 因此可以选取 N 作为所有 A 的代数闭包的基数 $|\bar{A}|$ 的一致上界.

这样如果代数闭包运算在 $\mathcal{E}_C$ 上是一致局部有界的, 则存在一个全图.

§5.4 代 数 闭 包

在上一节我们已经看到代数闭包这一 "运算"(即从一个集合到它的代数闭包

的 "运算") 对于处理全图问题时的重要性. 这值得我们进一步揭示它所包含的意义.

定义 5.4.1 设 A, B 为两个图，$f : V(A) \to V(B)$. 如果 f 映射边到边, 则称 f 是一个 **同态** (homomorphism).

附注 1) 一一的同态就是一个子图同构 (不一定是导出 (induced) 子图)

2) 我们仅处理不含圈 (loop) 的图. 特别是假如同态 $f : A \to B$ 归并 A 的两个顶点为一的话，它们不能被一条边所连接.

引理 5.4.2 设 $\mathcal{C}$ 是有穷图的有穷集，$A \subseteq G \in \mathcal{E}_C$, 则以下诸条等价:

1) A 在 G 中不是代数闭的,

2) 存在某个 $C \in \mathcal{C}$ 和某个同态 $C \to C' \subseteq G$ 使得 C 嵌入到由 $|C|$ 个 C' 的复制组成的在 A 上的自由聚合之中.

证明 2) $\Rightarrow$ 1) 设 $h : C \to C'$ 为 2) 中所述. 设 $B = C' - A$. 假如 $G - A$ 包含 $|C|$ 个互不相交的 B 的复制 B^i(在 A 上它们互相同构), 则 $|C|$ 个 C' 在 A 上的自由聚合可嵌入到 $A \cup \bigcup_{i \le |C|} B^i$, 因而 C 嵌入 G 中, 矛盾. 根据 Park 定理 (命题 5.3.7), 1) 成立.

1) $\Rightarrow$ 2) 因为 A 不是代数闭的, 存在 $b \in \text{acl}(A) - A$ 以及一个存在型公式 $\varphi(\bar{a}, b) = $ "$\exists \bar{y} \varphi_0(\bar{a}, b, \bar{y})$" 使得 $|\{b' \in G : \varphi(\bar{a}, b')\}| = k < \infty$. 设 $\bar{b} \in G$ 满足 $\varphi_0(\bar{a}, b, \bar{b})$, 而 $B = \{b\} \cup \bar{b}$. 将记号稍作更改, 我们可以假定 $B \cap A = \varnothing$.

设 $G_0 = AB^1 \cdots B^{k+1}$ 是在 A 上的 AB 的 $k+1$ 个复制 AB^i(在 A 上同构于 A) 的自由聚合. 设 G_1 是 G 和 G_0 在 A 上的自由聚合, 则 $G_1 \notin \mathcal{G}_C$. 因为否则的话, 在扩充至 $G_2 \in \mathcal{G}_C$ 以后, 我们发现 $G \prec G_2$, 但 $|\{b' \in G_2 : \varphi(\bar{a}, b')\}| > k$, 矛盾.

由于 $G_1 \notin \mathcal{G}_C$, 存在 $C \in \mathcal{C}$ 和嵌入映射 $f : C \to G_1$, 如果稍加更改, 把每一个 B^i 同构映射到 B (固定 A) 就改变 f 为一个同态. 设 C' 是映射 h 的象, 则 $C' - A$ 的 $|C|$ 个复制在 A 上的自由并就包含了 f 的象, 正如需要的那样.

定理 5.4.3 设 $\mathcal{C}$ 是有穷连通图的有穷集合. 假定对任何 $C \in \mathcal{C}$ 和任何在上的同态 $h : C \to C', C'$ 包含一个在 $\mathcal{C}$ 中的图. 这样对于 $A \subseteq G \in \mathcal{E}_C, \text{acl}(A) = A$. 特别地，$T_C^*$ 是 $\aleph_0$- 范畴的, 因而在 $\mathcal{G}_C$ 中有一个全图.

证明 假如 $A \subseteq G$ 不是代数闭的, 应用引理 5.4.2, 产生 $h : C \to G' \subseteq G$, 但这样一来 $G \notin \mathcal{G}_C$, 矛盾.

下面我们给出一些有趣的例子, 它们有些过去从未被证明过.

例子 5.4.4 固定自然数 k. 设 $\mathcal{C}$ 由所有长度至多为 $2k+1$ 的奇数边数的环组成. 它满足定理 5.4.3 的任何假设条件, 因此在 $\mathcal{G}_C$ 中存在一个全图. 这个结果首先在 [KMP] 中被证明. 后来这个结果的逆也在 [CS2] 中被证明.

例子 5.4.5 设 B 是领结形的图, 即 $\bowtie, \mathcal{C} = \{B\}$. 假如 $G \in \mathcal{E}_C, A \subseteq G$ 是有穷的, 则容易发现 $|\text{acl}(A)| \le 4|A|$. 因此根据定理 5.3.5, $\mathcal{G}_C$ 有一个全图.

例子 5.4.6 设 C 是领结形 B 加在一角上有穷路径 (path), 即 $\bowtie^{---}$, $\mathcal{C} = \{C\}$, 则理论是 $\aleph_0$- 范畴的, 这样, 存在一个排斥 C 的全图.

有兴趣的读者可以在 [CSS] 找到更多的例子.

§5.5 一类数学结构中的全结构问题

在这一节中我们试图考虑这样一个问题: 是否可以将一类图中存在不存在一个全图的问题推广至一类数学结构中是否存在一个全结构的问题, 即在这一类结构中是否存在一个结构, 使得每一个结构都同构到它的一个子结构的问题. 尤其是我们是否可以将后者归结为前者, 从而可以应用本章 §5.1~§5.4 得到的结果, 来解决一类数学结构中是否存在全结构, 也就是下面这个问题.

问题 5.5.1 能否将排斥有穷多个子结构的一类结构中存在一个全结构的问题归约为相应的一类全图存在性的问题?

这个问题仍然没有彻底解决, 但是我们有下面的定理.

定理 5.5.2 对任一个有穷关系的语言 L 和有穷 L- 结构的集合 $\mathcal{C}$ 存在一个有穷二色图的有穷集合 $\mathcal{C}_0$, 使得二面二命题等价.

1) 存在一个排斥 $\mathcal{C}$ 的结构的全结构,

2) 存在一个排斥 $\mathcal{C}_0$ 的二色图的全图.

我们不打算在这里给出它的证明, 有兴趣的读者可阅读 [CS3]. 这里再给出一个尚未解决的有关问题.

问题 5.5.3 这个归约全结构存在性到全图存在性的问题是否是可判定的 (decidable)?

【历史的附注】 本章的内容主要取材于 Cherlin, Shi 和 Shelah 的研究结果 [CS1,CST,CSS]. 关于一类图的全图问题, 是由 Rado 提出的, 他并证明了所有可数图的类存在一个全图 [Ra]. 这个问题以后吸引了不少图论研究者, 可参阅 [ChK, CST, CSS] 等.

Cherlin 和 Shi 开始将模型论的方法引入这方面的工作, 后来 Shelah 也参加进来, 他们的主要成果包含在 [CSS] 中. Chcrlin 和 Shi 还试图用一类图的全图问题来解决一类结构的全结构问题, 可参阅 [CS3].

参 考 文 献

[B]   J. Baldwin. Fundamentals of Stability Theory. New York: Springer-Verlag, 1988

[Ba]   P. Bacsich. The strong amalgamation property. Colloq. Math., 1975(33), 13∼23

[BH]   J. Baldwin and K.Holland. Constructing ω-stable structures: rank 2 fields. J. Symbolic
        Logic, 2000(65), 371∼391

[BI]   J. Baldwin and M. Itai. K-generic projective plane have Morley rank 2 or infinity.
        Math. Logic Quart, 1994(40), 143∼152

[BS]   J. Baldwin and N. Shi. Stable generic structures. Annals of Pure and Applied Logic,
        1996(79), 1∼35

[Bu1]   S. Buechler. Essential stability theory. New York: Springer-Verlag, 1996

[Bu2]   S. Buechler. Lascar strong types in some simple theories. J. Symbolic Logic, 1999(64),
        817∼824

[BuPW] S. Buechler, A. Pillay and F.Wagner. Supersimple is strong enough, preprint

[C]   E. Casanovas. The number of types in simple theories. Annals of Pure and Applied
        Logic, 1999(98), 69∼86

[CaKi] E. Casanovas and B. Kim. An example of a non-low supersimple theory. preprint, 1999

[Ch]   陈磊. 完全二叉树理论的进一步讨论, 硕士论文, 北京师范大学, 2002

[CHL]   G. Cherlin, L.Harrington and A. Lachlan. $\aleph_0$-categorical, $\aleph_0$-stable structures. Annals
        of Pure and Applied Logic, 1985(28), 103∼135

[CK]   C. C. Chang and H. Keisler. Model Theory. North-Holland, Amsterdam, 3rd ed., 1990

[ChK]   G. Cherlin and P. Komjath. There is no universal countable pentagon-free graph. J.
        Graph Theory, 1994(18), 337∼341

[CS1]   G. Cherlin and N. Shi. Graphs omitting a finite set of cycles. J. Graph theory, 1996(21),
        351∼355

[CS2]   G. Cherlin and N. Shi. Graphs omitting sums of complete graphs. J. Graph Theory.
        1997(24), 237∼247

[CS3]   G. Cherlin and N. Shi. Forbidden subgraphs and substructures. J. Symbolic Logic,
        2001(66), 1342∼1352

[CSS]   G. Cherlin, S. Shelah and N. Shi. Universal graphs with forbidden subgraphs and
        algebraic closure. Advanced Applied Mathematics, 1999(22), 454∼491

[CST]   G. Cherlin, N. Shi and L. Tallgren. Graphs omitting a bushy tree. J. Graph Theory.
        1997(26), 203∼221

[D]   A. Dolich. Weak dividing, chain conditions and simplicity. preprint, 2002

[ER]   P. Erdös and R. Rado. A partition calculus in set theory. Bulletin of the American
        Mathematical Society, 1956(62), 427∼489

[F]   R. Fraïssé. Theory of Relations, North Holland, Amsterdam, 1986

[G]   J. Goode. Hrushovski's geometry, in Proc. 7th Easter Conf. On Model Theory, 1989,
        106∼118, Helmut Bernd Dahn ed.

[GIL]   R. Grossberg, J.Iovino and O.Lessmann. A primer of simple theories, preprint, 1998

[H]   W. Hodges. Model Theory. Cambridge University Press, 1993

[He]   B. Herwig, ω-saturated generic structure preprint, 1991

[Ho]   W. Hodges. Model Theory, Cambridge University Press, 1993

[HKP]   B. Hart, B. Kim and A. Pillay. Coordinalization and canonical bases in simple theories. J. Symbolic Lgic, 2000(65), 293~309

[Hr1]   E. Hrushovski. A stable $\aleph_0$-categorical pseudoplane, preprint, 1988

[Hr2]   E. Hrushovski. Simplicity and the Lascar group, preprint, 1997

[Hr3]   E. Hrushovski. The Mordell-Lang conjecture for function fields. J. AMS, 1996(9), No. 3, 667~690

[Hr4]   E. Hrushovski. Stability and its uses, preprint, 1998

[HW]   J. Hirschfeld and W. H. Wheeler. Forcing, Arithmetic, Division Rings, Berlin: Springer-Verlag, 1975

[J]   B. Jonsson. Homogenous universal relational systems. Mathematica Scandinavica, Vol.8, 1960, 137~142

[K1]   B. Kim. Simple first order theories, PhD thesis, U. of Notre Dame, USA, 1996

[K2]   B. Kim. Forking in simple unstable theories. Journal of the London Math. Sociaty, 1998(57), 257~267

[K3]   B. Kim. A note on Lascar strong types in simple theories. J. Symbolic Logic. 1998(63), 926~936

[K4]   B. Kim. Simplicity, and stability in there. J. Symbolic Logic, 2001(66), 822~837

[K5]   B. Kim. On the number of countable models of a countable supersimple theory. J. of London Math Society. 1999(60), 641~645

[K6]   B. Kim. A note of Lascar strong types in simple theories. J. Symbolic Logic, 1998(63), 926~936

[K7]   B. Kim. A survey on canonical bases in simple theories. Proc. Of Logic Colloquium, 1997

[KP1]   B, Kim and A. Pillay. Simple Theories. Annals of Pure and Applied Logic, 1997(88), 149~164

[KP2]   B, Kim and A. Pillay. From stability to simplicity. Bulletin of Symbolic Logic, 1998(4), 17~26

[KS]   B. Kim and N. Shi. On the weak dividing, preprint, 2003

[Kn]   K. Knight. The Vaught conjecture: a counterexample, preprint, 2002

[KrN]   K. Krupinski and L. Neweski. On bounded type-definable equivalence relations, preprint, 2002

[KuL]   D. Kueker and M. Laskowski. On generic structures. Notre Dame J. Symbolic Logic, 1992(33), 175~183

[L1]   D. Lascar. Stability in Model Theory. Longman, New York, USA, 1987

[L2]   D. Lascar, Ranks and definability in superstable theories. Israel J. of Math., 1976(23), 53~87

[L3]   D. Lascar. On the category of models of a complete theory. J. Symbolic Logic, 1982(82),

249~266

[L4]   D. Lascar. The group of automorphism of a relational saturated structure. Proceedings, Bauff, 1991, NATO ASI Series C: Math. Phys. Sci.411, Kluwer Acad. Publ. Dordrecht, 1993, 225~236

[LP]   D. Lascar and A. Pillay. Forking and fundamental order in simple theories. J. Symbolic Logic, 1999(64), 1155~1158

[LPo]   D. Lascar and B. Poizat. An introduction to forking. J. Symbolic Logic, 1979(44), 330~350

[M]   D.Marker. Introduction to Model Theory, Springer-Verlag, New York, 2000

[N]   L. Newelski. The diameter of a Lascar strong type, preprint, 2002

[P1]   A. Pillay. An introduction to stability theory, Oxford University Press, Oxford, 1983

[P2]   A. Pillay. Geometrical stability theory. Oxford University Press, Oxford, 1997

[Po]   M. Pourmahdian. Simple generic structures. Ph.D.Thesis, Oxford University, 2000

[Ra]   R. Rado. Universal graphs and universal functions. Acta Arith. 1964(9), 331~340

[S]   N. Shi. Constructions of stable and ω-stable pseudoplanes, Ph. D.Thesis, University of Illinois at Chicago, 1992

[Sha]   Z. Shami. Definability in low simple theory. J. Symbolic Logic. 2000(65), 1481~1490

[She1] S. Shelahh. Simple unstable theories. Annals of Pure and Applied Logic, 1980(19), 177~203

[She2] S. Shelahh. Classification Theory. Amsterdam and New York, 1990 Revised edition.

[Shen] 沈复兴，模型论导引，北京师范大学出版社, 1995

[SS]   F. Shen and N. Shi. Supersimple and simple pseudoplanes. preprint, 2003

[T]   A. Tsuboi. Random amalgamation of simple theories. preprint, 1999

[VY]   V. Verkovski and I. Yoneda. CM-Triviality and relational structures in a finite language. preprint, 2002

[W1]   F. O. Wagner. Relational structures and dimensions. in R. Kaye and D. Macpherson, editors. Automorphisms of First-Order Structures, pp153~180, Oxford University Press, Oxford, 1994

[W2]   F. O. Wagner. Simple Theories. Kluwer Academic Publishers, Netherlands, 2000

[WM]   王世强、孟晓青. 数理逻辑和范畴论应用，北京师范大学出版社, 1999

汉英词汇对照

B

半孤立型	semi-isolated type
不分叉	nonfork, nonforking
不分叉开拓	nonforking extension
不可辨序列	indiscernible sequence
不稳定理论	unstable thory

C

超单纯理论	supersimple theory
超稳定理论	superstable theor
重数	multiplicity
初等等价	elementary equivalence
初等开拓	elementary extension
初等嵌入	elementary embedding
初等子模型	elementary submodel

D

代数的	algebraic
代数闭包	algebraic closure
等价关系	equivalence relation
有界~	bounded equivalence relation
有穷~	finite equivalence relation
独立性	independence property
独立性定理	independence theorem

F

分叉	fork(forking)
分叉开拓	forking extension
分离	divide (dividing)
分离链	dividing chain

分裂	split
复制	copy

G

共后继	coheir
共后继序列	coheir sequence
孤立型	isolated type

H

和谐的	consistent
后继	heir

J

基数	cardinal
兼纳模型	generic model
节点	node
聚合	amalgamation
自由~	free amalgamation
聚合嵌入性质	joint embedding property
聚合体	amalgam
自由~	free amalgam
聚合性质	amalgamation property

M

模型	model
饱和~	saturated model
齐次~	homogenous model
全~	universal model
素~	prime model
原子~	atomic model

模型完全的	model complete

N

拟平面	pseudoplane

P

排斥	omit

R

认知	realization

S

树性质	tree property
随机图	random graph

T

图	graph
二分 ~	bipartite graph
全 ~	universal graph

W

完全理论	complete theory
完全型	complete type
稳定的理论	stable theory

稳定性	stability
无 C -图	C-free graph

X

向前返后证法	back-and-forth argument
小理论	small theory
型	type
强 ~	strong type
型可定义的	type-definable
序性质	order property
严格的 ~	strictly order property
序数	ordinal

Z

秩	rank
驻的, 驻留的	stationary

其 他

Lascar 强型	Lascar strong type
ω-稳定的理论	ω-stable theory
$\aleph_0$- 范畴的	$\aleph_0$- categorical

《现代数学基础丛书》已出版书目